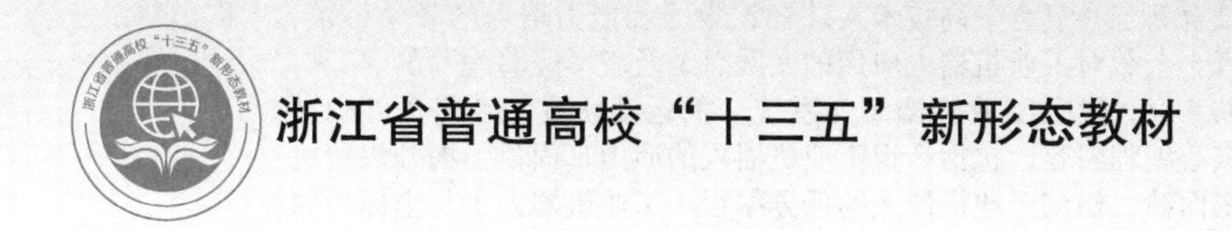

工业机器人编程

主　编　兰　虎　邵金均　温建明

副主编　李柱良　孔祥霞　张璞乐　付礼成

参　编　潘　睿　刘中中　贺新升　蒋永华

　　　　陈煜达　罗罕频

主　审　张华军

机 械 工 业 出 版 社

本书是根据教育部高等学校自动化类专业教学指导委员会新颁布的教学标准，结合新工科复合型高技术人才知识学习和能力培养的教学诉求，并融入编者十余载对工业机器人应用的实践总结及教学经验编写的。

全书共8章，囊括工业机器人（系统）的运动轨迹、工艺条件和动作次序等核心编程内容，包括认识工业机器人的庐山真面目、揭开焊接机器人的神秘面纱、初试工业机器人的任务编程、工业机器人工具坐标系的设置、工业机器人的直线轨迹编程、工业机器人的圆弧轨迹编程、工业机器人的摆动轨迹编程以及工业机器人的动作次序编程。各章下设两个学习任务，通过学习目标、学习导图、任务提出、知识准备、任务分析、任务实施、拓展阅读和知识测评等八大环节的教学设计，促进智能装备与产线开发和应用等领域的知识学习及能力培养。

为方便“教”和“学”，本书配套电子教案、多媒体课件、习题答案、仿真及微视频动画（采用二维码技术呈现，扫描二维码可直接观看视频内容）等数字资源包，凡选用本书作为教材的教师均可登录机械工业出版社教育服务网（http://www.cmpedu.com）注册后下载。

本书内容丰富、结构清晰、形式新颖、术语规范，既适合作为普通高等院校本科机械类、电子信息类、自动化类等与智能制造密切相关专业的教材，也可作为独立学院、高职（专科）院校和成人高等学校等同类专业教材，还可供企业及培训机构的相关技术人员参考。

图书在版编目（CIP）数据

工业机器人编程/兰虎，邵金均，温建明主编．—北京：机械工业出版社，2022.11

浙江省普通高校“十三五”新形态教材

ISBN 978-7-111-71500-9

Ⅰ.①工…　Ⅱ.①兰…　②邵…　③温…　Ⅲ.①工业机器人－程序设计－高等学校－教材　Ⅳ.①TP242.2

中国版本图书馆CIP数据核字（2022）第157786号

机械工业出版社（北京市百万庄大街22号　邮政编码100037）

策划编辑：余　皞　　责任编辑：余　皞

责任校对：樊钟英　刘雅娜　封面设计：张　静

责任印制：张　博

中教科（保定）印刷股份有限公司印刷

2022年11月第1版第1次印刷

184mm×260mm·15.5印张·378千字

标准书号：ISBN 978-7-111-71500-9

定价：49.80元

电话服务	网络服务
客服电话：010－88361066	机　工　官　网：www.cmpbook.com
010－88379833	机　工　官　博：weibo.com/cmp1952
010－68326294	金　　书　　网：www.golden－book.com
封底无防伪标均为盗版	机工教育服务网：www.cmpedu.com

前　言

以人工智能、大数据、云计算、物联网为代表的数字智能技术与传统产业深度融合既是未来趋势所在，又是提升效率、效益的必然选择。目前全球主要发达国家均已提出智能制造发展战略计划，如德国工业4.0、美国工业互联网发展计划、法国未来工业计划等，都将机器人作为抢占科技产业竞争的前沿和焦点。中国自2015年起陆续发布并实施了包括《中国制造2025》《国家智能制造标准体系建设指南》《智能制造发展规划（2016—2020年）》《机器人产业发展规划（2016—2020年）》等重要政策，支持智能制造和机器人产业发展。在此趋势之下，诸多传统制造企业纷纷谋求向智能制造转型发展且成绩显著。

当前，机器人产业蓬勃发展，正极大改变着人类的生产和生活方式，为经济社会发展注入强劲动能。通过持续创新、深化应用，全球机器人产业规模快速增长，集成应用大幅拓展。自2013年以来，我国工业机器人市场已连续八年稳居全球第一，2020年制造业机器人密度达到246台/万人，是全球平均水平的近2倍。《“十四五”机器人产业发展规划》也明确指出，进一步拓展机器人应用的深度和广度，开展深耕行业应用、拓展新兴应用、做强特色应用的“机器人+”应用专项行动，力争“十四五”期间我国制造业机器人密度实现翻番。

然而，目前我国智能制造和机器人产业技术人才匮乏，这或将成为制约智能制造发展和制造强国建设的“卡脖子”难题。中国工程院院士周济指出，智能制造是一个“人-信息-物理”的系统，其中物理是主体、信息是主导、人是主宰。新一代智能制造更加突出人的中心地位。智能制造场景之创新、技术之融合、协同之丰富对产业技术人才提出了极高要求，不仅需要具备数字技术与生产制造的跨领域知识储备，而且需要懂得如何与机器或数字化工具协同工作，还需要在机器或数字语言与实际制造场景间做好“翻译”，如此高复合型技术人才虚位以待、高薪难求已是不争的事实。

困难的是，除了“量”上的不足，当下人才培养体系与方法也难满足智能制造和机器人产业对人才“质”上的要求。编者认为，一是智能制造和机器人产业属于前沿性的新兴领域，旨在应用新技术、新工艺和新装备解决庞杂的实际场景问题，创新性的高复合产业技术人才培养也处于摸索阶段；二是高校及职业院校培养模式相对传统与滞后，未能充分将企业的创新要素、生产流程转化为学习场景和课程（教材）内容，也未给企业高级工程师融入课程（教材）建设提供体制机制保障；三是产业与企业对高复合技术人才知识、能力以及对应的培养模式也处在经验积累的阶段，尚未摸索出行之有效且具有广泛示范作用的培养

模式与体系；四是受限于实践经验、工程案例、赛项任务等资源要素整合不足，以及教材开发动力缺失、编写范式传统等因素，面向“移动泛在”新时代学习行为特征下，有效支撑智能制造和机器人产业人力资源培养的精品数字教学资源屈指可数。

在此背景下，根据教育部高等学校自动化类专业教学指导委员会新颁布的教学标准，结合智能制造工程技术人员知识学习和能力培养的教学诉求，融入编者十余载对工业机器人应用的实践总结及教学经验，通过产教深度融合、校校紧密合作的协同形式，创编一套彰显我国教育特色的工业机器人精品套系教材，以期助推智能制造和机器人工程人力资源建设。

1. 课程简介

通过分析智能制造工程技术人员（职业编码 2－02－07－13）的职业能力特征，将其与以智能制造和机器人工程为代表的本科专业人才培养方案进行对比，编者系统梳理了面向智能装备与产线开发和应用两个职业方向的机器人课程群设置，如图 1 所示。前者侧重机器人机械结构和控制系统设计，核心课程包括机器人技术基础、机器人运动学、机器人传感与控制、机器人机械结构设计和机器人控制系统设计等；后者侧重工业机器人系统集成应用，核心课程包括工业机器人基础、工业机器人编程、工业机器人视觉、工业机器人系统集成和智能工业机器人等。各高校应结合自身办学层次和人才培养定位，酌情选择与从业方向适配的课程群。原则上，省属本科院校的主要使命担当是服务区域经济社会发展和国家战略举措，即着力培养富有时代特点的有担当、有作为的高素质复合型技术人才。

图 1　面向智能制造工程技术人员培养的机器人核心课程群

工业机器人编程是智能制造和机器人工程专业的专业核心课程，也是衔接工业机器人基础、工业机器人视觉及支撑工业机器人应用系统集成设计和产线调试复合型技术人才培养的重要纽带。作为新工科专业打通产教融合“最后一公里”课程（堂）改革的试点，本课程以提高学生对工业机器人系统集成应用能力为出发点，主要讲授工业机器人系统应用编程的基础理论和专业知识，包括工业机器人系统组成与集成、工业机器人系统运动轴、工业机器人点动坐标系、工业机器人编程内容及方法、典型运动轨迹编程、动作次序编程和机器人焊接等工艺条件调控。通过本课程的学习，学生将对以工业机器人为代表的智能装备与产线应用有一个较为全面而深入的体验认知，为今后从事智能制造相关职业打下坚实基础。

2. 教学目标

面向智能装备与产线开发和应用职业方向的智能制造工程技术人员培养，以工业机器人销量占比近半数的焊接机器人为切入点，重点介绍工业机器人系统应用中运动轨迹、工艺条件和动作次序等核心编程知识，尤其是以提质增效为宗旨的机器人应用系统参数调控原理和方法，以期培养学生综合运用所学专业知识分析和解决复杂工程问题的能力。

（1）知识学习

1）能够列举工业机器人系统的组成并阐明其工作原理。

2）能够辨识工业机器人系统运动轴类型及常见的点动坐标系。

3）能够归纳工业机器人任务示教的主要内容和基本流程。

4）能够根据任务要求合理开展机器人任务规划和运动规划。

5）能够使用机器人编程指令完成直线、圆弧及摆动轨迹的任务编程。

6）能够区别机器人 I/O 信号并实现周边（工艺）辅助设备的协同（调）动作。

（2）能力培养

1）能够适时选择恰当的点动坐标系完成机器人的增量点动和连续移动（或转动）。

2）能够快速运用接触法和直接输入法完成机器人工具坐标系的设置。

3）能够创建、编辑、测试和运转机器人任务程序。

4）能够根据作业缺陷灵活调整机器人工具姿态和工艺条件。

5）能够使用示教盒实时监测机器人系统运动和 I/O 接口状态。

（3）素养提升

1）通过对工业机器人等智能装备技术的认知学习，了解该领域的“卡脖子”问题，激发学生的责任感、使命感和爱国主义情怀。

2）将“工匠精神”贯穿任务各个阶段，激励学生在学习和实践过程中不畏艰难、严谨思维和团结协作。

3）将所学知识综合运用在实际操作过程中，适应现代智能制造技术发展，培养具有较强实践能力和创新精神的高素质复合型技术人才。

3. 知识图谱

遵循由外而内、循序渐进的学生认知规律，从工业机器人系统组成到系统安全认知，扩展到系统运动轴、点动坐标系和工具坐标系设置，再延伸至典型运动轨迹、工艺条件和动作次序编程，知识体系脉络清晰，并辅以“机器人 + 焊接”工艺应用主线，使得工业机器人等智能装备与产线应用编程的知识精髓一览无余，如图 2 所示。

4. 本书特点

基于编者十余载在工业机器人一线教学、科研和社会服务经历，现已基本摸透金属制品业、汽车设备制造业、通用设备制造业等行业制造工艺，深耕“机器人 + 工艺”深度融合范式，编写一部“有温度、有内涵、有前景”的工业机器人编程教材。

（1）瞄准智能制造职业方向，做“好”教材顶层设计　根据智能制造工程技术人员国家职业技术技能标准和教育部高等学校自动化类专业教学指导委员会新颁布的教学标准，结合编者对工业机器人应用的实践总结及教学经验，面向智能装备与产线开发和应用两个职业方向，构建体现新时代类型特色的精品套系教材（图 1）。截至目前，《工业机器人技术及应用》累计 12 次印刷 82000 册，《工业机器人技术及应用（第 2 版）》累计 5 次印刷 27000

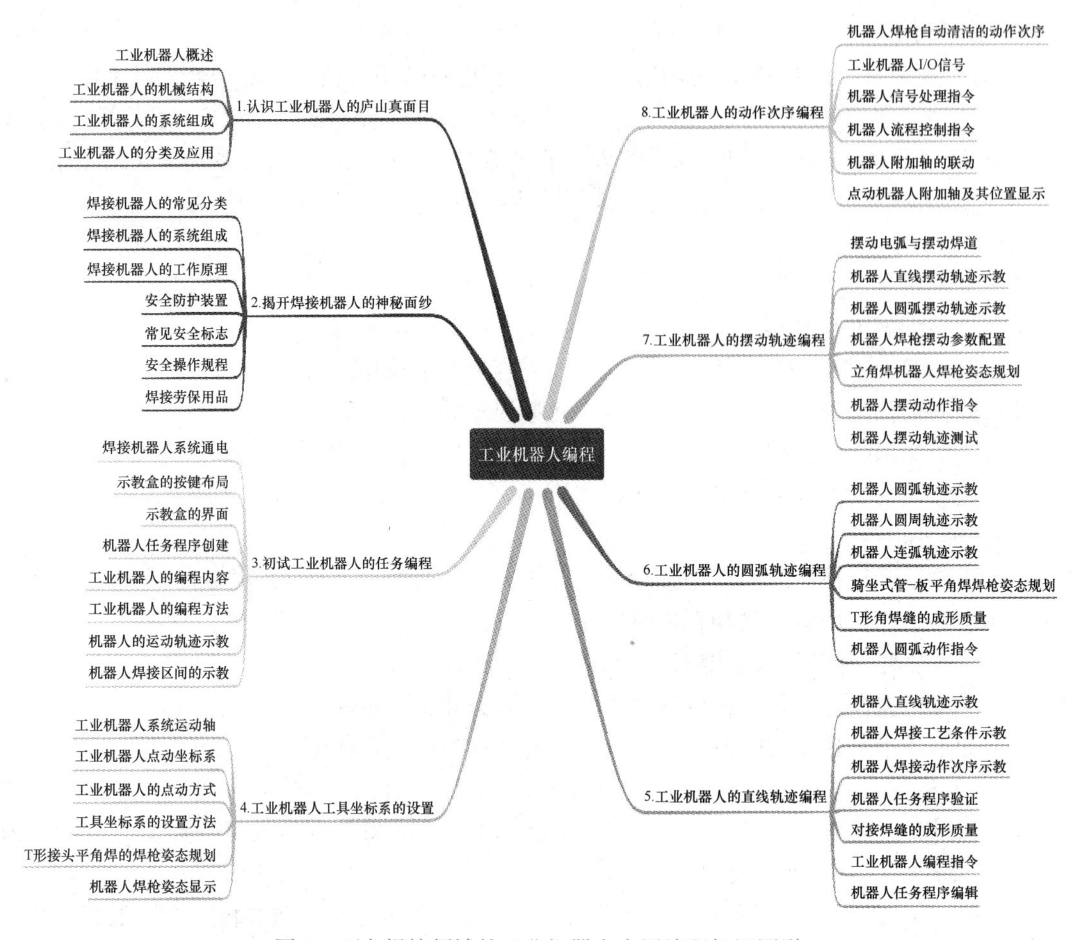

图 2　面向焊接领域的工业机器人应用编程知识图谱

册，《工业机器人基础》累计 2 次印刷 3800 册。

（2）立足课证赛岗融通，做“优”任务知识体系　及时将行业企业的新技术、新工艺、新装备、新规范等创新要素纳入课程教学内容，将高校、企业承办的热点赛事和生产经营案例等编入教材，深度对接教育部“1 + X”证书制度试点工作，通过机器人与焊接工艺深度融合、通用行业知识与专业品牌实践深度融合，并以任务模块为载体，打破传统学科知识体系的实践导向教材编写体例，强化课程教材的科学性、前瞻性和适应性。

（3）增强学习过程互动，做“活”理实虚一体化　遵循职业岗位工作过程，以学生学习过程为中心，教材的每个章节设置学习目标、学习导图、任务提出、知识准备、任务分析、任务实施、拓展阅读和知识测评等八大互动教学环节，让教学方法“活”起来。学习目标与学习导图，给学生一张标有目的地的“知识地图”，了解各章节学习内容的同时，将章节知识点之间的内在联系梳理清楚，不断激发学生的求知欲；任务提出与知识准备，提炼与章节内容相适应的工程案例和知识储备，任务需求牵引，明晰学习专业知识的内生力；任务分析与任务实施，针对作业质量优化，提供不同的“虚实嫁接”解决方案或设置开放性问题，供学生开展研讨，加深对知识的理解，培养工程思维、语言表达能力和批判精神；拓展阅读，列出章节涉及领域的前沿技术和介绍软件工具等，方便学生开展探索式学习；知识测评，对章节的重要知识点进行练习测试，也方便学生期末复习。

（4）面向移动泛在学习，做“强”立体资源配套　主动适应“互联网+”发展新形势，广泛谋求校企、校校合作，采取多元合作共同开发富媒体新形态教材。借助国家级智能制造产教融合实训基地，集聚典型工程案例、竞赛任务、微视频等数字教学资源。本书中所有任务均源自工程案例和竞赛任务，并配套有电子教案、多媒体课件、习题答案、仿真及微视频动画等立体资源，满足学生随时随地利用碎片化时间学习的要求，有效夯实教材的实用性。

本书由浙江师范大学兰虎、邵金均和温建明担任主编，上海交通大学张华军担任主审。第1、2章由浙江师范大学兰虎编写，第3、4章由哈尔滨理工大学张璞乐编写，第5、6章由北华航天工业学院孔祥霞编写，第7章由天津滨海职业学院付礼成编写，第8章由浙江师范大学邵金均、温建明编写。同时，李柱良、张璞乐和付礼成负责教材配套仿真及微视频制作。其他参编人员包括潘睿、刘中中、贺新升、蒋永华、陈煜达、罗罕频。

从内容构思、大纲起草、案例收集、样章编写、编委组织、合稿修稿、定稿出版，本书开发历时两年之久，衷心感谢参与教材编写的所有同仁的呕心付出！特别感谢国家发展和改革委员会“十三五”应用型本科产教融合发展工程规划项目“浙江师范大学轨道交通、智能制造及现代物流产教融合实训基地”、教育部第二批新工科研究与实践项目（EXTYR 2020630）、教育部产学合作协同育人项目“《工业机器人编程》金课及新形态教材建设”、浙江省普通高校“十三五”新形态教材建设项目“工业机器人编程”、宁波摩科机器人科技有限公司重大课题（2020330701000590）和浙江师范大学教材建设基金等给予的经费支持！感谢傅宇航等本科生绘制教材配套的三维图形！

由于编者水平有限，书中难免有不当之处，恳请读者批评指正，可将意见和建议反馈至E-mail：lanhu@zjnu.edu.cn。

编　者

目　录

认识工业机器人的庐山真面目

自工业革命以来，人力劳动已逐渐被机械所取代，而这种变革为人类社会创造出巨大的财富，极大地推动了人类社会的进步。工业机器人的出现是人类利用机械进行社会生产的一个里程碑。全球诸多国家的机器人使用实践表明，工业机器人的普及是实现生产自动化、提高生产效率、推动企业和社会生产力发展的有效手段。

本章通过介绍工业机器人及其系统组成，熟知工业机器人的机械结构和常用术语，掌握工业机器人系统的核心要素和典型应用。根据工业机器人编程员岗位工作内容，本章一共设置两项任务：一是工业机器人认知；二是工业机器人系统认知。

【学习目标】

知识学习

1）能够描述工业机器人的内涵及其特征。

2）能够阐明发展工业机器人的缘由。

3）能够辨识工业机器人的系统组成部分。

素养提升

1）通过对工业机器人先进制造装备和技术的认知学习，了解该领域的“卡脖子”问题，培养学员爱国主义情怀。

2）通过学员对工业机器人的系统组成、分类及应用的学习，提升对专业知识的兴趣，增强对专业知识的学习动力。

【学习导图】

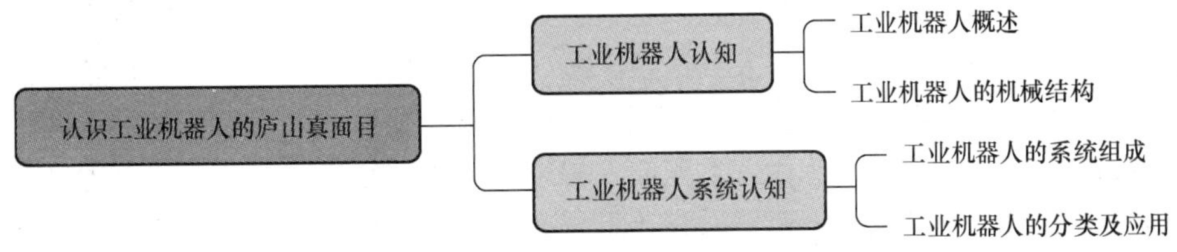

任务1.1　工业机器人认知

【知识准备】

1.1.1　工业机器人概述

（1）什么是工业机器人　机器人现已渗透到人类生活的方方面面，如今机器人已经可以完成一些曾经认为不可能通过机器完成的事情。那么究竟什么才是机器人？现在，这个问题已经越来越难回答，究其原因在于机器人涉及“机器”和“人”两要素，其内涵、功能仍在快速发展和不断创新之中，成为一个暂时难以回答的哲学问题。因此，各国科学家从不同角度出发，给出的定义有所不同，以下为一些具有代表性的关于工业机器人的定义。

1）国际标准化组织（ISO）将工业机器人定义为“一种自动的、位置可控的、具有编程能力的多功能机械手，这种机械手具有几个轴，能够借助于可编程操作来处理各种材料、零件、工具和专用装置，以执行各种任务”。

2）我国国家标准GB/T 12643—2013《机器人与机器人装备　词汇》将工业机器人定义为“一种自动控制的、可重复编程、多用途的操作机，可对三个或三个以上轴进行编程”。它可以是固定式或移动式，在工业自动化（包括但不限于制造、检验、包装和装配等）中使用。工业机器人包括操作机、控制器和某些集成的附加轴。

3）美国机器人协会将工业机器人定义为“一种用于移动各种材料、零件、工具和专用装置的，用可重复编制的程序动作来执行各种任务的多功能操作机”。

4）日本科学家森政弘与合田周平提出“工业机器人是一种具有移动性、个体性、智能性、通用性、半机械半人性、自动性、奴隶性七个特征的柔性机器”。

作为先进制造业的关键支撑装备，工业机器人除拥有机械和人的两大属性外，还具有三个基本特征，一是结构化，工业机器人是在二维或三维空间模仿人体肢体动作（主要是上肢操作和下肢移动）的多功能执行机构，具有形式多样的机械结构类型，并非一定“仿人型”；二是通用性，工业机器人可根据生产工作需要灵活改变程序，控制“身体”完成一定的动作，具有执行不同任务的实际能力；三是智能化，工业机器人在执行任务时基本不依赖于人的干预，具有不同程度的环境自适应能力，包括感知环境变化的能力、分析任务空间的能力和执行操作规划的能力等。

（2）为何发展工业机器人　在当今世界，依然存在着许多仅靠人类自身力量无法解决的问题。首先，人工成本越来越高，而制造业追求的是低生产成本，企业需要通过机器人改变传统制造业依赖密集型廉价劳动力的生产模式；其次，人类社会老龄化问题越来越严重，而能够提供老龄化服务的人力资源却越来越少，人类需要使用智能机器提供优质服务，机器人则成为提供服务的首选；再次，人类探索深海、太空等极端环境的活动越来越频繁，并且核事故、自然灾害、危险品爆炸以及战争等突发情况屡屡发生，而人类在此类环境中的生存能力弱且代价高，需要机器人替代人类完成人力难以完成的任务。科技取代人力已在各行各业有所体现，机器人的出现与高速发展终要惠及人类。发展工业机器人的主要目的是在不违背“机器人三原则㊀”的前提下，让机器人协助或替代人类干那些人类不愿干、干不了、干不好的工作，把人类从劳动强度大、工作环境恶劣、危险性高的低水平工作中解放出来，实现生产自动化和柔性化。目前，我国机器人产业正处于爆发的临界点（图 1-1），人工成本的逐年上升，机器人购置与维护成本的逐年下降，人口老龄化越来越严重，都将给以机器人为代表的“数字化劳动力”带来广阔的市场发展空间。

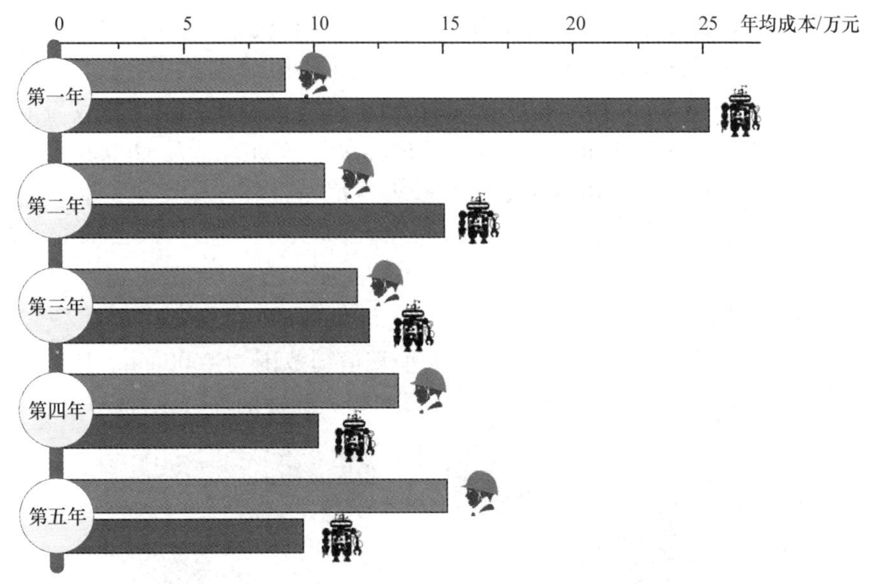

图 1-1　使用机器人与人工的年均成本比较

(3) 工业机器人的发展概况　“机器人”（Robot）这一术语是 1920 年捷克著名剧作家、科幻文学家、童话寓言家卡雷尔·恰佩克首创的，它成为机器人的起源。1954 年，美国人乔治·德沃尔（G. C. Devol）成功申请“通用机器人”专利。1959 年，美国发明家约瑟夫·恩格尔伯格（J. F. Engelberger）研制出世界上第一台真正意义上的工业机器人“Unimate”（图 1-2）。该机器人外形酷似坦克炮塔，采用液压驱动的球面坐标轴控制，具有水平回转、上下俯仰和手臂伸缩 3 个自由度，可用于点对点搬运工作。1961 年，美国通用汽车公司首次将“UNIMATE”应用于生产线，机器人承担压铸件叠放等部分工序，这标志着第一代可编程控制再现型工业机器人的诞生。此后，机器人技术不断进步，产品不断更新换代，新的

图 1-2　世界首台数字化可编程工业机器人 Unimate

㊀ “机器人三原则”是由美国科幻与科普作家艾萨克·阿西莫夫（Isaac Asimov）于 1940 年提出的机器人伦理纲领：第一，机器人不得伤害人类，也不得见人类受到伤害而袖手旁观；第二，机器人应服从人类的一切命令，但不得违反第一原则；第三，机器人应保护自身的安全，但不得违反第一、第二原则。

机型、新的功能不断涌现并活跃在不同领域。国际主流的工业机器人产品，其发展方向分为两类：一是负载、精度、速度做到极致的“超级机器人”；二是以柔性臂、双臂、人机协作等为代表的“灵巧机器人”。下面通过历年荣获世界三大设计奖㊀的“四大家族”机器人创意产品展示工业机器人的发展水平。

1）超级机器人。在汽车工业、铸造工业、玻璃工业以及建筑材料工业等重工业中，经常会遇到如浇铸件、混凝土预制件、发动机缸体、大理石石块等一些重型部件或组件的搬运作业，KUKA 和 Fanuc 两家机器人制造商针对这一需求研制出各自的重载型机器人。“KUKA KR 1000 Titan F”（图 1-3a）是世界上第一款 6 轴重载型机器人，额定负载为 1300kg（负载/自重比约为 0.2），位姿重复性为 ±0.1mm，最大水平运动范围为 3200mm，最大垂直运动范围为 4200mm，工作空间达 79.8m^3，已被载入吉尼斯世界纪录。另一款额定负载超过 1000kg 的机器人是“Fanuc M-2000iA”（包含 M-2000iA/900L、M-2000iA/1200、M-2000iA/1700L、M-2000iA/2300 机型）。其中，M-2000iA/2300（图 1-3b）是世界上规格最大、负载最强的机器人，额定负载为 2300kg（负载/自重比约为 0.2），位姿重复性为 ±0.3mm，最大水平运动范围为 3700mm，最大垂直运动范围为 4600mm。该工业机器人通过与 iRVision（内置视觉功能）组合搭配，可实现机器人作业的高可靠性。

a) KUKA KR1000 Titan F

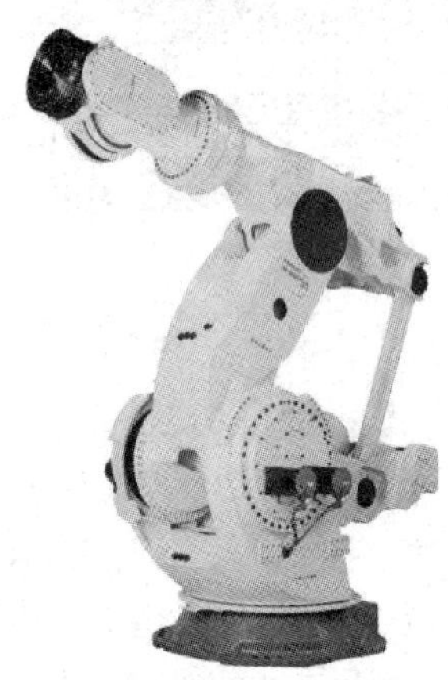
b) Fanuc M-2000iA/2300

图 1-3　重载型工业机器人

除像 KUKA KR 1000 Titan F 这样的重载型地面固定式机器人，还有 omniMove、KMP1500、Triple Lift 等重载型全向自主移动式机器人，主要用来实现船舶、航空航天、风力发电、轨道交通等领域大尺度产品的多品种、小批量灵活型生产。omniMove 移动平台（图 1-4）的轮系采用麦克纳姆轮㊁设计，其装有的各个筒形滚轮可以相互独立移动，并使用激光雷达进行自主导航（无需地面人工标记），即使在狭窄的空间内也可以从静止状态瞬时沿任意方向灵活移动。基于良好的模块扩展能力，通过尺寸缩放调整，可以以毫米级精度运送长约 35m、宽约 10m、重达 90000kg 的巨型部件。

㊀ 素有“产品设计界的奥斯卡奖”之称的世界三大设计奖：德国“红点奖”（Red Dot Award）、德国“iF 设计奖”（iF Industrie Forum Design）和“美国“IDEA 奖”（International Design Excellence Awards）。

㊁ 麦克纳姆轮（Mecanum wheel）是瑞典麦克纳姆公司的专利，由瑞典工程师 Bengt Ilon 于 1973 年提出。这种轮子与普通车轮不同，它由一系列的小辊子（类似于车轮的轮胎）以一定的角度均匀排列在轮体周围，轮体的转动由电动机驱动，而辊子则是在地面摩擦力的作用下被动旋转。

图 1-4 重载型全向自主移动式机器人 omniMove

2015 年世界上最小的工业机器人诞生，它就是由日本 Yaskawa 公司开发的迷你型工业用 6 轴台式机器人 Motoman – MotoMINI（图 1-5a），本体质量仅为 7kg，额定负载为 0.5kg，位姿重复性为 ±0.02mm，最大水平运动范围为 350mm。与该公司 2013 年推出的额定负载为 2kg 的 Motoman – MHJF 紧凑多功能型机器人（高 0.57m、重 15kg，图 1-5b）相比，此款机器人实现小型轻量化，动作速度也提高到原来的 2 倍以上，同时将特定动作的节拍缩短 25%，进一步满足计算机、通信和其他消费类电子产品对柔性生产和灵活制造的需求。

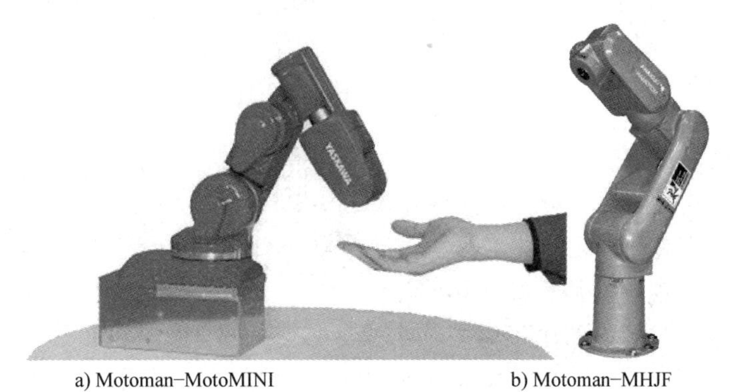

图 1-5 小型轻量级工业机器人

在农副食品加工业、食品制造业、医药制造业、电气机械和器材制造业以及 3C（计算机、通信和其他电子设备）制造业中，普遍存在着分拣、拾取、装箱、装配等大量的重复性工作。为此，以日本 Fanuc 为代表的机器人公司推出适合轻工业高速搬运、装配用并联连杆机器人 M – 1iA（额定负载为 0.5 ~ 1kg）、M – 2iA（额定负载为 3 ~ 6kg）和 M – 3iA（额定负载为 6 ~ 12kg）。如图 1-6 所示。Fanuc “拳头” 机器人不仅可以被安装在狭窄空间，而且可以被安装在任意倾斜角度上，采用完全密封的构造（IP69K）能够应对高压喷流清洗，通过视觉传感器（内置视觉功能 iRVision）、力觉传感器与机器人功能的联动，可以实现智能化控制，扩大机器人在物流、装配、拾取及包装生产线的适用范围。

2）灵巧机器人。自 2005 年开始，日本 Yaskawa 公司通过增加工业机器人“肘部关节”，陆续推出 SIA 系列的八款 7 轴（Motoman – SIA30D，见图 1-7a）驱动再现人类肘部动作的单臂机器人产品，额定负载为 5 ~ 50kg。在此基础上，Yaskawa 公司又推出模仿人类双臂结构和交互行为的六款 SDA 系列双臂机器人产品。Motoman – SDA10D（见图 1-7b，机器人合计 15 轴）拥有一个类似于“腰部”的回转轴及在回转轴上各有 7 轴驱动的双臂，每支

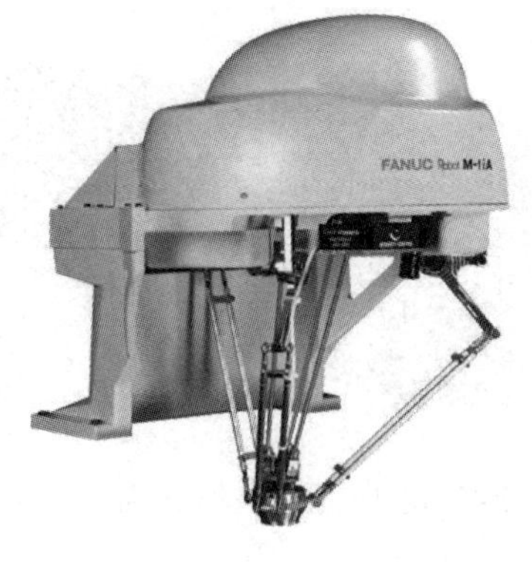

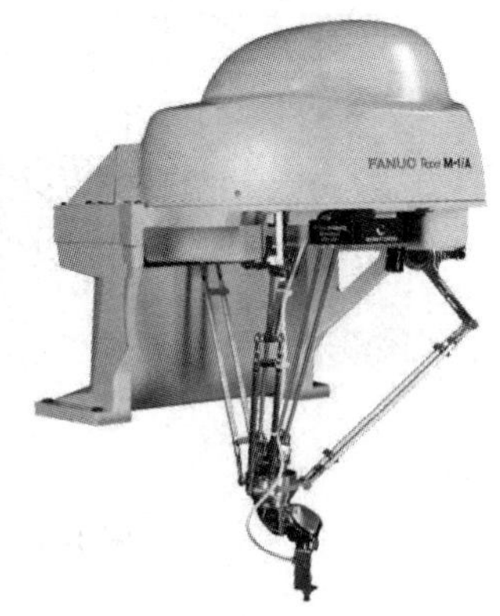

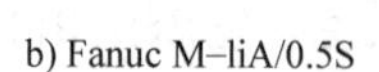

a) Fanuc M–liA/1H　　b) Fanuc M–liA/0.5S　　c) Fanuc M–liA/0.5A

图 1-6　高速并联式工业机器人

手臂可握持 10kg 的重物（负载/自重比约为 0.1），单臂最大水平运动范围为 700mm，最大垂直运动范围为 1400mm，位姿重复性 ±0.1mm，可以灵活地完成较为复杂的单臂动作和双臂组合动作，实现单臂机器人难以完成的动作及应用，如在较远工位间传递工件、快速翻转、协同装配、测试等。

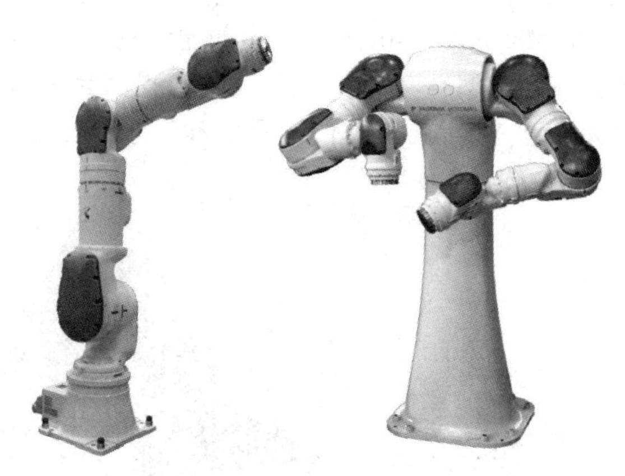

a) Motoman–SIA30D　　b) Motoman–SDA10D

图 1-7　单/双臂 7 轴工业机器人

在追求绿色、高效、安全和生产多样化的今天，新一代协作机器人将能够直接与人类员工并肩工作，实现互补协作。2014 年，原德国 KUKA 机器人公司发布旗下第一款 7 轴轻型灵敏机器人 LBR iiwa㊀，自身重量不超过 30kg，但手腕部可进行最大质量达到 14kg 的搬运作用，位姿重复性为 ±0.1mm。通过与不同的机械系统组装，适用于柔性、灵活度和精准度要求较高的行业（如电子、精密仪器等）。为了进一步提高产品在灵活度方面的优势，中国 Midea 公司还推出轻型移动式物流机器人 Mobile Robotics iiwa——自主移动平台（AGV）搭载轻型库卡机器人（见图 1-8a），能够实现按需抓取、分拣、运输任务，适合工作在空间狭窄、对工业机器人灵活性要求较高的场所，如拥挤的仓库、狭窄的走廊和船舱、设备密布的车间等。同年，瑞士 ABB 机器人公司推出集柔性机械手、进料系统、工件定位系统和高级运动控制系统于一体的协作型小件装配双臂机器人。作为全球首款真正实现人机协作的双臂机器人，YuMi㊁（IRB 14000 − 0.5/0.5，见图 1-8b）拥有一副轻量化的刚性镁铝合金骨架和被软性材料包裹的塑料外壳，能够很好地吸收对外部的冲击，其接近人体尺寸的紧凑型“体格”设计和类人肢体的柔性协调动作，让其人类“伙伴”感到安全舒适。

㊀ LBR iiwa 荣获 2014 年度美国“IDEA 金奖”；荣获 2014 年度德国“红点最佳产品设计奖”。

㊁ YuMi 荣获 2015 年度德国“红点最佳产品设计奖”。

a) KUKA Mobile Robotics iiwa

b) ABB IRB14000–0.5/0.5

图 1-8　新一代人机协作机器人

1.1.2　工业机器人的机械结构

1. 工业机器人的常用术语

工业机器人术语可以分为通用、机械结构、几何学和运动学、编程和控制、性能、感知与导航等方面的术语。

1）操作机（Manipulator）也称为机器人本体，用来抓取和（或）移动物体，是由一些相互铰接或相对滑动的构件组成的多自由度机器。

2）末端执行器（End Effector）是使机器人完成任务而专门设计并安装在机械接口处的装置，如焊枪、焊钳、喷枪、夹持器等。

3）示教盒（Teach Pendant，TP）也称为示教编程器、示教器，与控制系统相连，是用来对机器人进行编程或使机器人运动的手持式单元。

4）工具中心点（Tool Center Point，TCP）是参照机械接口坐标系而设定的点。

5）位姿（Pose）是空间位置和姿态的合称。操作机的位姿通常指末端执行器或机械接口的空间位置和姿态。

6）自由度（Degree of Freedom，DOF）是用以确定物体在空间中独立运动的变量（最大变量为6）。自由度通常作为机器人的技术指标，反映机器人动作的灵活性，可用轴的直线运动、摆动或旋转动作的数目来表示。

7）工作空间（Working Space）也称为工作范围。由手腕参考点所能运动的空间，是由手腕各关节平移或旋转的区域附加于该手腕参考点的。工作空间小于操作机所有活动部件所能运动的空间。

8）额定负载（Rated Load）也称为持重，在正常操作条件下作用于机械接口或移动平台且不会使机器人性能降低的最大负载，包括末端执行器、附件、工件的惯性作用力。

9）最大单轴（路径）速度（Maximum Individual Axis (Path) Velocity）是单关节（轴）运动时指定点所产生的速度，其单位通常用（°）/s 表示。

10）位姿准确度（Pose Accuracy）是从同一方向趋近指令位姿时，指令位姿和实到位姿均值间的差值。

11）位姿重复性（Pose Repeatability）是从同一方向重复趋近同一指令位姿时，实到位姿散布的不一致程度。

2. 工业机器人的机械结构形式

工业机器人操作机的结构形式多种多样，完全根据任务需要而定，其追求的目标是高精度、高速度、高灵活性、大工作空间和模块化。工业机器人的机构特征可通过合适的坐标系加以描述，如三轴工业机器人可采用直角坐标、圆柱坐标、球坐标/极坐标，四轴及以上工业机器人可采用关节坐标。从全球工业机器人装机数量来看，直角坐标型机器人和关节型机器人应用更为普遍。

1）直角坐标型机器人也称为笛卡儿坐标机器人（Cartesian Robot，见图 1-9），具有空间上相互独立垂直的三个移动轴，可以实现机器人沿 x、y、z 三个方向调整手臂的空间位置（手臂升降和伸缩动作），但无法变换手臂的空间姿态。作为一种成本低廉、结构简单的自动化解决方案，直角坐标型机器人一般用于机械零件的搬运、上下料、码垛作业。

2）圆柱坐标型机器人（Cylindrical Robot，见图 1-10）同样具有空间上相互独立垂直的三个移动轴，但其中的一个移动轴（x 轴）被更换成转动轴，能实现机器人沿 θ、r、z 三个方向调整手臂的空间位置（手臂转动、升降和伸缩动作），但无法实现空间姿态的变换。此种类型的机器人一般用于生产线尾的码垛作业。

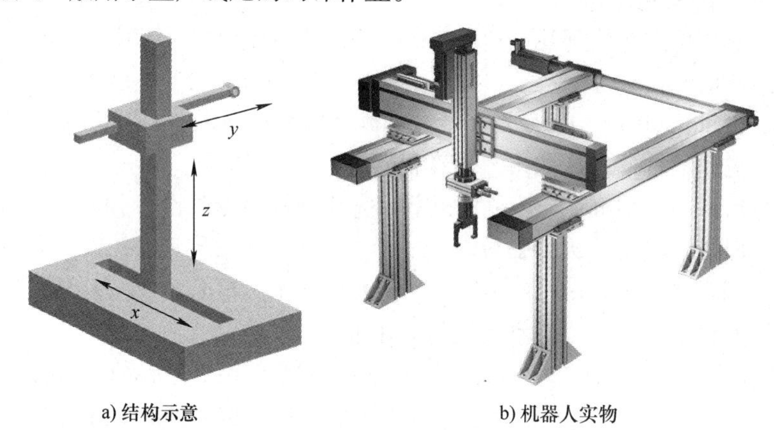

a) 结构示意　　b) 机器人实物

图 1-9　直角坐标型机器人

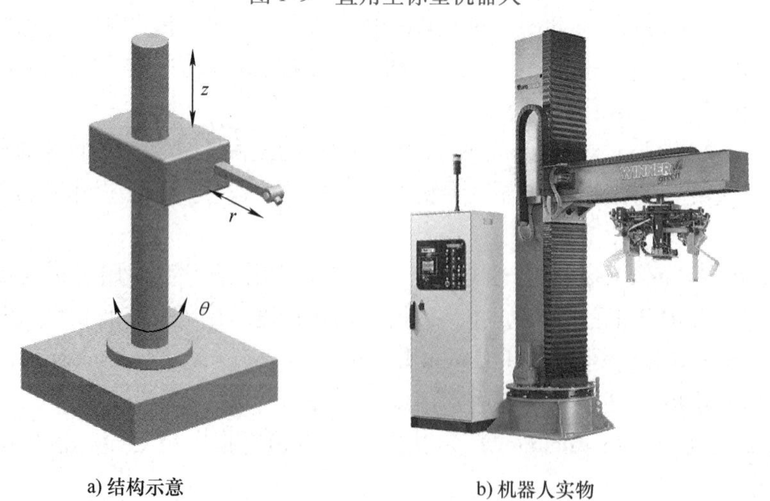

a) 结构示意　　b) 机器人实物

图 1-10　圆柱坐标型机器人

3）球坐标型机器人也称为极坐标机器人（Polar Robot，见图 1-11），具有空间上相互独立垂直的两个转动轴和一个移动轴，不仅可以实现机器人沿 θ、r 两个方向调整手臂的空间位置，而且能够沿 β 轴变换手臂的空间姿态（手臂转动、俯仰和伸缩动作）。此种类型的机器人一般用于金属铸造中的搬运作业。

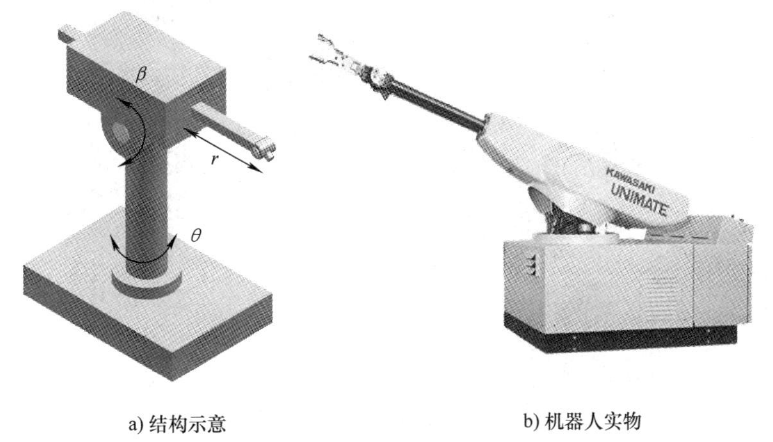

a) 结构示意　　b) 机器人实物

图 1-11　球坐标型机器人

4）关节型机器人。上述三轴工业机器人仅模仿人手臂的转动、仰俯或（和）伸缩动作，但焊接、涂装、加工、装配等制造工序的替代需要（腕部、手部）灵活性更高的机器人。关节型机器人（Articulated Robot）通常具有三个以上运动轴，包括串联式机器人（平面关节型机器人、垂直关节型机器人）和并联式机器人。

① 平面关节型机器人（见图 1-12）在结构上具有轴线相互平行的两个转动关节和一个圆柱关节，可以实现平面内定位和定向。此类机器人结构轻便、响应快，水平方向具有柔顺性且垂直方向具有良好的刚性，比较适合 3C 电子产品中小规格零件的快速拾取、压装和插装作业。

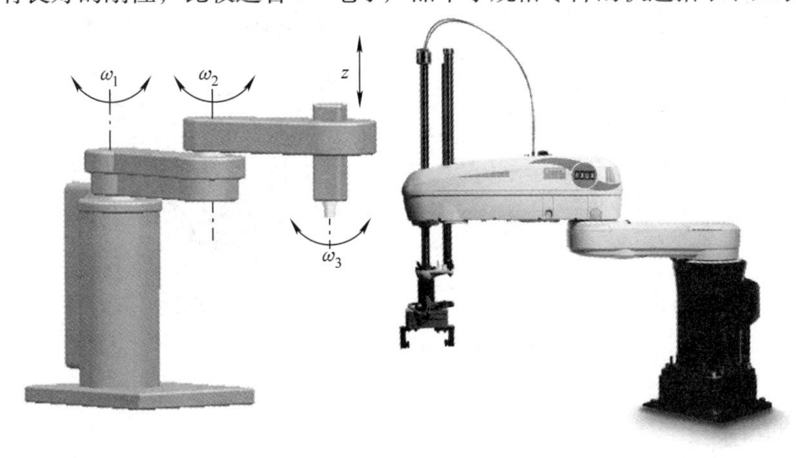

a) 结构示意　　b) 机器人实物

图 1-12　平面关节型机器人

② 垂直关节型机器人（见图 1-13）模拟人的手臂功能，一般由四个以上的转动轴串联而成，通过臂部（3～4 个转动轴）和腕部（1～3 个转动轴）的转动、摆动，可以自由地实现三维空间的任一姿态。6 轴垂直关节型机器人的结构更紧凑、灵活性更高，是通用型工业

机器人的主流配置，比较适合焊接、涂装、加工、装配等柔性作业。

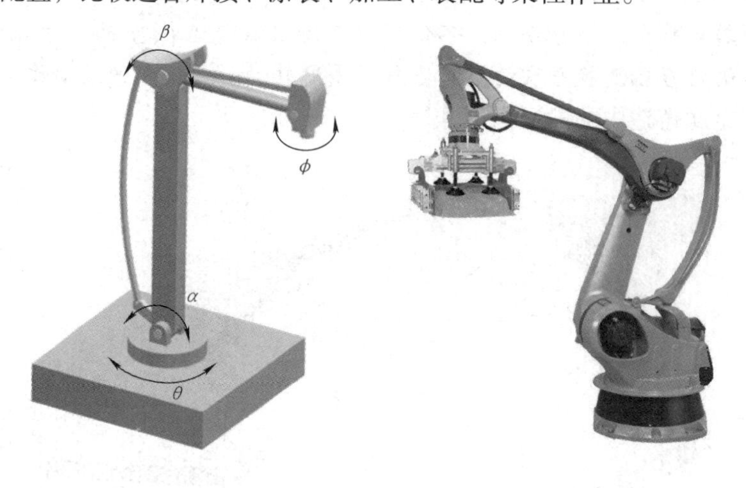

a) 结构示意　　b) 机器人实物

图 1-13　垂直关节型机器人

③ 并联式机器人又称为 Delta 机器人、“拳头”机器人或“蜘蛛手”机器人（Parallel Robot，见图 1-14），与串联式机器人不同的是，并联式机器人本体由数量（一般 2～4 条）相同的运动支链将终端动平台和固定平台（静平台）连接在一起，其任一支链的运动并不改变其他支链的坐标原点。由于具有低负载、高速度、高精度等优点，并联机器人比较适合流水生产线上轻小产品或包装件的高速拣选、整列、装箱、装配等作业。

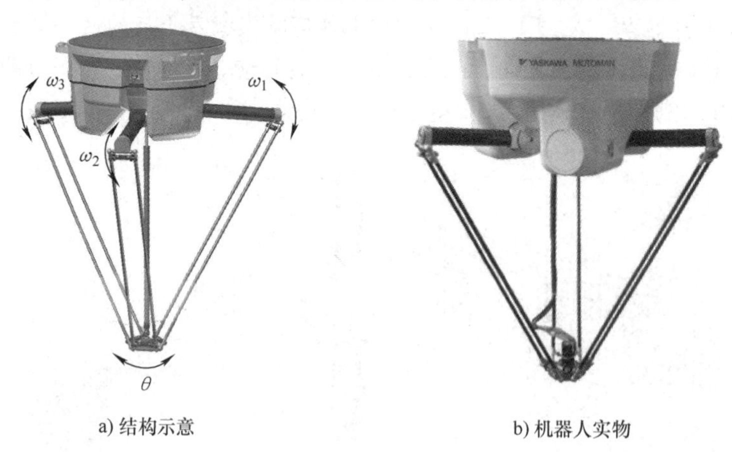

a) 结构示意　　b) 机器人实物

图 1-14　并联式机器人

【拓展阅读】

智能制造与工业机器人

智能制造是制造强国建设的主攻方向，其发展程度直接关乎我国制造业质量水平。发展智能制造，是加速我国工业化和信息化深度融合、推动制造业供给侧结构性改革的重要着力点，对于巩固实体经济根基、建成现代产业体系、实现新型工业化具有重要作用。

一、智能制造

随着全球新一轮科技革命和产业变革突飞猛进，新一代信息通信、生物、新材料、新能源等技术不断突破，并与先进制造技术加速融合，为制造业高端化、智能化、绿色化发展提供了历史机遇。同时，世界处于百年未有之大变局，国际环境日趋复杂，全球科技和产业竞争更趋激烈，大国战略博弈进一步聚焦制造业，美国“先进制造业领导力战略”、德国“国家工业战略 2030”、日本“社会 5.0”等以重振制造业为核心的发展战略，均以智能制造为主要抓手，力图抢占全球制造业新一轮竞争制高点。

当前，我国已转向高质量发展阶段，正处于转变发展方式、优化经济结构、转换增长动力的攻关期，但制造业供给与市场需求适配性不高、产业链供应链稳定面临挑战、资源环境要素约束趋紧等问题凸显。站在新一轮科技革命和产业变革与我国加快高质量发展的历史性交汇点，要坚定不移地以智能制造为主攻方向，推动产业技术变革和优化升级，推动制造业产业模式和企业形态根本性转变，以“鼎新”带动“革故”，提高质量、效率效益，减少资源能源消耗，畅通产业链供应链，助力碳达峰碳中和，促进我国制造业迈向全球价值链中高端。

智能制造是基于先进制造技术与新一代信息技术深度融合，贯穿于设计、生产、管理、服务等产品全生命周期，具有自感知、自决策、自执行、自适应、自学习等特征，旨在提高制造业质量、效率效益和柔性的先进生产方式，如图 1-15 所示。智能制造系统架构（图 1-16）从生命周期、系统层级和智能特征三个维度对智能制造所涉及的要素、装备、活动等内容进行描述。

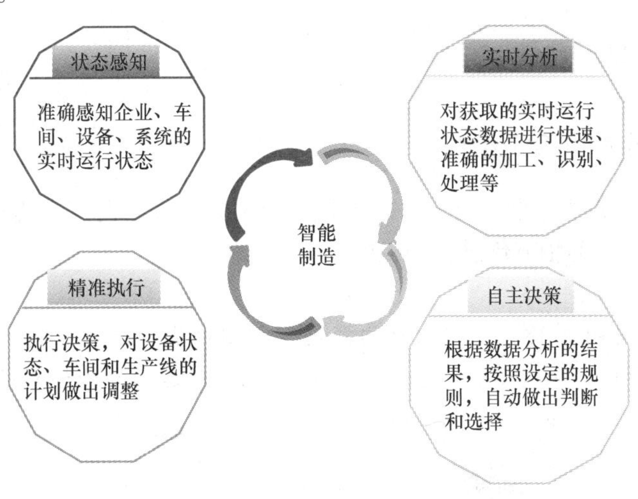

图 1-15　智能制造

二、智能制造领域不可或缺的一员——工业机器人

随着劳动力人口下降、人力成本上升以及制造业数字化、智能化改造升级需求日益凸显，我国工业机器人市场获得较快发展，在电子、汽车、金属加工、锂电池、光伏等行业实现广泛应用。工业机器人位于智能制造系统架构生命周期的生产和物流环节、系统层级的设备层级和单元层级，以及智能特征的资源要素，如图 1-17 所示。以工业机器人为关键支撑的智能装备与产线集成，技术综合性强，是继动力机械、计算机之后出现的全面延伸人的体力和智力的新一代生产工具，是实现生产数字化、自动化、网络化以及智能化的重要手段。

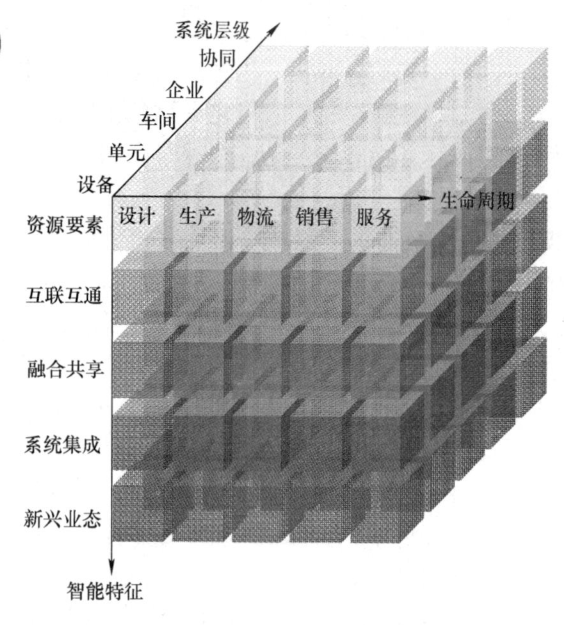

图 1-16　智能制造系统架构

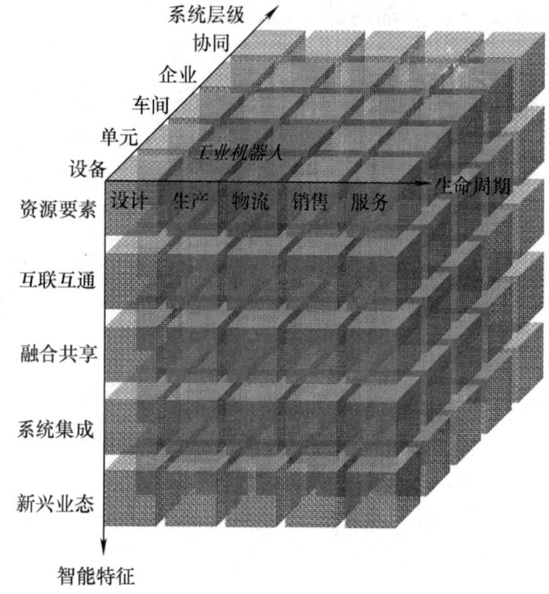

图 1-17　工业机器人在智能制造系统架构中的位置

任务 1.2　工业机器人系统认知

【知识准备】

1.2.1　工业机器人的系统组成

工业机器人系统是由工业机器人、末端执行器和为使机器人完成其任务所需的一些工艺（周边）设备、外部辅助轴或传感器构成的系统。

1. 工业机器人

工业机器人（见图 1-18）主要由机构模块、控制模块以及相应的连接线缆构成，其系统架构如图 1-19 所示。机构模块（操作机）用于机器人运动的传递和运动形成的转换，由

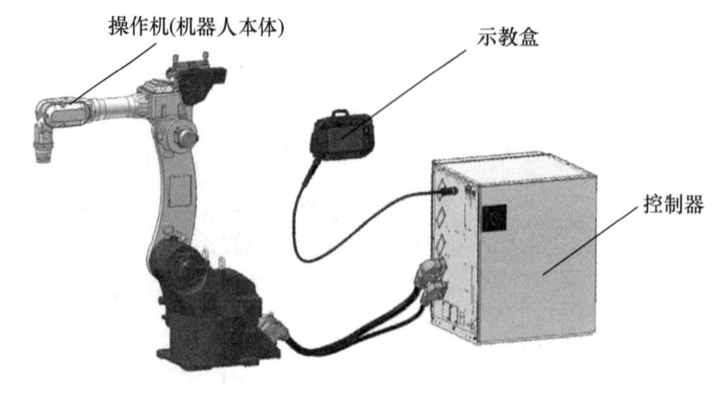

图 1-18　工业机器人的基本组成

驱动机构直接或间接驱动关节模块和连杆模块执行；控制模块（控制器和示教盒）用于记录机器人的当前运行状态，实现机器人传感、交互、控制、协作、决策等功能，由主控模块、伺服驱动模块、输入输出（I/O）模块、安全模块和传感模块构成，各子模块之间通过CANopen、EtherNET、EtherCAT、DeviceNet、PowerLink 等一种或几种统一协议进行通信，并预留一定数量的物理接口，如 USB、RS232、RS485、CAN、以太网等。

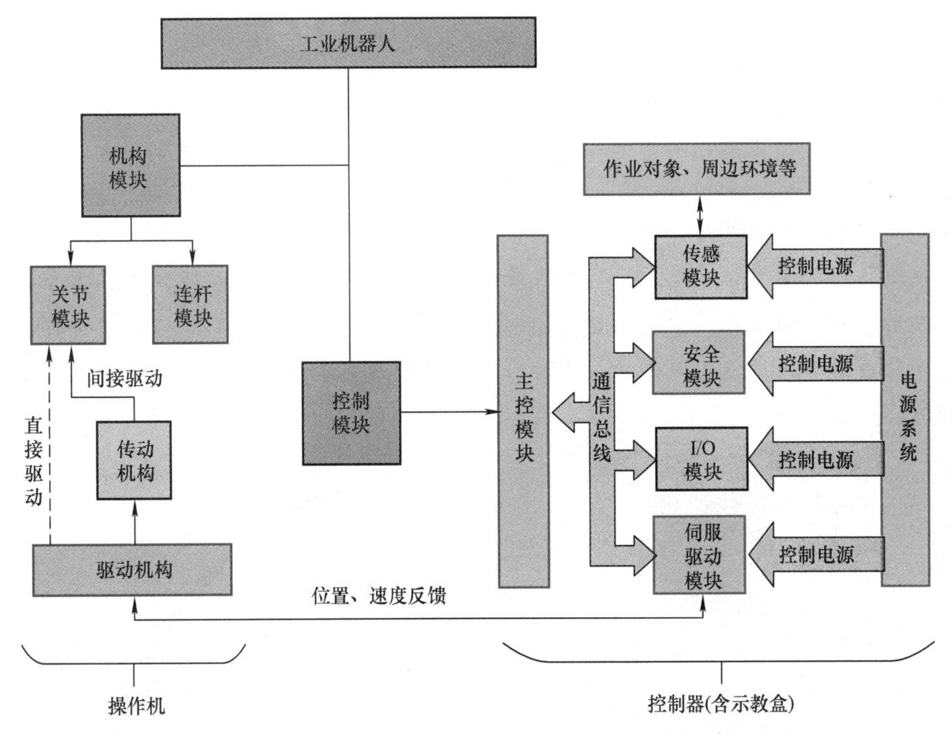

图 1-19 工业机器人的系统架构

1）操作机是机器人执行任务的机械主体，主要由关节和连杆构成。图 1-20 所示为 Panasonic 6 轴多关节型机器人本体结构。按照从下至上的顺序，垂直串联关节型机器人本体由机座、腰、肩、手臂、肘和手腕构成，各构件之间通过“关节”串联起来，且每个关节均包含一根以上可独立转动（或移动）的运动轴。为了发挥工业机器人在不同领域的功能，机器人手腕末端被设计成标准的机械接口（法兰或轴），用于安装执行任务所需的末端执行器或末端执行器连接装置。通常将腰、肩、肘三根关节运动轴合称为主关节轴，用于支承机器人手腕并确定其空间位置；将腕关节运动轴称为副关节轴，用于支承机器人末端执行器并确定其空间位置和姿态（简称位姿）。机器

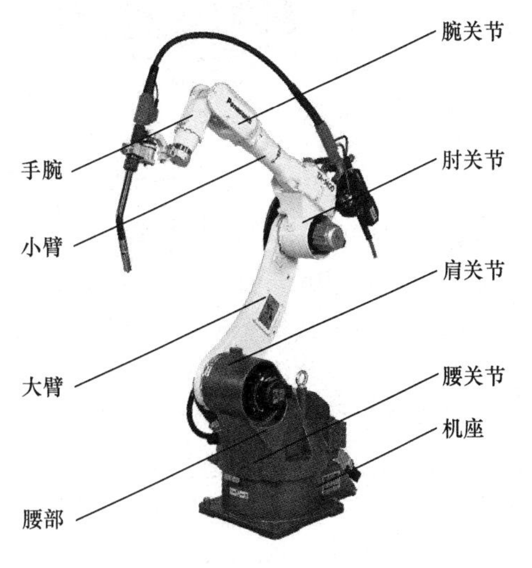

图 1-20 6 轴多关节型机器人本体结构

人操作机可以看成是定位机构（手臂）连接定向机构（手腕），手腕端部末端执行器的位姿调整可以通过主、副关节轴协同运动合成。

若让机器人运动起来，需要给机器人的关节配置直接或间接动力驱动装置。按动力源的类型划分，工业机器人关节的驱动可以分为液压驱动、气压驱动和电动驱动三种。其中，电动驱动（如步进电动机、伺服电动机等）是现代工业机器人最为主流的一种驱动方式。

伺服电动机的额定转矩或额定功率越大，其结构尺寸越大，这同工业机器人本体结构设计与优化的方向——提高负载/自重比、提高能源利用率相违背。目前大多数工业机器人使用的伺服电动机额定功率小于5kW（额定转矩低于30N·m），对于中型及以上关节型机器人而言，伺服电动机的输出转矩通常远小于驱动关节所需的力矩，必须采用伺服电动机+精密减速器的间接驱动方式，利用减速器行星轮系的速度转换原理，把电动机轴的转速降低，以获得更大的输出转矩。虽然减速器的类型繁多，但应用于工业机器人关节传动的高精密减速器属RV摆线针轮减速器和谐波齿轮减速器最为主流。谐波齿轮减速器体积小、质量轻，适合承载能力较弱的关节部位，通常安装在机器人腕关节处（见图1-21）；RV摆线针轮减速器负载能力强，适合承载能力较强的关节部位，是中型、重型和超重型工业机器人关节驱动的核心部件。

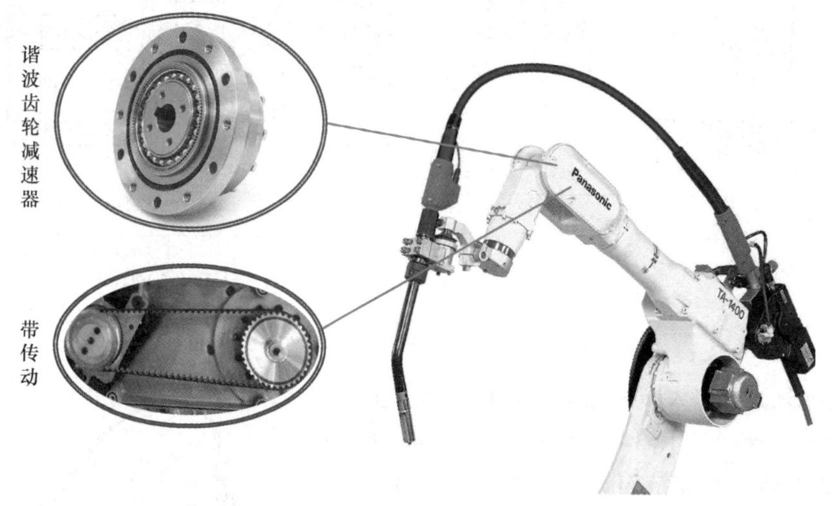

图1-21 机器人腕关节传动机构

2）控制器可看作工业机器人的“大脑”，是实现机器人传感、交互、控制、协作、决策等功能硬件以及若干应用软件的集合，是工业机器人“智力”的集中体现。在工程实际中，控制器的主要任务是根据任务程序指令以及传感器反馈信息支配机器人本体完成规定的动作和功能，并协调机器人与周边辅助设备的信号通信，其典型硬件架构如图1-22所示。

硬件决定性能边界，软件发挥硬件性能并定义产品的行为，通过“软件革命”驱动的工业机器人创新发展成为主流趋势。目前不少优秀的工业软件公司利用从机器人制造商定制的专用机器人，搭配自己开发的应用软件包在某个细分领域成为主流，如德国杜尔（Dürr）公司、日本松下（Panasonic）公司等。全球工厂自动化行业领先的发那科（Fanuc）机器人公司凭借其强大的研发、设计及制造能力，基于自身硬件平台为用户提供革命性的软件、控制及视觉系统（见表1-1），用户可借助内嵌于机器人控制器中的应用开发软件包快速建立

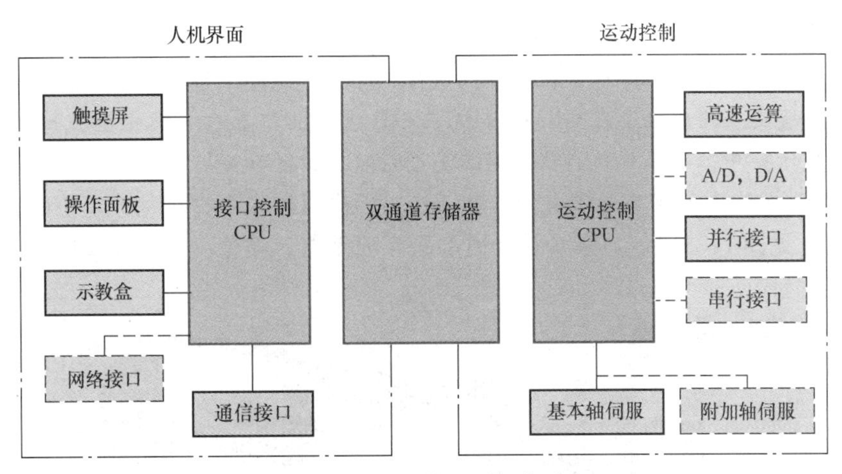

图1-22 机器人控制器架构示意

机器人系统，工业机器人正日益发展为“软件产品”。

表1-1 工业机器人控制器的应用软件（以Fanuc机器人为例）

功能模块	应用软件包
控制	Robot Link 多机器人协调（同）运动控制 Coordinated Motion Function 外部附加轴的协调运动控制 Line Tracking 移动输送线（带）同步控制 Integrated Programmable Machine Controller 控制器内置软PLC
传感	iRCalibration 视觉辅助单轴/全轴零点标定和工具中心点（TCP）标定 iRVision 2D Vision Application 工件位置和机器人抓取偏差2D视觉补偿 iRVision 3D Laser Vision Sensor Application 工件位置和机器人抓取偏差3D激光视觉补偿 iRVision Inspection Application 机器人视觉测量 iRVision Visual Tracking 视觉辅助移动输送带拾取、装箱、整列等作业 iRVision Bin Picking Application 视觉辅助散堆工件拾取 Force Control Deburring Package 力控去毛刺
工艺	HandlingTool 机器人搬运作业 PalletTool 机器人码垛作业 PickTool 机器人拾取、装箱、整列等作业 ArcTool 机器人弧焊作业 SpotTool 机器人点焊作业 DispenseTool 机器人涂胶作业 PaintTool 机器人喷漆作业 LaserTool 机器人激光焊接 & 切割作业

3）示教盒与机器人控制器相连，是用于机器人手动操作、任务编程、诊断控制以及状态确认的手持式人机交互装置。作为选配件，用户可通过计算机替代示教盒进行机器人运动控制和程序编辑等操作。由于国际上暂无统一标准，目前已投入市场的示教盒多属于品牌专用，如瑞士ABB机器人配备的FlexPendant、德国KUKA机器人配备的smartPAD、日本Fanuc机器人配备的iPendant、意大利COMAU机器人配备的WiTP等。

2. 末端执行器

末端执行器是安装在机器人手腕端部机械接口处直接执行任务的装置，它是机器人与作业对象、周边环境交互的前端。在 GB/T 19400—2003《工业机器人　抓握型夹持器物体搬运　词汇和特性表示》中，将末端执行器分为工具型末端执行器和夹持型末端执行器两种类型。

1）工具型末端执行器本身能进行实际工作，但由机器人手臂移动或定位的末端执行器，如弧焊焊枪（见图 1-23a）、点焊焊钳、研磨头、喷砂器、喷枪（见图 1-23b）、胶枪、自动螺钉旋具等。

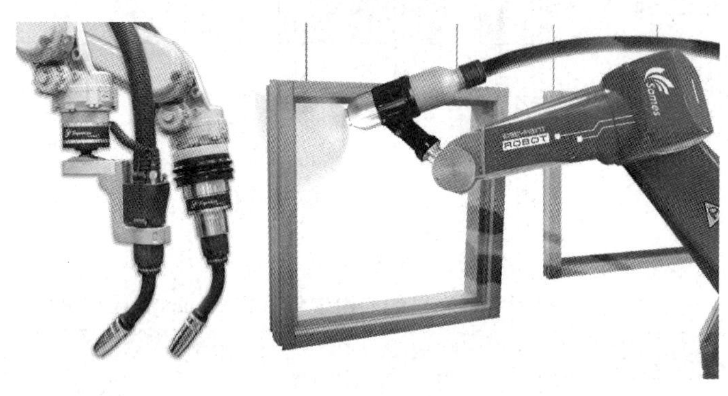

a) 机器人弧焊焊枪　　b) 机器人喷枪

图 1-23　工具型末端执行器

2）夹持型末端执行器（简称夹持器）是一种夹持物体/物料的末端执行器。按夹持原理划分，夹持器又被分为抓握型夹持器和非抓握型夹持器两种，见表 1-2。前者用一个或多个手指搬运物体，后者是以铲、钩、穿刺和粘着，或以真空/磁性/静电的悬浮方式搬运物体。

表 1-2　夹持型末端执行器的类型及其用途

夹持器类型		驱动方式	应用场合	夹持器示例
抓握型夹持器	外抓握/外卡式	气动/电动/液压	主要用于长轴类工件的搬运	
	内抓握/内胀式	气动/电动/液压	主要用于以内孔作为抓取部位的工件	

（续）

夹持器类型		驱动方式	应用场合	夹持器示例
非抓握型夹持器	气吸附	气动	主要用于表面坚硬、光滑、平整的轻型工件，如汽车覆盖件、金属板材等	
	磁吸附	电动	主要用于对磁产生感应的工件，对于要求不能有剩磁的工件，吸取后要退磁处理，且高温不可使用	
	托铲式	—	主要用于集成电路制造、半导体照明、平板显示等行业，如真空硅片、玻璃基板的搬运	

3. 传感器

工业机器人传感器可以分为两类：一是内部传感器，指用于满足机器人末端执行器的运动要求以及碰撞安全而安装在操作机上的位置、速度、碰撞等传感器，如旋转编码器、力觉传感器、防碰撞传感器等；二是外部传感器，指第二代和第三代工业机器人系统中用于感知外部环境状态所采用的传感器，如视觉传感器、超声波传感器、接触/接近传感器等。图 1-24所示为智能化机器人焊接系统配备 2D 广角工业相机，能够对焊接平台上的组件进行全景拍照，识别组件类型和测量几何尺寸，进行目标粗定位，以及规划机器人焊接初始路径。然后通过 3D 激光视觉精确纠偏焊缝位置，识别坡口类型，并自主规划焊道排布、焊接路径、焊炬/焊枪姿态和工艺参数，生成多层多道焊接任务程序，实现机器人自主焊接作业。

4. 周边（工艺）设备

工业机器人作为高效、柔性的先进机电装备，给它安装什么样的末端执行器、为它配置什么样的周边设备、让它循迹什么样的运动路径，它就可以完成什么样的任务。通过“机器人＋”自动化集成技术，可以让它转换成各种机器人柔性系统，如机器人折弯系统、机

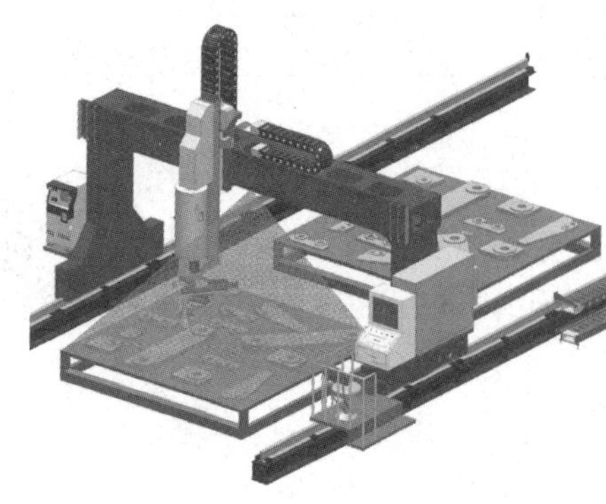

a) 2D视觉全景拍照识别定位

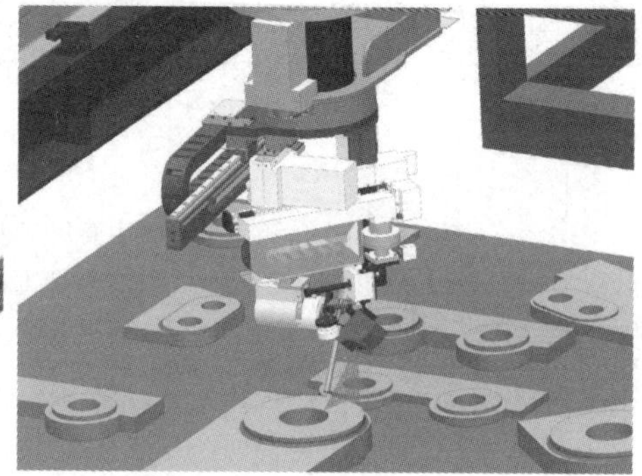

b) 3D激光视觉焊缝寻位跟踪

图 1-24　工业机器人视觉传感

器人焊接系统、机器人打磨系统等，以适应当今多品种、小批量、大规模的柔性制造模式。图 1-25 所示为集成数控折弯机、料架、定位架等工艺设备和装置，以及折弯工艺软件包的钣金件折弯机器人上下料系统，适用于钣金自动化折弯作业。

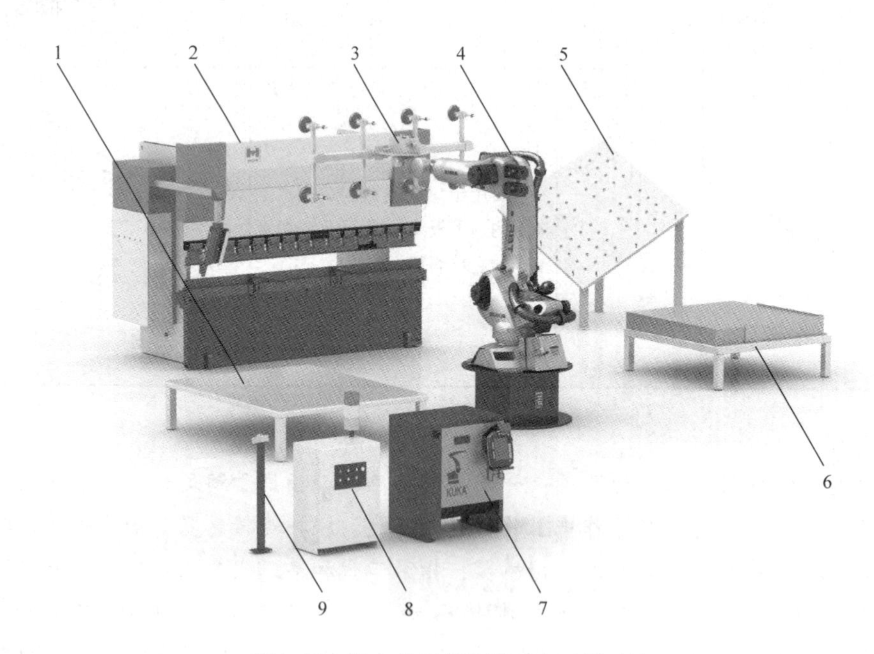

图 1-25　钣金件折弯机器人上下料系统

1—成品料架　2—数控折弯机　3—夹持器（端拾器）　4—操作机　5—重力对中定位架　6—原料料架
7—机器人控制器和示教盒　8—周边（工艺）设备控制器　9—外部操作盒

综上所述，一套较完整的工业机器人系统主要由机械、控制和传感三部分组成，分别负责机器人的动作、思维和感知能力。机械部分包括主体结构（执行机构）和驱动系统，通常为操作机，它是机器人完成作业动作的机械主体；控制部分包括控制器和示教盒，用于对驱动系统和执行机构发出指令信号，并进行运动、过程等控制；传感部分主要实现机器人自身以及外部环境状态的感知，为控制决策提供反馈。

1.2.2 工业机器人的分类及应用

工业机器人的分类方法有很多，可以按照机械结构类型（坐标型式）、驱动方式、负载能力等进行产品分类。限于篇幅，本书仅从机器人智能程度和应用领域两个维度，阐述工业机器人的分类及其应用情况。

1. 按技术等级划分

按照机器人智能程度的发展阶段，可以将工业机器人分为三代：第一代是计算智能机器人，以编程、微机计算为主；第二代是感知智能机器人，通过各种传感技术的应用，提高机器人对外部环境的适应性；第三代是认知智能机器人，除具备完善的感知能力，机器人可以自主规划任务和运动轨迹。

1）计算智能机器人。第一代工业机器人的基本工作原理是“示教－再现”，如图1-26所示。由编程员事先将完成某项作业所需的运动轨迹、工艺条件和动作次序等信息通过直接或间接的方式对机器人进行示教，在此过程中，机器人逐一记录每一步操作。示教结束后，机器人便可在一定的精度范围内重复操作。目前在工业中大量应用的传统机器人多数属于此类，因为无法补偿工件或环境变化所带来的加工、定位、磨损等误差，主要应用在精度要求不高的搬运作业场合。

图1-26 第一代计算智能机器人

2）感知智能机器人。为克服第一代工业机器人在工业应用中编程繁琐、环境适应性差以及潜在危险等问题，新一代工业机器人配备有若干传感器（如视觉传感器、力传感器、触觉传感器等），能够获取周边环境、作业对象的变化信息，以及对行为过程的碰撞实时检测，然后经由计算机处理、分析并做出简单的逻辑推理，对自身状态进行及时调整，基本实现人－机－物的闭环控制。例如，上文提及的协作机器人 LBR iiwa（见图1-27）使用力矩传感器实现编程员的牵引示教以及无安全围栏防护条件下的人机协同作业，基于视觉传感导引的零散件机器人随机拾取，采用接触传感的机器人焊接起始点寻位，类似的感知智能技术是新一代工业机器人的重点突破方向。

3）认知智能机器人。第二代工业机器人虽然具有一定的感知智能，但其未能实现基于行为过程的传感器融合进行逻辑推理、自主决策和任务规划，对非结构化环境的自适应能力十分有限，综合智能程度提升是关键。第三代工业机器人将借助人工智能技术和以物联网、大数据、云计算为代表的新一代物物相连、物物相通的信息技术，通过不断深度学习和发展，将能够在复杂变化的外部环境和作业任务中，自主决定自身的行为，具有高度的适应性和自治能力作为发展目标。第三代工业机器人与第五代计算机㊀密切关联，其内涵、功能仍

㊀ 第五代计算机是把信息采集、存储、处理、通信同人工智能结合在一起的智能计算机系统。它能进行数值计算或处理一般的信息，主要能面向知识处理，具有形式化推理、联想、学习和解释的能力，能够帮助人们进行判断、决策、开拓未知领域和获得新的知识。

处于研究开发阶段，目前全球仅日本本田（Honda）和软银旗下的波士顿动力（Boston Dynamics）两家公司研制出原型样机。相对于 Boston Dynamics 研发的仿人机器人（Atlas、Handle）而言，Honda 的仿人机器人 Asimo（见图 1-28）更偏向于通过表演来展现技术特性，其最新款样机能够将人类的动作模仿得惟妙惟肖，能够上下阶梯，能够踢足球和开瓶倒水，动作十分灵巧。虽然这些产品都展现出先进的技术，但造价昂贵、难以量产，很难将技术成果转化为商业利益，这为其发展带来诸多阻力。

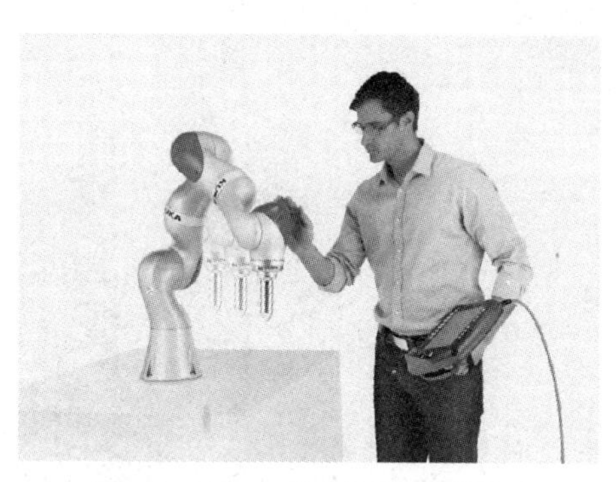

图 1-27　第二代感知智能机器人

图 1-28　第三代认知智能机器人

2. 按应用领域划分

工业机器人按应用领域可以分为搬运/上下料机器人、焊接机器人、涂装机器人、加工机器人、装配机器人、洁净机器人等，每一大类又包括若干小类，如图 1-29 所示。

1）搬运机器人是在工业生产过程中取代搬运装卸工人完成自动取料、装卸、传递、下料等任务的工业机器人。目前世界上使用的搬运机器人逾 20 万台，广泛用于机床上下料、辅助加工以及仓储物流等中间环节，如图 1-30 所示。

2）焊接机器人是在工业生产领域中代替焊工执行焊接任务的工业机器人。它广泛应用在钢结构、工程机械、轨道交通、能源装备、汽车制造业等行业及其他相关制造业生产中，如图 1-31 所示。

3）涂装机器人是能够自动喷漆、涂釉或喷涂其他涂料的工业机器人。它是综合材料、机械、电气、电子信息和计算机等学科的柔性自动化涂装设备，广泛应用于汽车制造业，并加快向家具、搪瓷等一般工业领域延伸，如图 1-32 所示。

4）加工机器人是在切割、抛光等生产领域中代替工人从事切割、铣削、抛光、去毛刺等作业的工业机器人。目前加工机器人主要应用在汽车与机车制造业、压力容器、化工机械、核工业、通用机械、工程机械、钢结构、船舶等行业，如图 1-33 所示。

5）装配机器人是在工业生产中服务生产线且在指定位置或范围中对相应零部件进行装配的工业机器人。它广泛应用于电子业、机械制造业、汽车制造业等行业，如图 1-34 所示。

6）洁净机器人相比于传统用途的工业机器人，如焊接、打磨、喷涂等，是在真空或净室环境下自动传输且不污染负载的专用机器人，主要应用于 ETCH、PVD、CVD 等半导体制造领域。当前使用的洁净机器人大部分属于平面关节型机器人（见图 1-35）。

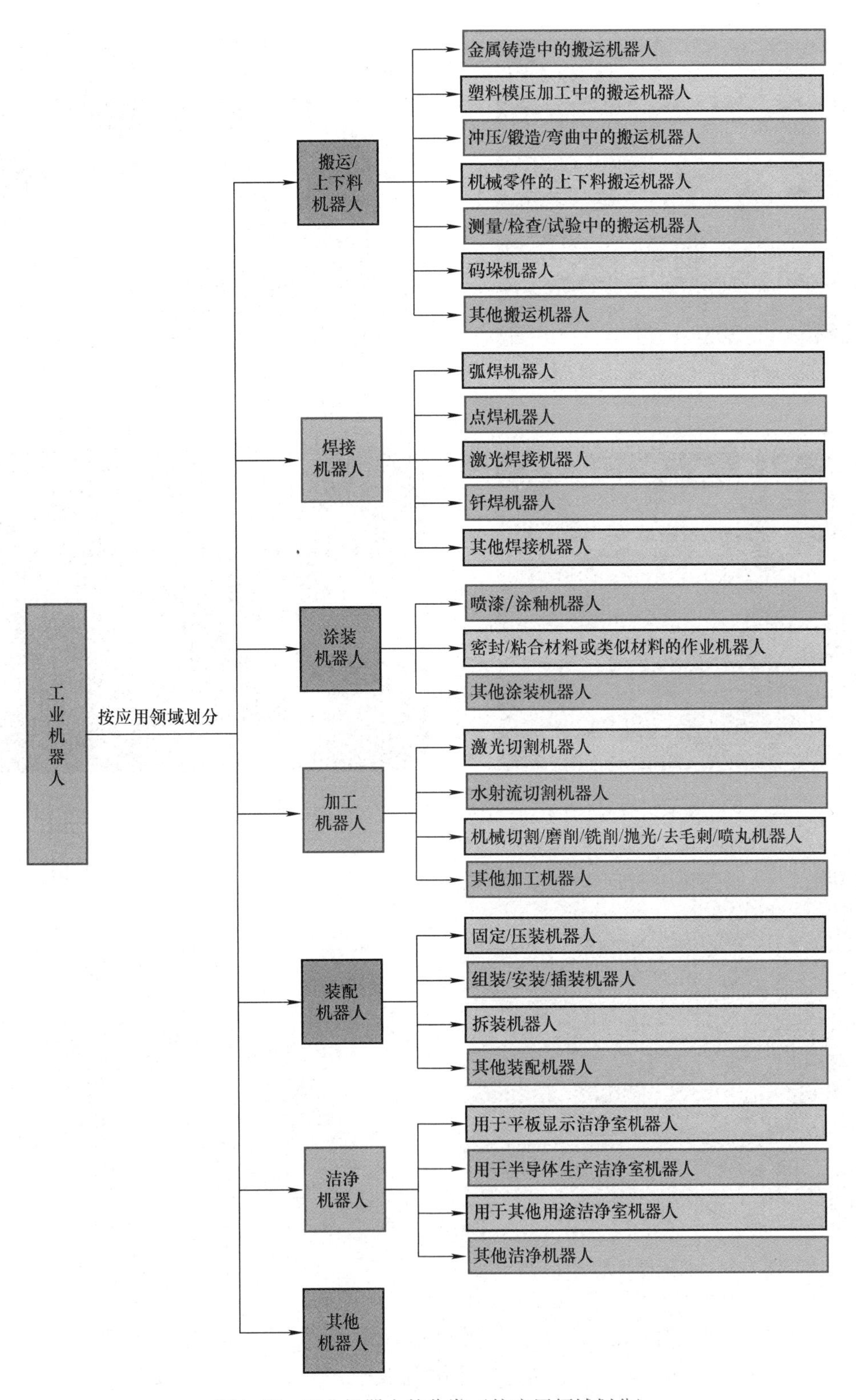

图1-29　工业机器人的分类（按应用领域划分）

图 1-30　搬运机器人

图 1-31　焊接机器人

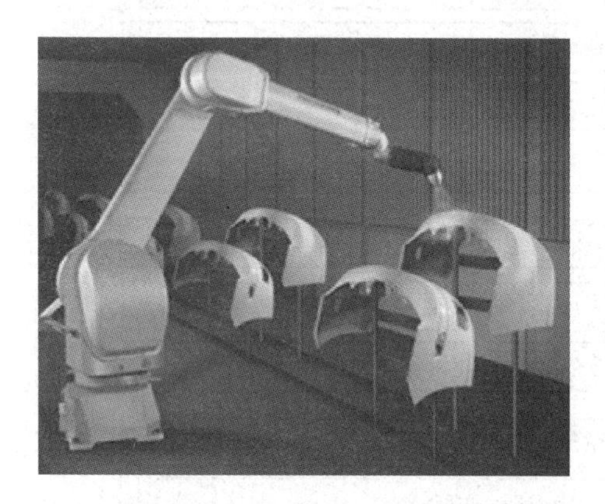

图 1-32　涂装机器人

图 1-33　加工机器人

图 1-34　装配机器人

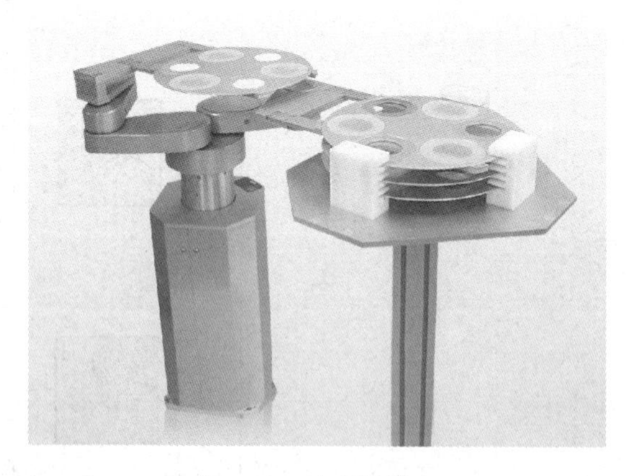

图 1-35　洁净机器人

综上所述，工业机器人在生产加工中的应用不仅可以降低工人的劳动强度、提高生产效率和改善产品质量，而且可以大幅提升工业制造水平，成为制造业“数字提档”的有效途径。同时，智能制造中小批量、多品种、个性化生产要求的增多，应对这种复杂的柔性化生产趋势，单机器人作业功能开始显得比较单一，生产需要更加自动化、数字化、网络化、智能化，因此机器智联、多机器人、人机协作技术及应用成为必然。

【拓展阅读】

未来工厂

“未来工厂”是指广泛应用数字孪生、人工智能、大数据等新一代信息技术革新生产方式，以数据驱动生产流程再造，以数字化设计、智能化生产、数字化管理、绿色化制造、安全化管控为基础，以网络化协同、个性化定制、服务化延伸等新模式为特征，以企业价值链和核心竞争力提升为目标，引领新智造发展的现代化工厂。新智造是智能制造不断演化升级的新阶段，是基于新一代信息技术与先进制造业深度融合，以数据驱动生产流程和组织方式再造，打通需求与供给，贯通消费与制造，构建形成虚实融合、知识驱动、动态优化、安全高效的系统和生态，旨在提高制造业质量、效益和核心竞争力的先进生产方式。

未来工厂的建设架构如图 1-36 所示。未来工厂的主要建设内容可以简称为“1353”：“1”是指企业综合效益和竞争力提升的高质量发展目标（图 1-37）；“3”为 3 种模式创新（图 1-38），即个性化定制、网络化协同和服务化延伸；“5”为 5 项能力建设（图 1-39），即数字化设计、智能化生产、安全化管控、数字化管理和绿色化制造；“3”为 3 个关键支撑（图 1-40），即新一代信息技术、数字化生态组织和先进制造技术。

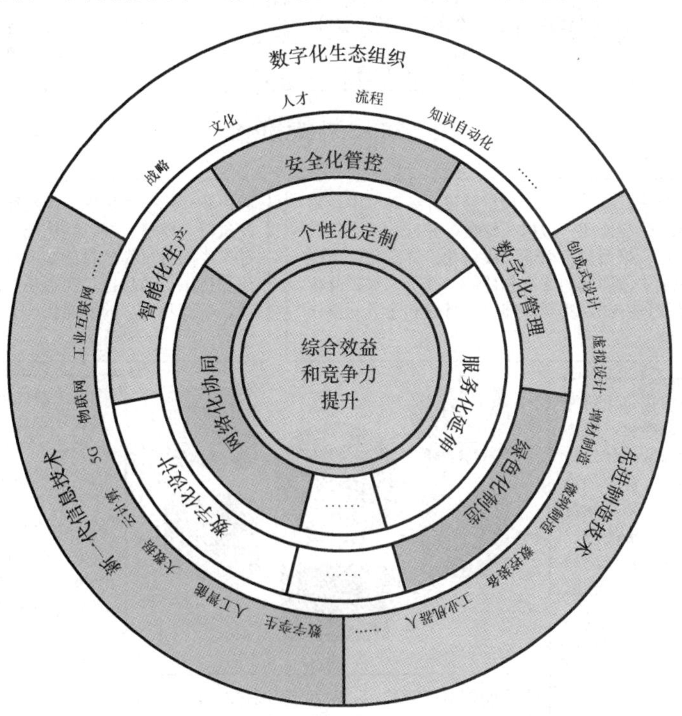

图 1-36　“未来工厂”建设架构

与传统工厂相比，未来工厂将采用大量先进机器人替代人工作业，生产效率和生产条件会得到极大改善，安全性、可靠性大大提高，管理模式更加先进，更能节约能源与成本。但未来工厂的发展并非仅仅是建成无人工厂，恰恰相反是要建成更加柔性的人机协作新工厂。

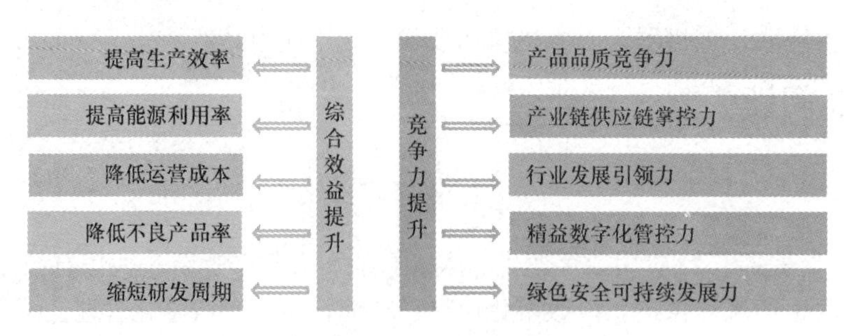

图 1-37　企业发展目标

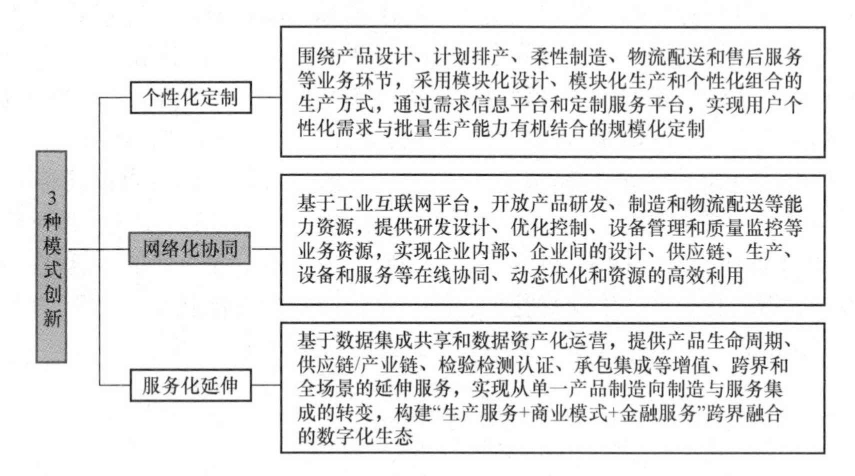

图 1-38　3 种模式创新

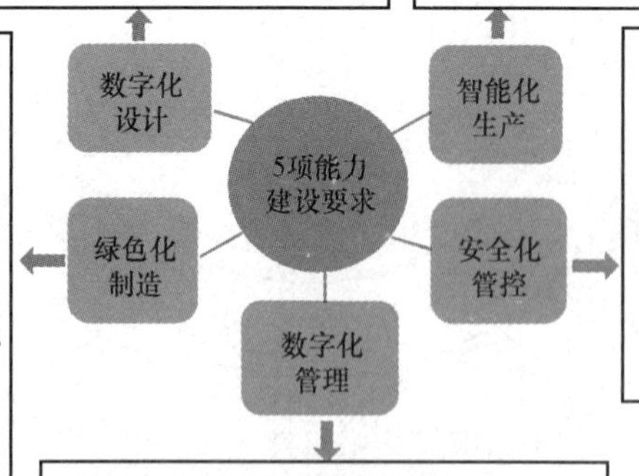

图 1-39　5 项能力建设要求

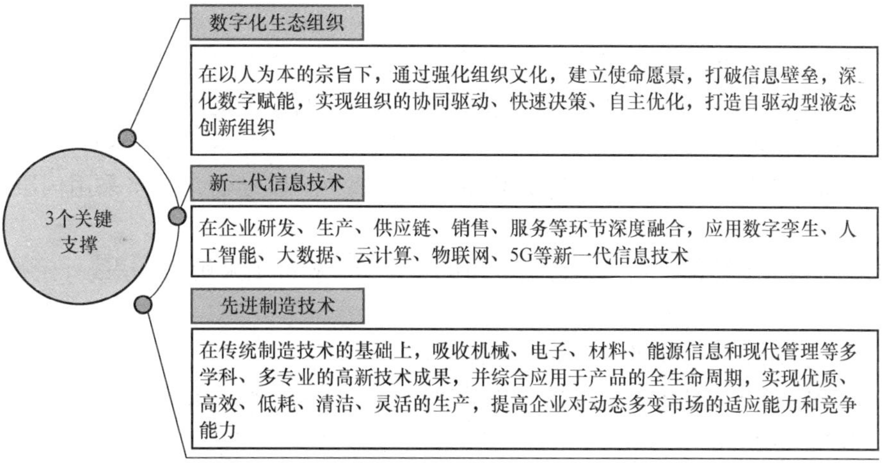

图 1-40　3 个关键支撑

如此一来，既可以充分发挥人类的灵活性，完成比较复杂的工作内容，又能通过机器人完成简单重复、极度危险、高精度以及高污染的工作，提高生产效率，保证产品质量和一致性。

综上，未来工厂是打造全球先进制造业基地的重要支撑，也是数字化改革中数字经济系统建设的主要任务之一。到 2025 年，新一代信息技术与先进制造业将达到深度融合，新产品、新模式、新业态蓬勃发展，以未来工厂为引领、智能工厂（数字化车间）为主体的智能制造群体不断壮大，实现生产方式和企业形态的根本性变革。

【知识测评】

一、填空

1. 按照机器人智能程度的发展阶段，可将机器人划分为三代，分别是________机器人、________机器人和________机器人。

2. ________是物体能够对坐标系进行独立运动的数目，通常作为机器人的技术指标，反映机器人动作的灵活性。

3. 工业机器人主要由________、________和________组成。

二、选择

1. 工业机器人的基本特征是（　　）。

①具有特定的机械机构；②具有一定的通用性；③具有不同程度的智能；④具有工作的独立性

A. ①②　　B. ①②③　　C. ①②④　　D. ①②③④

2. 操作机是工业机器人的机械主体，用于完成各种作业任务，主要组成部分包括(　　)。

①驱动装置；②传动单元；③控制器；④示教盒；⑤执行机构

A. ①②　　B. ①②⑤　　C. ①②④　　D. ①②③④

3. 常用哪些技术指标来衡量一台工业机器人的性能？(　　)

①自由度；②工作空间；③额定负载；④最大单轴（路径）速度；⑤位姿重复性

A. ①②③④⑤　　B. ①②⑤　　C. ①②④　　D. ①②③④

三、判断

1. 机器人位姿是机器人空间位置和姿态的合称。 (   )

2. 直角坐标型机器人具有结构紧凑、灵活、占地空间小等优点，是目前工业机器人本体大多采用的结构形式。 (   )

3. 工业机器人的驱动器布置大部分采用一个关节一个驱动器，且多采用伺服电动机驱动。 (   )

4. 工业机器人的臂部传动多采用谐波齿轮减速器，腕部则采用 RV 摆线针轮减速器。 (   )

5. 机器人控制器是人与机器人的交互接口。 (   )

6. 通常按应用领域可将工业机器人划分为焊接机器人、搬运机器人、装配机器人、码垛机器人和涂装机器人等。 (   )

揭开焊接机器人的神秘面纱

随着工业智能制造进程的深入，实现焊接产品制造自动化、智能化与柔性化已成为提高焊接质量和生产效率的必然趋势。作为一种仿人操作、自动控制、可重复编程、能在三维空间完成几乎所有焊接位置的先进制造装备，机器人焊接具有提高焊接质量、提高生产效率、改善工作条件等优点，成为焊接技术自动化的主要标志。

本章重点围绕系统认知和安全认知两个工作领域，通过介绍熔焊、压焊和钎焊三大典型焊接机器人，掌握焊接机器人的系统组成和工作原理，以及熟知焊接机器人系统的常见安全标志、安全防护装置、安全操作规程和焊接劳保用品。根据工业机器人编程员岗位工作内容，本章一共设置两项任务：一是焊接机器人系统认知；二是焊接机器人安全认知。

【学习目标】

知识学习

1）能够识别常见焊接机器人的系统组成。

2）能够阐明焊接机器人的工作原理。

3）能够辨识焊接机器人的安全标志及其表达信息。

能力培养

1）能够完成焊接机器人系统的模块辨识及功能描述。

2）能够遵循安全操作规程完成安全警示。

素养提升

1）通过先进制造装备和技术认知学习，了解焊接机器人领域的“卡脖子”技术，培养爱国主义情怀。

2）通过安全操作典例，培养安全操作意识，树立敬业、精益的工匠精神。

【学习导图】

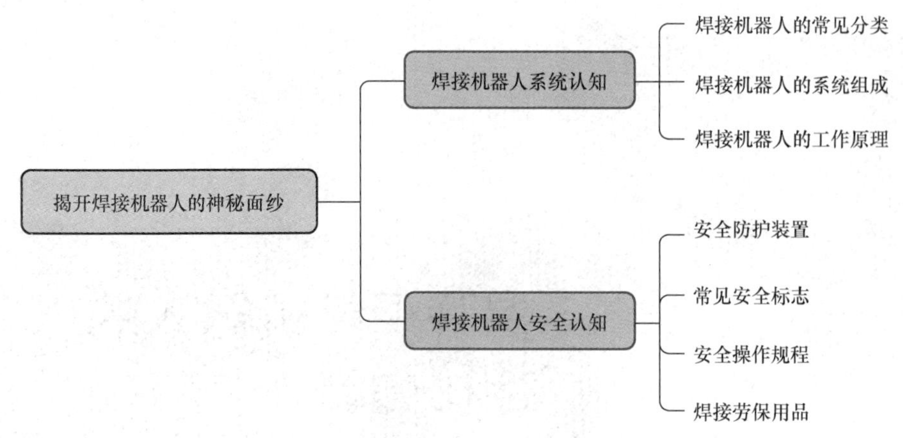

任务2.1　焊接机器人系统认知

【任务提出】

因为焊接脏、累、苦且高危等职业特点，采用机器人替代焊工成为行业企业的共识。工业机器人在焊接领域的应用可以看作是焊接（工艺）系统和机器人（执行）系统的深度集成融合。焊接机器人是焊接工艺的执行载体，负责携带焊枪沿规划路径作业；焊接系统是焊接工艺的能源核心，提供熔化工件和填充材料的电弧热源；工艺辅助设备是焊接工艺的绿色助手，保持待焊工件姿态及作业环境条件处于最佳；传感系统是焊接工艺的执行向导，负责侦测作业环境变化，使得机器人的作业和动作更加精准、稳定。

此任务通过辨识教育部1+X“焊接机器人编程与维护”中级职业技能培训工作站的模块组成及其功能，以形成对机器人焊接应用系统集成的初步认知。

【知识准备】

2.1.1　焊接机器人的常见分类

工业机器人在焊接生产中的应用最早始于汽车装配生产线上的电阻点焊（压焊的一种），如图2-1所示。机器人点焊过程比较简单，只需点位控制，而对机器人位姿准确度和位姿重复性的控制要求比较低。相比之下，弧焊（熔焊的一种）要比点焊复杂，需要进行起始点寻位和焊缝跟踪。弧焊机器人（见图2-2）在汽车整车和零部件制造中的应用普及与焊接传感系统的研制密不可分。近年来，机器人技术与激光技术的融合——激光焊接（熔焊的一种）机器人开启汽车制造的新时代，如德国大众、美国通用、日本丰田、一汽大众等汽车装配生产线上，均已大量采用图2-3所示的机器人激光焊接汽车白车身。赛融（SERVO-ROBOT）公司开发的一种智能模块化激光钎焊系统DIGI-BRAZE™（钎焊的一种），可将高精度的3D激光传感器、最大功率可达30kW的高质量工业验证激光头以及送丝机构集成为一个紧凑且坚固的模块，实现一次操作同步完成实时焊缝跟踪、焊接质量检测和过程控制，如图2-4所示。

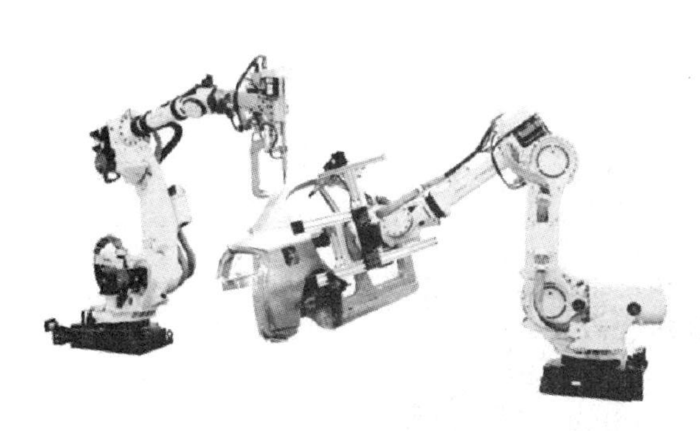

图2-1　汽车后立柱（C柱）机器人电阻点焊

图2-2　汽车消声器机器人弧焊

图2-3　汽车车身机器人激光焊接

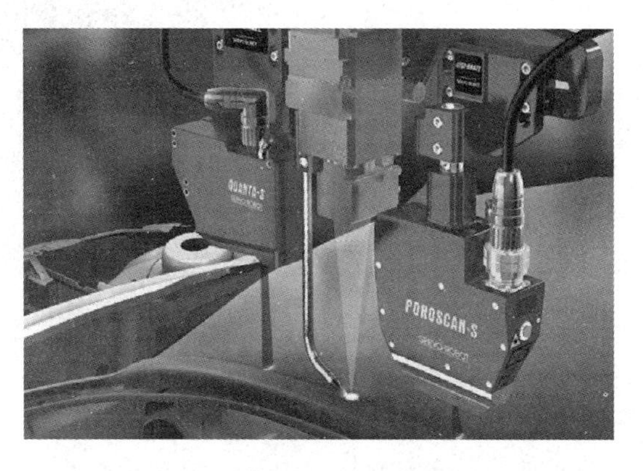

图2-4　汽车车身顶部机器人智能化激光钎焊

综上所述，按所采用的焊接工艺方法划分，焊接机器人可以分为压焊机器人、熔焊机器人和钎焊机器人三大类，其中每类机器人又包括三种应用类别，具体如图2-5所示。此外，焊接机器人还可以按坐标型式、驱动方式和现场安装方式等划分，如按坐标型式分为直角坐标型焊接机器人、圆柱坐标型焊接机器人、球坐标型焊接机器人和关节型焊接机器人。

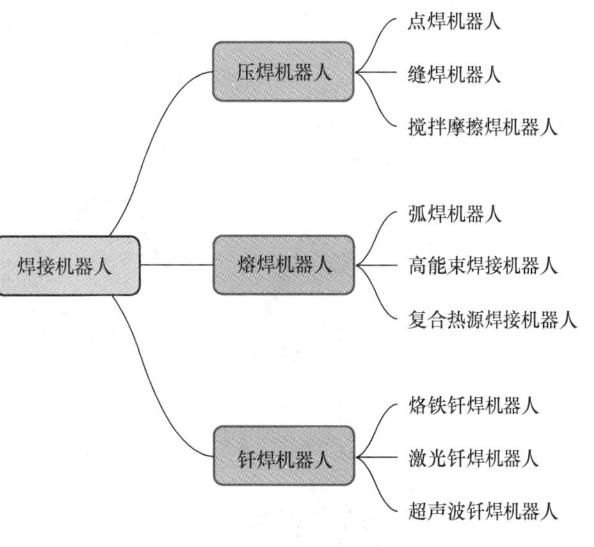

图2-5　焊接机器人分类

2.1.2　焊接机器人的系统组成

焊接机器人种类繁多，其系统组成也因待焊工件的材质、接头形式、几何尺寸和工艺方法等各不相同。综合来看，工业机器人在焊接领域的应用，可以看作是工艺系统和执行系统的集成创新。以

图 2-6所示的弧焊机器人系统为例，阐述目前主流的压焊机器人、熔焊机器人和钎焊机器人的系统组成，以形成三者之间设备组成差异的初步认知。

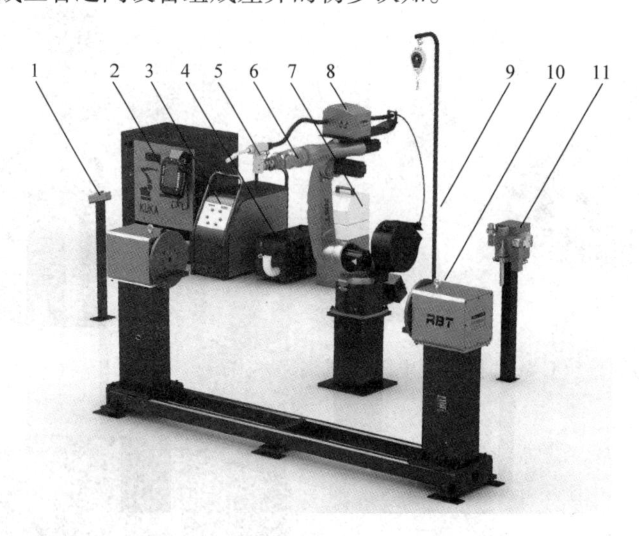

图 2-6　焊接机器人的系统组成

1—外部操作盒　2—控制器（含示教盒）　3—焊接电源　4—冷却装置　5—机器人焊枪（含防碰撞传感器）
6—操作机　7—焊接烟尘净化器　8—送丝机构　9—平衡器　10—焊接变位机　11—自动清枪器

1. 焊接机器人

焊接机器人是由操作机和控制器两大部分组成的。由机器人运动学可知，6 自由度通用型工业机器人可以满足一般焊接任务的需求，这是目前生产中焊接机器人普遍采用垂直六关节机器人本体构型的原因。值得指出的是，为避免焊枪电缆在机器人运动过程中因为与周边环境等干涉而影响焊接稳定性，世界著名工业机器人制造商先后研制出中空手腕和7 轴本体构型。

1）中空手腕结构。一般将送丝机构安装在焊接机器人第 3 轴处（见图 2-7a），焊枪电缆悬空布置。为克服电缆运动干涉，将机器人第 4 轴和第 6 轴设计成中空结构，焊枪电缆内

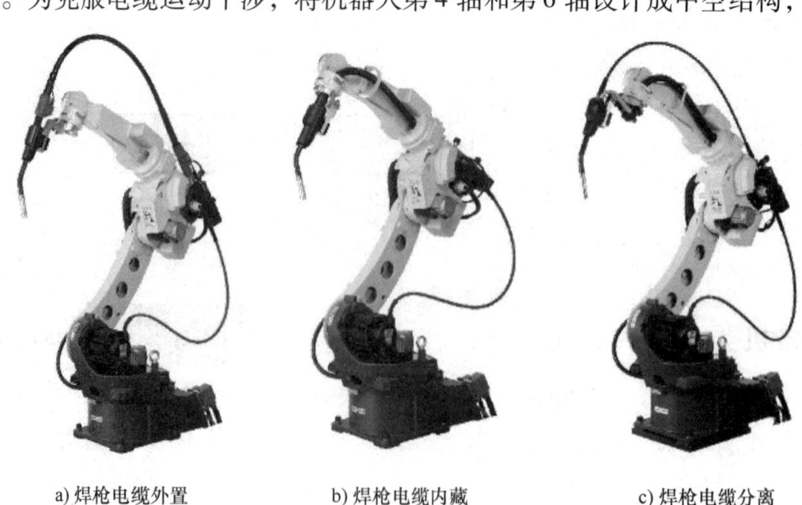

a) 焊枪电缆外置　　b) 焊枪电缆内藏　　c) 焊枪电缆分离

图 2-7　焊接机器人中空手腕构型

藏于机器人本体（见图2-7b），此时焊枪可以360°旋转。为进一步解决焊接电缆扭曲引起的送丝波动现象，将电缆内藏而送丝软管外置（见图2-7c），提高送丝过程稳定性。

2）7轴本体构型。图2-8所示为一种典型的7轴驱动再现人类肘部动作的垂直串联关节型机器人。通过在机器人第一俯仰臂上增加一个回转关节，并采用中空减速器实现焊枪电缆的内藏，可以让焊接机器人的作业动作更加灵活、顺畅。

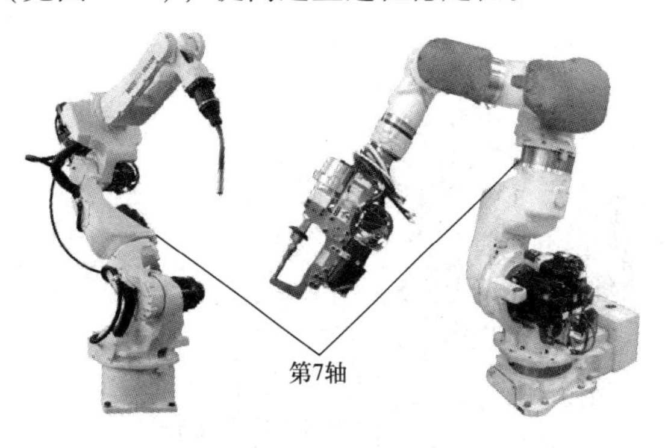

图2-8　7轴中空手腕焊接机器人构型

表2-1为焊接机器人机械结构主要特征参数。在产品结构件体积或质量较大的自动化应用场合，可以赋予焊接机器人“下肢”移动功能。例如，将操作机安装在1～3轴地装移动平台上，或以侧挂、倒挂等方式集成在多轴龙门移动平台上（见图2-9），成为复合型焊接机器人，有利于有效拓展机器人的工作空间以及提高机器人的利用率。

表2-1　焊接机器人的机械结构主要特征参数

机器人类别	指标参数	指标要求
熔焊机器人	结构形式	以垂直多关节型结构为主
	轴数（关节数）	一般为6～9轴
	自由度	通常具有6个自由度
	额定负载	3～20kg（高能束焊接机器人为30～50kg）
	工作半径	800～2200mm
	位姿重复性	±(0.02～0.08)mm
	基本动作控制方式	PTP、CP两种方式
	安装方式	固定式（落地式、悬挂式），移动式（地轨式、龙门式）
压焊机器人	结构形式	以垂直多关节型结构为主
	轴数（关节数）	一般为6～7轴
	自由度	通常具有6个自由度
	额定负载	50～350kg
	工作半径	1600～3600mm
	位姿重复性	±(0.07～0.3)mm
	基本动作控制方式	PTP、CP两种方式
	安装方式	固定式（落地式、悬挂式）

（续）

机器人类别	指标参数	指标要求
钎焊机器人	结构形式	平面多关节型结构和垂直多关节型结构
	轴数（关节数）	一般为4～6轴
	自由度	通常具有4～6个自由度
	额定负载	≤6kg
	工作半径	300～600mm
	位姿重复性	±(0.01～0.02)mm
	基本动作控制方式	PTP、CP两种方式
	安装方式	固定式（台面固定安装）

图2-9　龙门式（复合型）焊接机器人

控制器（含硬件、软件及一些专业电路）可以完成机器人自动化焊接运动控制和过程控制，包括机器人控制器和工艺辅助设备控制器两部分。目前主流的焊接机器人控制系统采用开放式分布系统架构，除具备轨迹规划、运动学和动力学计算等功能外，还安装有简化用户任务编程的功能软件包和焊接数据库，能够实现焊接导航、工艺监控、焊丝回抽、粘丝解除、电弧搭接、摆动焊接、姿态调整、焊接出错后自动再引弧等实用功能。表2-2所列为典型厂商针对熔焊、压焊和钎焊应用所开发的各类焊接功能软件包。

表2-2　焊接机器人功能软件包

机器人类别	典型厂商	焊接软件包
熔焊机器人	ABB	RobotWare Arc, Production manager, VirtualArc
	KUKA	KUKA. ArcTech, KUKA. LaserTech, KUKA. MultiLayer, ready2_ arc
	Fanuc	ArcTool, LaserTool, Servo Torch, Smart Arc
	Yaskawa－Motoman	Universal Weldcom Interface
	Kawasaki	KCONG
	KOBELCO	AP－SUPPORT, ARCMAN™ PLUS

（续）

机器人类别	典型厂商	焊接软件包
压焊机器人	ABB	RobotWare Spot
	KUKA	KUKA. ServoGun，ready2_ spot
	Fanuc	SpotTool
钎焊机器人	UNIX	TSCO WIN，TSUTSUMI SEL Software
	TSUTSUMI	USW - RK410RE

2. 焊接系统

焊接系统是机器人完成自动化焊接作业的核心工艺设备。由于焊接工艺方法的不同，熔焊、压焊和钎焊所选用的焊接设备差异较大，主要体现在焊接电源以及设备接口方面。有关熔焊、压焊和钎焊所用的典型设备及功能见表2-3。对于某些长时间无中断自动化焊接场合，建议采用桶装焊丝（250～350kg）、送丝辅助机构和伺服拉丝焊枪（见图2-10），这样可以有效延长送丝距离，提高机器人焊接的生产效率，增大工作空间。

表2-3 典型的机器人焊接系统设备

工艺方法	设备名称	设备功能	设备示例
弧焊（熔焊）	焊接电源	为焊接提供电流、电压，并具有适合于弧焊和类似工艺所需特性的设备，常见的弧焊电源主要有弧焊发电机、弧焊变压器和弧焊整流器等	
	送丝机构	将焊丝输送至电弧或熔池，并能进行送丝控制的装置，可以自带送丝电源（一体式）或不带送丝电源（分体式），主要有推丝、拉丝和推拉丝三种送丝形式	
	机器人焊枪	在弧焊、切割或类似工艺过程中，能提供维持电弧所需电流、气体、切削液、焊丝等必要条件的装置，主要有空冷焊枪（小电流施焊）和水冷焊枪（大电流施焊）两种	

（续）

工艺方法	设备名称	设备功能	设备示例
弧焊（熔焊）	冷却装置	机器人在进行长时间焊接作业时，焊枪会产生大量的热量，常用冷却装置保证机器人焊接系统正常工作，Ar、He保护焊，电流超200A时，以及CO_2保护焊、间断通电，电流超过500A时，基本采用水冷	
	气路装置	气路装置是存储输送弧焊、切割或类似工艺时所需气体的装置，可采用单独气瓶供气或集中供气两种形式	
点焊（压焊）	焊接控制器	焊接控制器是由微处理器及部分外围接口芯片组成的控制系统，它可根据预定的焊接监控程序，完成焊接参数（如电流、压力、时间等）输入、焊接程序控制、焊钳的大小行程以及夹紧/松开动作，并实现与机器人控制柜、示教器的通信联系	
	冷却装置	为了及时散热，保护变压器和钳体，点焊机器人须配置水冷系统，包括进水阀门和回水阀门等	
	机器人焊钳	除提供焊接回路、传导焊接电流外，还提供焊接压力。按外形结构主要有C型和X型两种；按驱动方式有气动焊钳和伺服焊钳两种	
烙铁钎焊	控制器	控制器集中管理所有的焊接条件，如加热时间、焊锡数量、计时等	
	焊丝供给装置	主要用于实现高精度焊丝供给	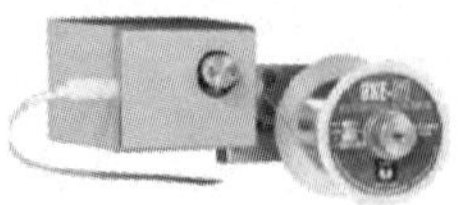

（续）

工艺方法	设备名称	设备功能	设备示例
烙铁 钎焊	烙铁式 焊接头	点焊、直线焊接通用	

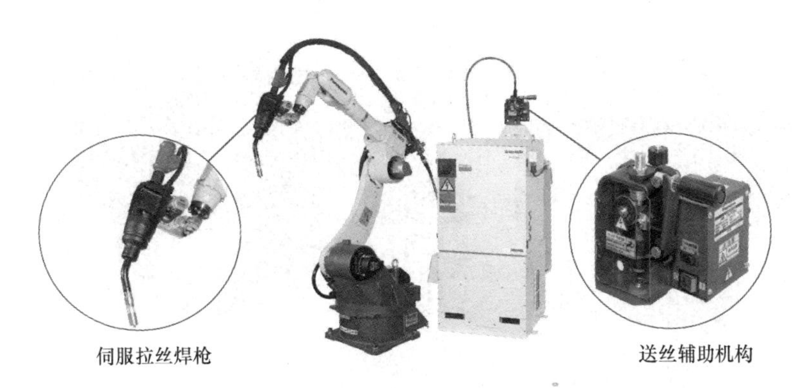

图 2-10　熔焊机器人配置桶装焊丝

机器人双丝焊（见图 2-11a）是近年发展起来的一种高速、高效复合热源焊接方法，该方法能在增加熔敷效率的同时保持较低的热输入，减小热影响区和焊接变形量。另一种高效焊接方法——激光/电弧复合热源焊接（见图 2-11b）是将激光热源与电弧热源相结合，复合热源焊接可以降低对装配间隙的要求，增加工艺适应性，减少焊接缺陷和降低焊接成本。

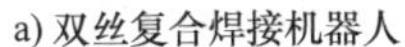
a) 双丝复合焊接机器人

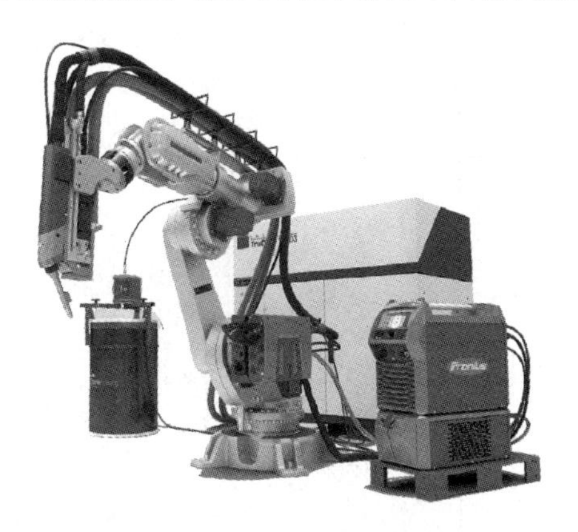
b) LaserHybrid复合焊接机器人

图 2-11　复合热源焊接机器人

3. 工艺辅助设备

实现机器人自动化高效、安全焊接作业，除焊接机器人与焊接系统之间的高度协同，还需要夹紧、定位、清枪、除尘、防护等工艺辅助设备。例如，为消除或减小焊接产生的弧光、烟尘、飞溅等，须使用挡光板、弧光防护帘、焊接烟尘净化器等改善工作环境，并采用护栏、屏障和保护罩等确立作业空间的安全防护装置。图 2-12 所示为焊接烟尘治理的两种途径，一是采用单机（移动）式烟尘净化器（见图 2-12a），使用较为灵活、占地面积小，适用于工位变动频繁的小范围粉尘收集场合；二是采用中央/集成式烟尘净化系统（见图 2-12b），可供多个工位使用，风量也比单机（移动）式烟尘净化器的风量高几倍，适用于整个制造车间（或工作场所）的粉尘收集。不同工艺方法需要配备的工艺辅助设备差异较大，表 2-4 所列为熔焊、压焊和钎焊机器人工程应用中常见的典型周边（工艺）辅助设备。

a) 单机(移动)式

b) 中央/集成式

图 2-12 焊接烟尘净化器

表 2-4 常见的焊接机器人周边（工艺）辅助设备

工艺方法	设备名称	设备功能	设备示例
弧焊（熔焊）	焊接工作台及焊接夹具	主要是放置工件并将工件准确定位与夹紧，以保证装配质量。焊接夹具按动力源可分为手动、气动、液压、磁力、电动和混合式夹具等	
	焊接变位机	主要是将被焊工件转动及移动到最佳的焊接位置（如平焊位置和船形焊位置），按照驱动电动机数量可将其分为单轴、双轴、三轴和复合型变位机等	
	焊渣除锈装置	一般采用气动（针束）除锈器，用于清理焊缝表面渣壳、飞溅等	

（续）

工艺方法	设备名称	设备功能	设备示例
弧焊（熔焊）	自动清枪器	用于清理焊枪喷嘴内的积尘并向喷嘴内喷防飞溅液，剪除多余焊丝保证焊枪干伸长度，确保引弧；延长焊枪寿命，提高焊接工作效率	
	焊枪更换装置	焊接自动运行中，机器人自动完成焊枪前端组合的直插式更换，操作人员无须进入焊接区更换，无须停下机器人的运作可直接完成，大大提高机器人的运作效率	
点焊（压焊）	焊接工装夹具	与弧焊机器人类似，用于工件的准确定位与夹紧，保证装配质量	
	电极修磨器	用于电极头工作面氧化磨损后的修磨，可提高生产线节拍，也可避免人员频繁进入生产线带来的安全隐患	
烙铁钎焊	烙铁头清洁器	用于烙铁嘴清洁，清洁时可防止焊锡随处飞溅，减少清洁时烙铁头的温度下降，改善焊接工作环境，改善产品质量，适用于高精细焊接工作	

4. 传感系统

焊接机器人（尤其是熔焊机器人）的应用环境有其自身的特殊性与复杂性，如弧光、烟尘、飞溅、复杂电磁环境等耦合干扰因素以及加工装配误差、焊接热变形等实际工况变化。为增强焊接机器人对外部环境的适应能力，可以通过外部传感器的实时反馈实现对焊接起始位置的自动寻位和焊接过程的自动跟踪。为补偿工件装卡发生的位置偏移，熔焊机器人会通过高压接触传感器寻找焊接起始点。同时，采用电弧传感器的“坡口宽度跟踪”功能，实时跟踪焊接过程的坡口宽度变化，及时调整焊接规范，保证焊缝余高一致和坡口两侧侧壁熔合良好，实现高品质焊接。表 2-5 为机器人熔焊作业过程（装配和焊接）配置的实用传感器生产厂商所开发的功能软件包。

表 2-5 熔焊机器人实用传感器

制造工序	传感器名称	传感器功能	传感软件包	传感器示例
装配	防碰撞传感器	在碰撞过程中能侦测到碰撞发生，给机器人控制器发送反馈信号，提示机器人紧急停止，避免焊枪严重受损	—	
	激光位移传感器	主要完成工件设置点位的初始位置标定和焊接过程中对应设置点位的变形量检测	—	
焊接	红外测温仪	主要负责焊前预热以及焊接过程中层间温度的检测	—	
	接触传感器	通过焊丝与工件的碰触，实现高精度的焊缝初始寻位	KUKA. TouchSense，Fanuc Touch Sensor 等	
	电弧传感器	通过检测机器人焊枪摆动过程中焊接电流、电弧电压等信号，实现对焊缝位置的实时自动跟踪	KUKA. SeamTech，Fanuc Thru－Arc Seam Tracking（TAST），Moto-man COMARC 等	
	激光视觉传感器	通过检测激光发射结构光信号获取接头、坡口图像信息，实现焊枪对中焊缝中心	Fanuc iRVision，Moto Sight 2D，Vision Guide 等	

2.1.3 焊接机器人的工作原理

1. 示教再现

因为人工智能技术与工业机器人技术深度融合尚未成熟，目前市面上的焊接机器人主要是计算智能机器人和传感智能机器人，其工作原理为“示教-再现”。示教是指编程员以在线或离线方式引导机器人，并以任务程序的形式将实际作业过程逐一记录下来，存储在机器人控制器内的静态随机存储器（Static Random Access Memory）中。再现是通过存储内容的“回放”，机器人能够在一定精度范围内按照指令逻辑重复执行任务程序记录的动作。采用“数字焊工”进行自动化作业，须预先赋予机器人运动学信息，如图2-13所示。

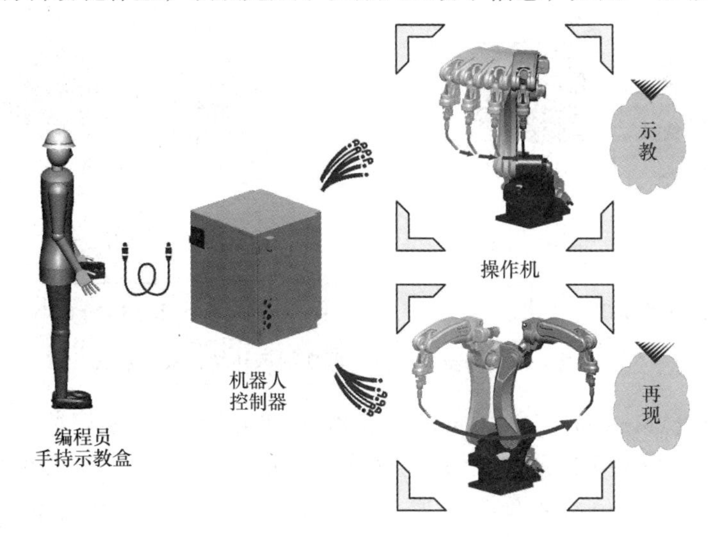

图2-13 焊接机器人的示教-再现

从机构学角度分析，焊接机器人本体（操作机）可以看成是由一系列刚体（杆件）通过转动或移动副（关节）组合连接而成的多自由度空间链式机构。如前所述，机器人各个关节轴可以独立运动，末端执行器的位姿、速度、加速度、力/力矩与各关节轴的位置和驱动力密切关联。那么，焊接机器人在执行任务过程中如何实现多个关节轴运动的分解与合成？如何在指定时间内按指令速度沿某一路径运动？又如何保证末端执行器（焊枪）的位姿准确度及重复性？要弄清这些问题，就需要对焊接机器人运动控制（学）有所了解。概括来讲，在机器人运动学中，存在以下两类基本问题。

1）运动学正解（Forward Kinematics）也称为正向运动学，已知一机械杆系关节的各坐标值，求该杆系内两个部件坐标系间的数学关系。对于焊接机器人操作机而言，运动学正解一般指求取（焊枪）工具坐标系和（参考）机座坐标系间的数学关系。机器人示教过程中，机器人控制器逐点进行运动学正解运算，解决的是“去哪”问题，如图2-14a所示。

2）运动学逆解（Inverse Kinematics）也称为逆向运动学，已知一机械杆系两个部件坐标系间的关系，求该杆系关节各坐标值的数学关系。对于焊接机器人操作机而言，运动学逆解一般指求取的（焊枪）工具坐标系和（参考）机座坐标系间关节各坐标值的数学关系。在机器人再现时，机器人控制器逐点进行运动学逆解运算，将角矢量分解到操作机的各关节，解决的是“怎么去”问题，如图 2-14b 所示。

2. 运动控制

焊接机器人运动控制的焦点是机器人末端执行器（焊枪）的空间位姿。目前，第一代机器人的基本动作控制方式主要有点位控制、连续路径控制和轨迹控制三种，第二代和第三代机器人的动作控制还包括传感控制、学习控制、自适应控制等。

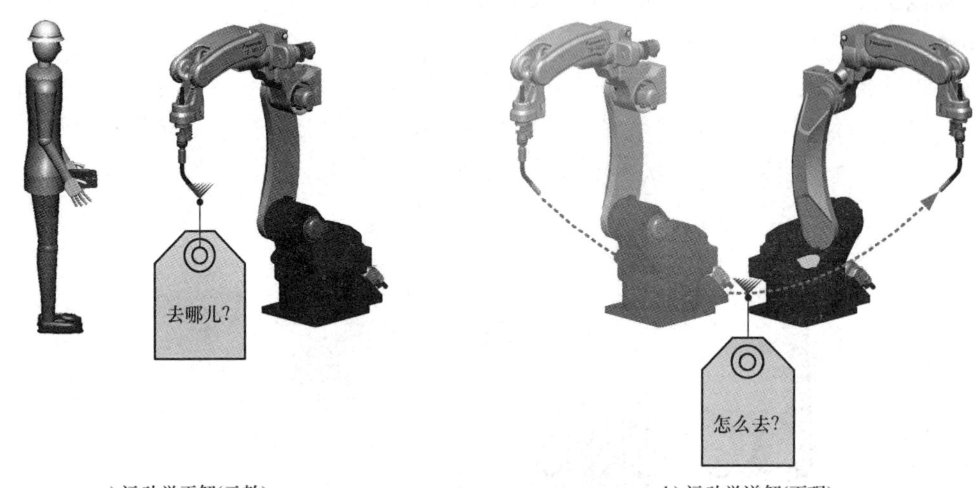

a) 运动学正解(示教)　　b) 运动学逆解(再现)

图 2-14　焊接机器人示教 - 再现的运动学正解和逆解

1）点位控制（Pose - to - pose Control）也称为 PTP 控制，是编程员只将目标指令位姿赋予焊接机器人，而对位姿间所遵循的路径不作规定的控制方法。PTP 控制只要求焊接机器人末端执行器（焊枪）的指令位姿精度，而不保证指令位姿间所遵循的路径精度。如图 2-15所示，倘若选择 PTP 控制焊接机器人末端执行器（焊枪）从 A 点运动到 B 点，那么机器人可沿① ~ ③中的任一路径运动。PTP 控制方式简单易实现，适用于仅要求位姿准确度及重复性的场合，如机器人点焊以及弧焊非作业区间等。

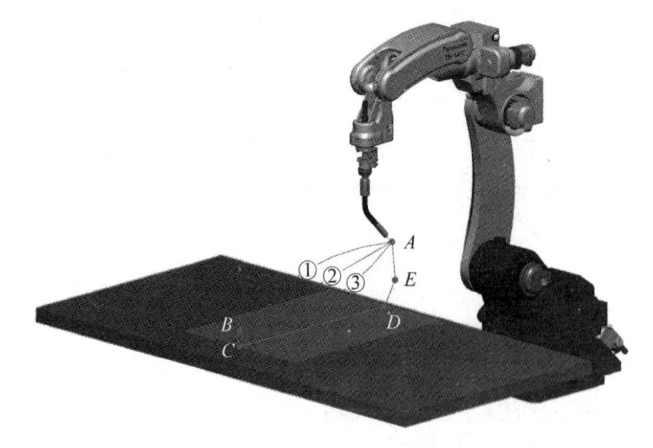

图 2-15　焊接机器人的点位控制和连续路径控制

机器人运动控制视频

2）连续路径控制（Continuous Path Control）也称为 CP 控制，是编程员将目标指令位姿间所遵循的路径赋予焊接机器人的控制方法。CP 控制不仅要求焊接机器人末端执行器（焊枪）到达目标指令位姿的精度，而且应保证焊接机器人能沿指令路径在一定精度范围内重复运动。在图2-15中，若要求焊接机器人末端执行器（焊枪）由A点线性运动到B点，那么机器人仅可沿路径②移动。CP控制方式适用于要求路径准确度及重复性的场合，如机器人弧焊作业区间等。

3）轨迹控制（Trajectory Control）是包含速度规划的连续路径控制。焊接机器人示教时，指令路径上各示教点的位姿默认保存为笛卡儿空间（直角）坐标形式。当机器人焊接再现时，机器人主控制器（上位机）从存储单元中逐点取出各示教点空间位姿坐标，通过对其路径进行直线或圆弧插补运算，生成相应路径规划，然后把各插补点的位姿坐标通过运动学逆解转换成关节矢量，再分别发送给机器人各关节控制器（下位机），如图2-16所示。目前焊接机器人轨迹插值算法主要采用直线插补和圆弧插补两种。对于非直线、圆弧运动轨迹，可以利用直线或圆弧近似逼近。

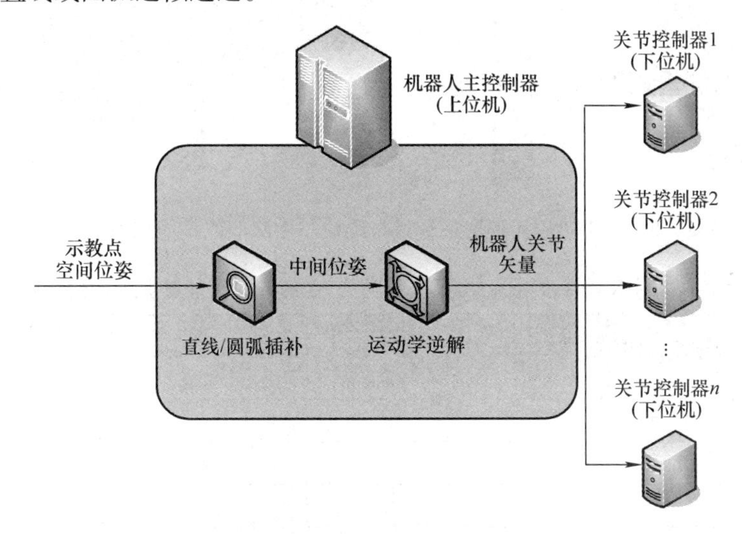

图2-16 焊接机器人的轨迹插补

为保证焊接机器人运动轨迹的平滑性，关节控制器（下位机）在接收主控制器（上位机）发出的各关节下一步期望达到的位置后，又作一次均匀细分，将各关节下一步期望值逐点送给驱动电动机。同时，利用安装在关节驱动电动机轴上的光电编码器实时获取各关节的旋转位置和速度，并与期望位置进行比较反馈，实时修正位置误差，直到准确到位，如图2-17所示。

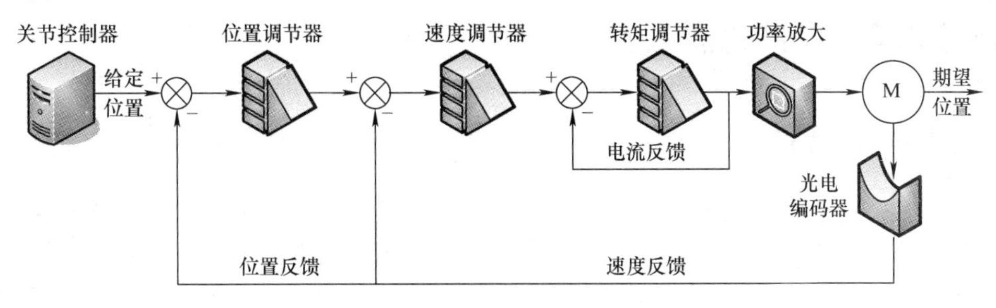

图2-17 焊接机器人的位置控制

【任务实施】

图2-18所示为教育部1+X“焊接机器人编程与维护”中级职业技能培训工作站。请辨识图中标号的系统模块名称，说明各模块的功能并填在表2-6中。

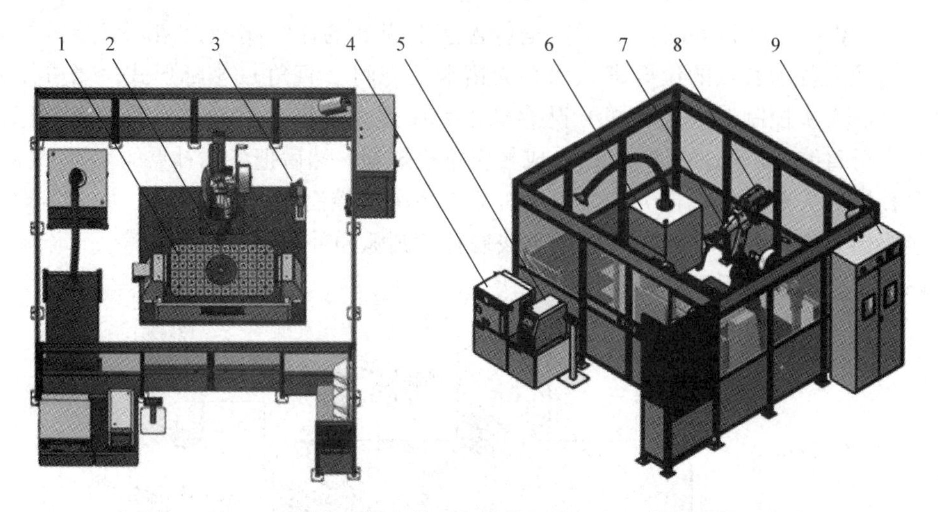

图2-18　1+X“焊接机器人编程与维护”中级职业技能培训工作站

表2-6　1+X“焊接机器人编程与维护”中级职业技能培训工作站组成

序号	系统模块名称	系统模块功能描述
1		
2		
3		
4		
5		
6		
7		
8		
9		

任务2.2　焊接机器人安全认知

【任务提出】

焊接机器人是一套融光、机、电于一体的柔性数字化装备，其应用编程、调试和维护过程中的作业安全至关重要。从工艺角度来讲，伴随焊接过程产生的烟尘、弧光、噪声、废气、残渣、飞溅、电磁辐射等危害人体健康；从设备角度来讲，焊接机器人末端最高速度可达2~4m/s，尤其焊枪前端为裸露的钢质焊丝，稍有不慎将发生碰撞、划伤等人机损伤行为。因此，规范管理和维护焊接机器人的安全标识，是安全、高效使用机器人焊接的首要前提。

此任务通过安装（贴）焊接机器人工作站的安全标志，熟知常见的机器人安全标志、防护装置和操作规程。

【知识准备】

2.2.1　安全防护装置

市场上应用的焊接机器人绝大部分属于传统工业机器人，需要在焊接机器人工作区域内使用固定式防护装置（使用工具可拆卸掉的护栏、屏障、保护罩等）或活动式防护装置（手动或电动操作的各种门、保护罩等）确立其安全作业空间，如图 2-19 所示。

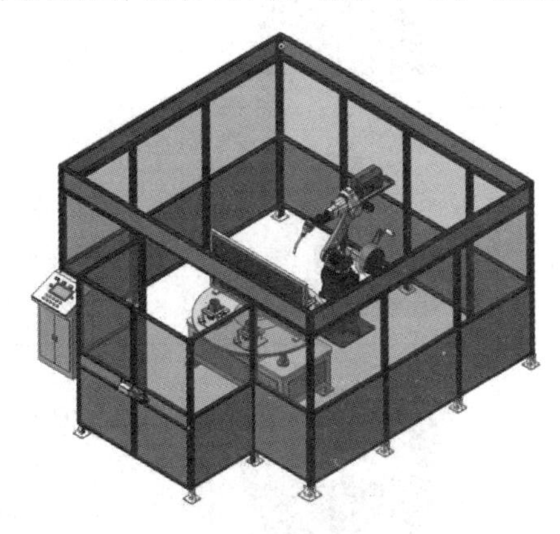
a) 安全防护房+安全门锁+遮光屏

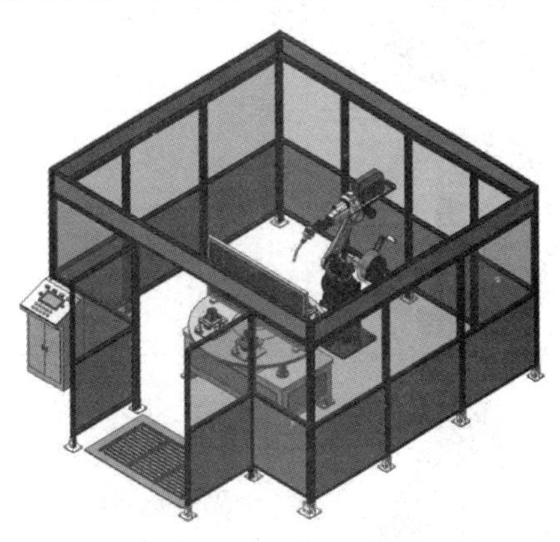
b) 安全防护房+安全地毯+遮光屏

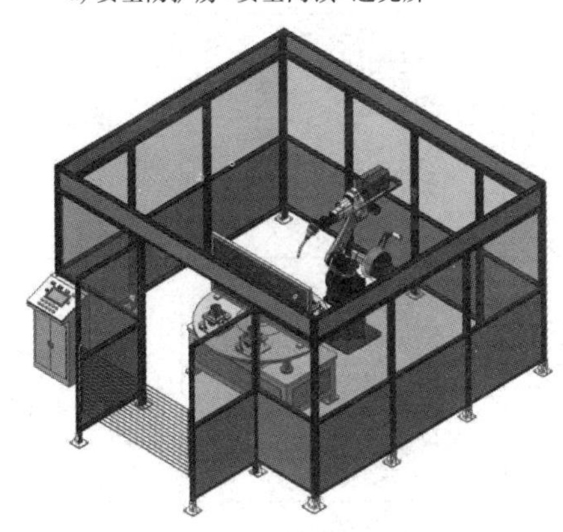
c) 安全防护房+安全光幕+遮光屏

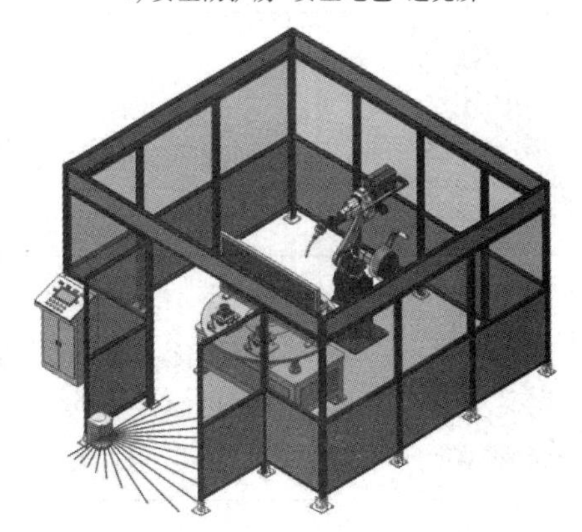
d) 安全防护房+激光区域保护扫描器+遮光屏

图 2-19　机器人工作站安全防护装置

- 为确保机器人作业过程安全，主流机器人控制器基本采用双保险安全回路。
- Panasonic 机器人控制器内的安全控制板上提供有备用紧急停止（SPENG）、外部紧急停止（EXTEMG）、安全护栏（DS）、安全支架（SH）等安全输入端子。

2.2.2 常见安全标志

为预防焊接机器人系统安装、编程和维护过程中发生安全事故，通常在机器人系统各模块的醒目位置安装（贴）相应的安全标志。表 2-7 是焊接机器人系统配置的禁止标志、警告标志、指令标志和提示标志等安全标志。

表 2-7 常见的焊接机器人系统安全标志

编号	图形标志	图标名称	编号	图形标志	图标名称
1		禁止吸烟 No smoking	8		当心弧光 Warning arc
2		禁止倚靠 No leaning	9		当心高温表面 Warning hot surface
3		注意安全 Warning danger	10		必须配戴遮光护目镜 Must wear opaque eye protection
4		当心爆炸 Warning explosion	11		必须戴防尘口罩 Must wear dustproof mask
5		当心中毒 Warning poisoning	12		必须戴安全帽 Must wear safety helmet
6		当心触电 Warning electric shock	13		必须穿防护鞋 Must wear protective shoes
7		当心机械伤人 Warning mechanical injury	14		急救点 First aid

2.2.3　安全操作规程

工业机器人及其系统、生产线的相关潜在危险（如机械危险、电气危险、噪声危害等）已得到广泛承认。鉴于工业机器人在应用中的危险具有可变性质，GB 11291《工业环境用机器人　安全要求》分为两部分制定工业机器人的安全要求，GB 11291.1—2011《工业环境用机器人　安全要求　第1部分：机器人》提供在设计和制造工业机器人时的安全保证建议；GB 11291.2—2013《机器人与机器人装备　工业机器人的安全要求　第2部分：机器人系统与集成》提供从事工业机器人系统集成、安装、功能测试、编程、操作、保养和维修人员的安全防护准则。机器人使用人员应接受所从事工作的相关专业培训，在此仅列出手动模式和自动模式下的一般注意事项。

1. 手动模式

手动模式是通过除自动操作外的按钮、触摸屏、操作杆等对工业机器人进行操作的方式，可分为手动降速模式（T1模式或示教模式）和手动高速模式（T2模式或高速程序验证模式）。在手动降速模式下，机器人工具中心点（TCP）的运行速度限制在250mm/s以内，确保使用者来得及从危险运动中脱身或停止机器人运动。手动降速模式适用于机器人的慢速运行、任务编程以及程序验证，也可被用于机器人的某些维护任务。而在手动高速模式下，机器人能以指定的最大速度（高于250mm/s）运行。无论手动降速模式，还是手动高速模式，机器人的使用安全要求如下：

1）严禁携带水杯、饮品进入操作区域。

2）严禁用力摇晃、扳动机械臂和悬挂重物，禁止倚靠机器人控制器或其他控制柜。

3）在使用示教盒和操作面板时，为防止发生误操作，禁止戴手套进行直接操作，并应穿戴适合于作业内容的工作服、安全鞋、安全帽等。

4）非工作需要，不宜擅自进入机器人操作区域，如果编程员和维护技术员需要进入操作区域，应随身携带示教盒，防止他人误操作。

5）在编程与操作前，仔细排查系统安全保护装置和互锁功能异常，并确认示教盒能正常操作。

6）点动机器人时，应事先考虑机器人本体的运动趋势，宜选用低速进行。

7）在点动机器人过程中，应排查规避或逃生退路，以避免由于机器人和外围设备而堵塞路线。

8）时刻注意周围是否存在危险，以便在需要时可以随时按下紧急停止按钮。

2. 自动模式

自动模式是机器人控制系统按照任务程序运行的一种操作方式，也称为Auto模式或生产模式。当查看或测试机器人系统对任务程序的反应时，机器人使用的安全要求如下：

1）执行任务程序前，应确认安全栅栏或安全防护区域内没有人员停留。

2）检查安全保护装置安装到位且处于运行中，如果发现任何危险或故障，在执行任务程序前，应排除危险或故障并完成再次测试。

3）仅执行本人编辑或了解的任务程序，否则应在手动模式下进行程序验证。

4）在执行任务程序过程中，机器人本体在短时间内未做任何动作，切勿盲目认为程序

执行完毕，此时机器人极有可能在等待让它继续动作的外部输入信号。

2.2.4 焊接劳保用品

焊接现场环境较为恶劣，焊接烟尘、弧光、飞溅、电磁辐射等会危害人体健康，所以焊接作业开始前须穿戴好劳保用品（见图2-20），具体要求如下：

1）正确佩戴安全头盔。进入工位区域前，必须戴好安全头盔。

2）穿好焊接防护服。焊接防护服具备阻燃功能，可以保护操作人员不被烫伤、烧伤。

3）穿好电工绝缘鞋。通常焊接电源的输入电压一般为220～380V，绝缘鞋是防止触电事故发生的重要措施。

4）准备好绝缘手套、护目镜或面罩。装卸及预装配焊接试件时，须穿戴绝缘手套，避免被试件边角划伤。焊接前须戴上护目镜或面罩。特别强调的是，手持示教盒进行机器人焊接任务编程时，为提高按键操作的感知效果，须摘下绝缘手套。

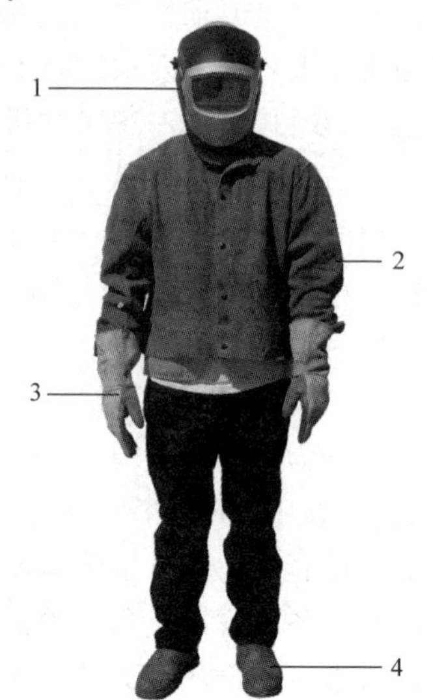

图2-20　焊接防护用品穿戴示意
1—头部（眼睛）防护　2—身体防护
3—手部防护　4—脚部防护

【任务实施】

此任务是在焊接机器人本体、焊接电源、遮光屏和储气瓶保护柜等合适位置处安装（贴）禁止倚靠标志、当心触电标志、当心弧光标志和当心爆炸标志，从光、机、电、气四个维度醒目示出焊接机器人工作站的安全警示信息。具体步骤如下：

（1）安装（贴）禁止倚靠标志　选取“禁止倚靠”标志，将其安装（贴）在焊接机器人本体的大臂位置处，如图2-21所示。

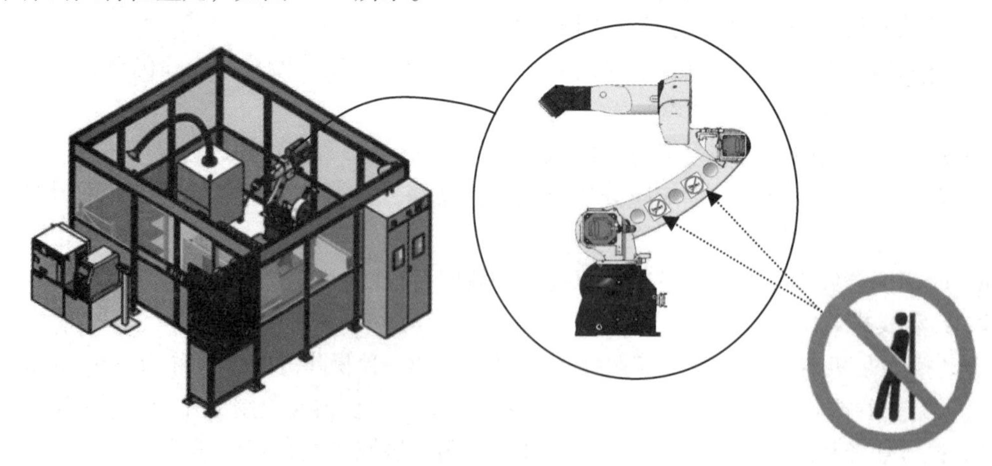

图2-21　安装（贴）禁止倚靠标志

（2）安装（贴）当心触电标志　选取“当心触电”标志，将其安装（贴）在焊接电源位置处，如图2-22所示。

（3）安装（贴）当心弧光标志　选取“当心弧光”标志，将其安装（贴）在自动升降

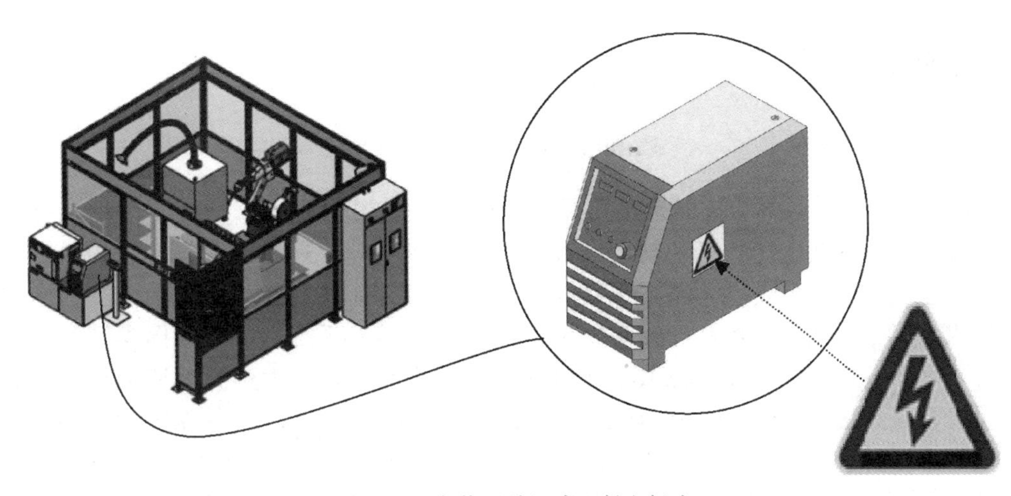

图 2-22　安装（贴）当心触电标志

遮光屏的醒目位置处，如图 2-23 所示。

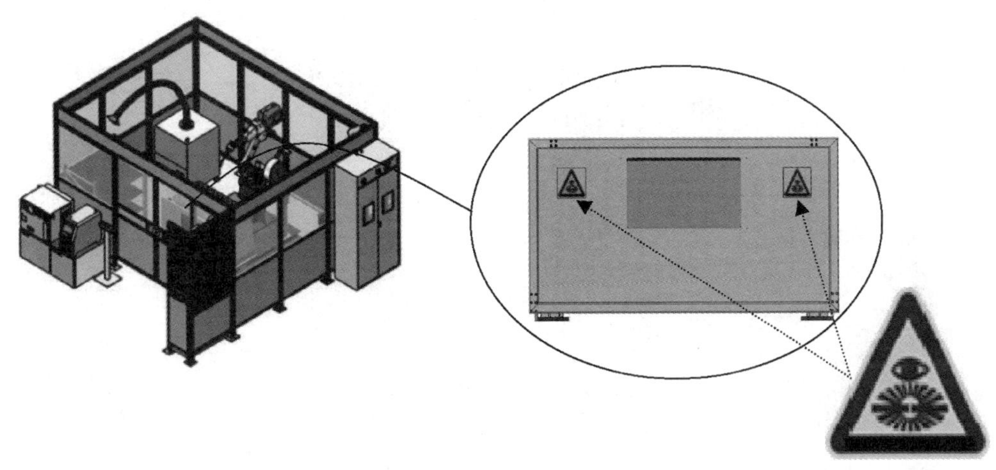

图 2-23　安装（贴）当心弧光标志

（4）安装（贴）当心爆炸标志　选取“当心爆炸”标志，将其安装（贴）在储气瓶保护柜的醒目位置，如图 2-24 所示。

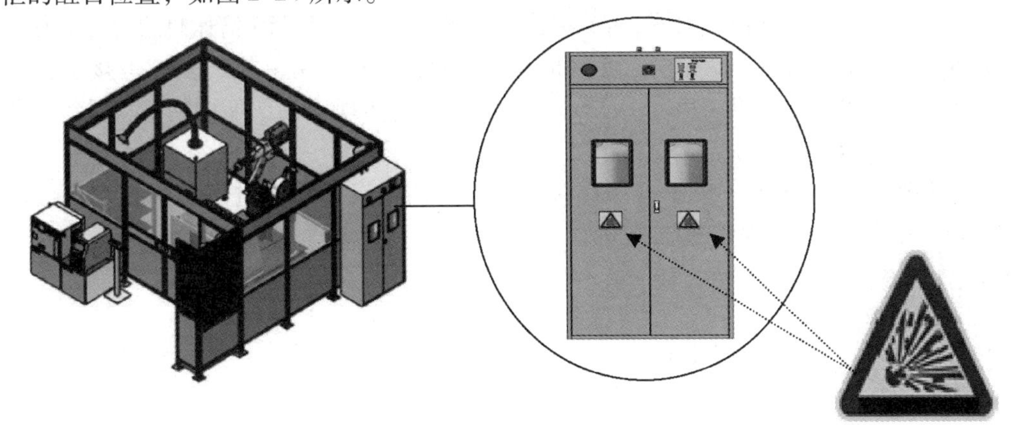

图 2-24　安装（贴）当心爆炸标志

【拓展阅读】

Panasonic 焊接机器人

Panasonic（松下）焊接机器人是业界公认的机器人“四小龙”之一，无论是机器人本体、控制器、焊接电源、工艺辅助设备（如焊接变位机）还是软件系统，均为自主产品，其“里程碑”式产品为世界独有的电源融合型和智能融合型焊接机器人。在标准焊接机器人系统中，机器人控制器和焊接电源是焊接机器人系统组成中不同类别的两种设备。两者之间可通过模拟接口或数字接口（现场总线和工业以太网）互联通信，但数据交换量受限，无法将机器人的优势发挥出来。为满足用户对低成本、高效率、易维护、高品质的焊接需求，Panasonic 率先打破机器人控制器与焊接电源之间的界限，研制出电源融合型和智能融合型焊接机器人控制器（内置焊接电源，如 FGⅢ、WGⅢ和 WGHⅢ），如图 2-25 所示。

a) GⅢ通用型　b) FGⅢ电源融合型　c) WGⅢ智能融合型　d) WGHⅢ智能融合型

图 2-25　焊接机器人控制器

FGⅢ电源融合型焊接机器人控制器，在机器人控制器的下部内置焊接电源模块，上部安装波形控制的焊接控制板，如图 2-26 所示。FGⅢ控制器采用 250 倍速总线内存通信单元和全软件高速波形控制技术，可实现 10ms 级的电流波形控制，并集多种焊接工艺（如 MTS－CO_2、SP－MAG、HD－PULSE 等）于一身，能够实现碳钢、不锈钢薄板及中厚板的低飞溅、高品质焊接。

通过选择机器人本体＋控制器＋焊接电源的不同组合，将先进的焊接技术、经验与机器人融合，Panasonic 焊接机器人可以胜任从薄板到厚板全领域的焊接，其组合形式见表 2-8。

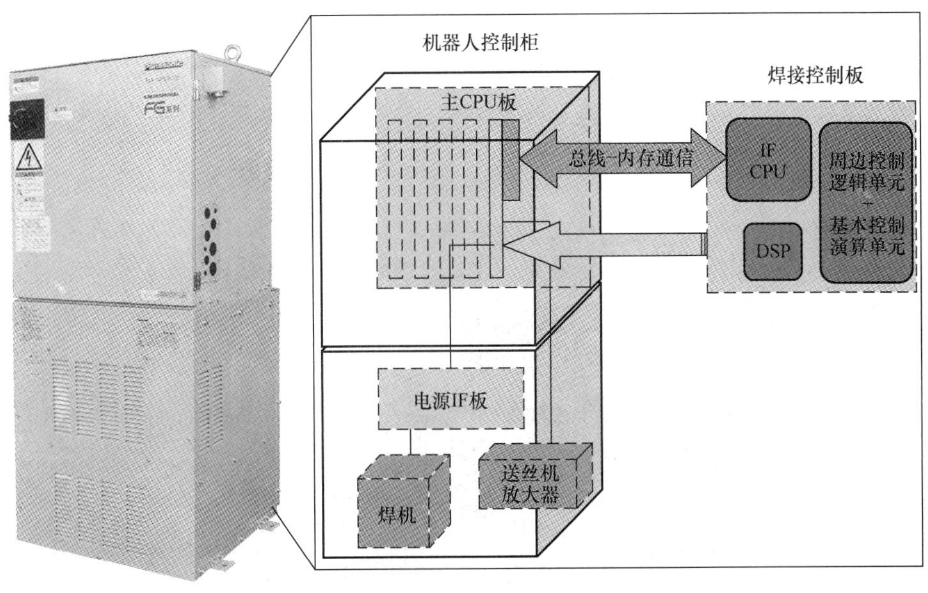

图2-26 FGⅢ电源融合型焊接机器人控制器的硬件架构

表2-8 Panasonic焊接机器人的组合形式

控制器型号	GⅢ	FGⅢ	WGⅢ	WGHⅢ
适用的机器人本体	全系列	TM系列	TM、TL、TS系列	TM、TL系列
机器人名称	通用机器人	FG机器人	TAWERS机器人	TAWERS机器人
机器人用途	弧焊/搬运	弧焊专用	弧焊专用	弧焊专用
焊接导航功能	搭配350GS焊接电源可配置	有	有	无
适用的焊接方法	可适配多种焊接电源，适用于：CO_2/MAG/MIG、脉冲MAG/脉冲MIG、TIG、PLASMA CUT	内置焊接电源，适用于：CO_2/MAG/MIG	内置焊接电源，适用于：CO_2/MAG/MIG、脉冲MAG/脉冲MIG、TIG	内置焊接电源，适用于：CO_2/MAG/MIG、脉冲MAG/脉冲MIG
可焊接材料	碳钢、不锈钢、有色金属	碳钢、不锈钢、铝	碳钢、不锈钢、有色金属	碳钢、不锈钢、铝

【知识测评】

一、填空

1. 焊接机器人按所采用的焊接工艺方法分为________、________和________。

2. 现在广泛应用的焊接机器人绝大多数属于第一代工业机器人，它的基本工作原理是________。编程员手把手教机器人做某些动作，机器人的控制系统以________的形式将其记录下来的过程称为________；机器人按照示教时记录下来的程序展现这些动作的过程称为________。

3. 工业机器人的位置控制主要是实现________和________两种。当机器人进行

________位置控制时，末端执行器既要保证运动的起点和目标点位姿，而且必须保证机器人能沿所期望的轨迹在一定精度范围内跟踪运动。

4. 图2-27所示为________机器人。图中1是________；2是________；3是________；4是________；5是________；6是________；7是________；8是________。

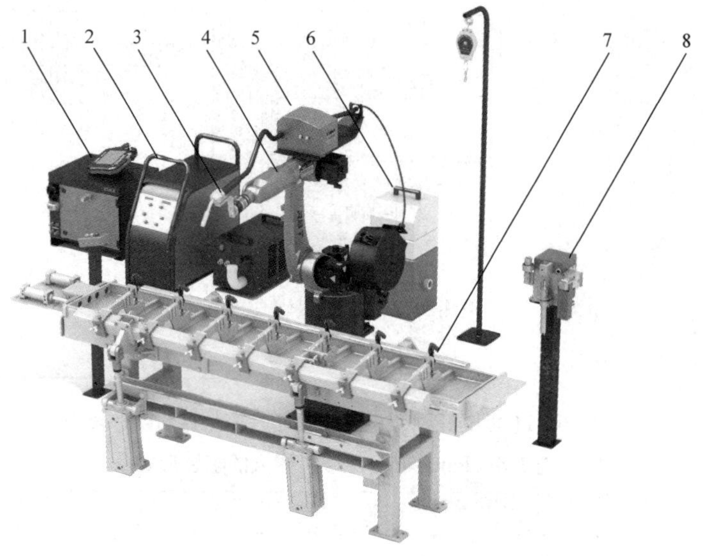

图2-27　题4图

二、选择

1. 焊接机器人系统组成主要有哪几部分？(　　)

①焊接机器人；②焊接系统；③工艺辅助设备；④传感系统

A. ①②③　　B. ②③④　　C. ①②③④　　D. ①②④

2. 焊接机器人按坐标型式分为（　　）。

①直角坐标型；②圆柱坐标型；③球坐标型；④关节型

A. ①②③④　　B. ①②③　　C. ②③④　　D. ①②④

3. 目前松下销售的机器人控制器型号有（　　）。

①GⅢ通用型；②FGⅢ电源融合型；③WGⅢ智能融合型；④WGHⅢ智能融合型

A. ①②　　B. ①②③　　C. ②③④　　D. ①②③④

三、判断

1. 焊接烟尘治理的两种途径：一是采用单机（移动）式烟尘净化器，二是采用中央（集成式）烟尘净化系统。（　　）

2. 接触传感器通过焊丝与工件的碰触，实现对焊缝位置的实时自动跟踪。（　　）

3. 运动学正解是已知一机械杆系两个部件坐标系间的关系，求该杆系关节各坐标值的数学关系。（　　）

4. 焊接机器人可以通过外部传感器的实时反馈实现对焊接起始位置的自动寻位和焊接过程的自动跟踪。（　　）

5. 目前焊接机器人轨迹插值算法主要采用直线插补方式。（　　）

6. 熔焊机器人焊枪具有导送焊丝、馈送电流、给送保护气体等功能。（　　）

初试工业机器人的任务编程

正如第 2 章中所述，因为机器人智能化编程技术尚未成熟，目前市场上使用的工业机器人基本都是采用示教 - 再现工作原理。示教主要有两种方式：一是示教编程，由编程员对机器人直接进行示教，并记忆机器人完成任务所需的示教点，以及插入相关编程指令来实现任务程序的创建；二是离线编程，编程员不对实际工作的机器人直接进行示教，而是在专业机器人离线系统中进行编程或在模拟环境中进行仿真，然后生成任务程序，下载至机器人控制器。

本章将以 Panasonic GⅢ系列机器人为例，通过机器人堆焊简单任务的示教编程，掌握工业机器人的编程内容、示教流程和轨迹示教，并完成机器人任务程序的创建。根据工业机器人编程员的岗位工作内容，本章一共设置两项任务：一是机器人焊接任务程序创建；二是机器人平板堆焊任务编程。

【学习目标】

知识学习

1）能够识别机器人示教盒按键及功能定义。

2）能够归纳工业机器人示教的主要内容和基本流程。

3）能够规划工业机器人的运动轨迹。

能力培养

1）能够正确接通与关闭焊接机器人系统电源。

2）能够新建和加载机器人焊接任务程序。

3）能够完成机器人平板堆焊的示教编程。

素养提升

1）从工程问题出发，培养工程意识以及发现、分析和解决问题的能力。

2）严谨认真、规范操作，培养知识运用能力和团队合作精神，激发专业兴趣。

【学习导图】

- 初试工业机器人的任务编程
  - 机器人焊接任务程序创建
    - 焊接机器人系统通电
    - 示教盒的按键布局
    - 示教盒的界面
    - 机器人任务程序创建
  - 机器人平板堆焊任务编程
    - 工业机器人的编程内容
    - 工业机器人的编程方法
    - 机器人的运动轨迹示教
    - 机器人焊接区间的示教

任务3.1　机器人焊接任务程序创建

【任务提出】

工业机器人系统程序可以分为控制程序和任务程序。控制程序是定义工业机器人或工业机器人系统的能力、动作和响应度的固有的控制指令集，通常是在安装前生成的，并且以后仅由制造商修改；任务程序是定义工业机器人系统完成特定任务所编制的运动和辅助功能的指令集，一般是在安装后生成的，并可在规定的条件下由通过培训的人员（如编程员）修改。

此任务要求使用示教盒新建一个“Test”程序，完成 Panasonic 机器人焊接任务程序文件创建，为后续任务示教与程序编辑做好铺垫。

【知识准备】

3.1.1　焊接机器人系统通电

合理的系统通电顺序是保证焊接机器人系统正常安全运行的基本前提，也是避免安全事故和设备损坏发生的基础保障。图 3-1 所示为焊接机器人系统通电的规范操作流程。除电源融合型焊接机器人外，从电网市电（一次电源）到机器人控制器额定输入电压（二次电源），成熟品牌的焊接机器人制造商通常会增加一个变压器模块。

对 Panasonic 焊接机器人而言，可以参照如下步骤启动系统。

① 闭合一次电源开关，如工位电源。

② 闭合二次电源开关，如变压器。电源融合型焊接机器人无须此步。

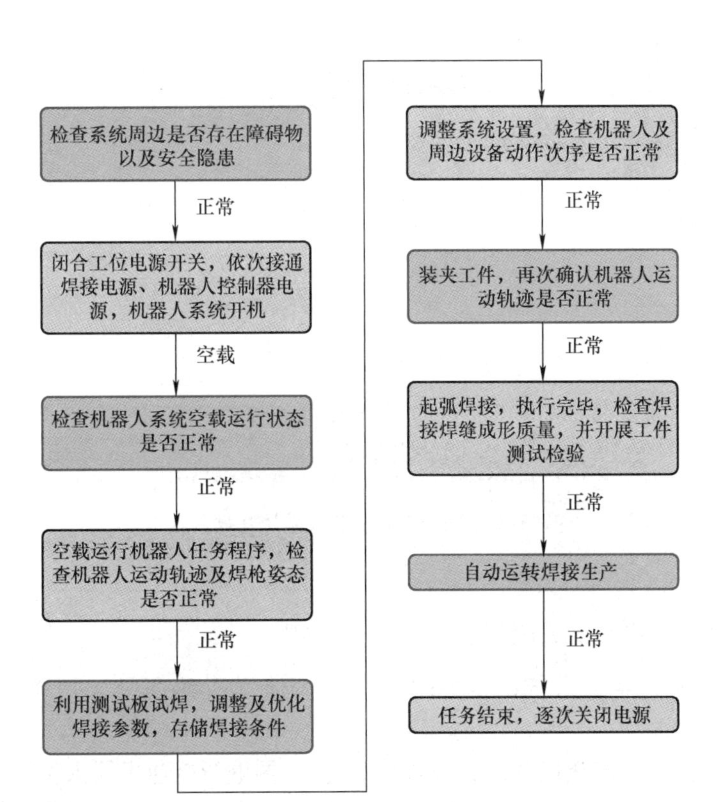

图 3-1　焊接机器人系统通电的规范操作流程

③ 接通焊接电源及附属设备电源。电源融合型焊接机器人无须此步。

④ 接通机器人控制器电源。此时系统开机进程数据发送至人机交互终端（如示教盒），系统加载完毕即可进入操作状态。

⑤ 登录系统。根据用户角色，输入用户 ID 和密码（自动登录除外），如图 3-2 所示。

⑥ 显示初始界面。正确输入用户登录信息后，弹出系统初始界面，如图 3-3 所示。

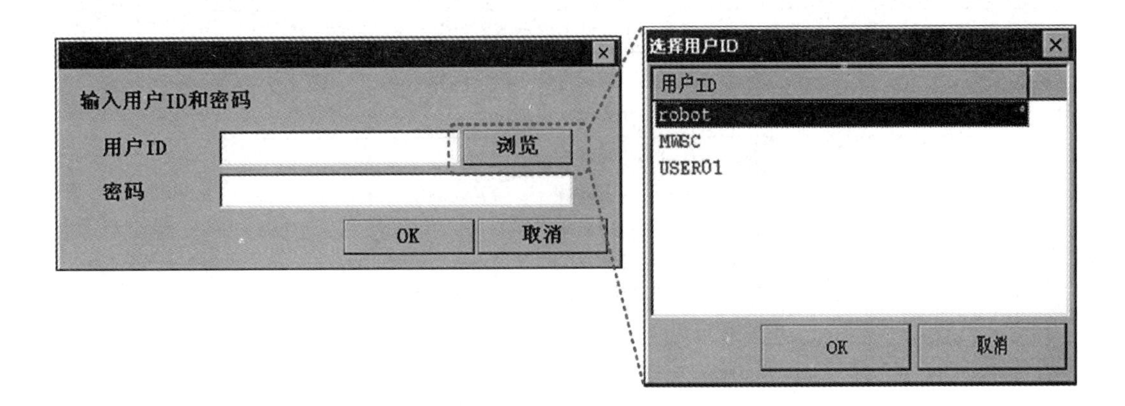

图 3-2　Panasonic 机器人系统登录界面

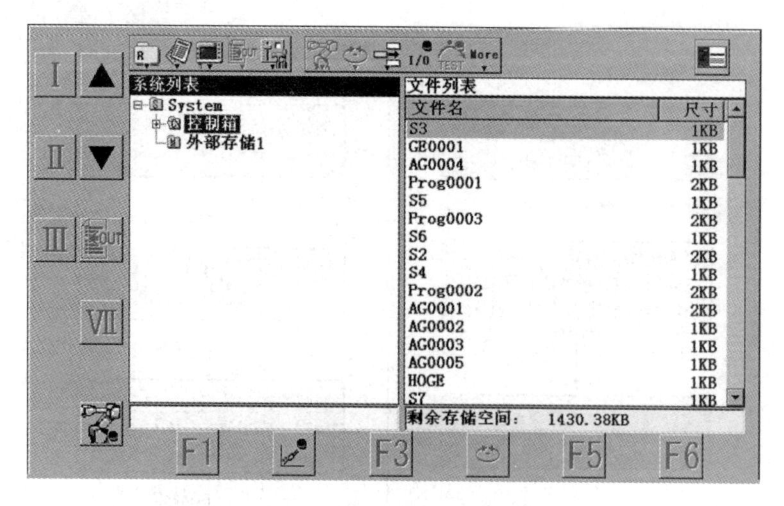

图 3-3　Panasonic 机器人系统初始界面

• 焊接机器人系统的关闭顺序与开机顺序相反。

• 关闭焊接机器人系统前，关闭保护气体储气瓶的阀门，并释放减压阀压力至零。

• 焊接机器人系统热启动时，请等待 3s 以上再重新接通机器人控制器电源。

• Panasonic GⅢ机器人系统自动登录设置方法：依次单击主菜单【设置】→【管理工具】，弹出界面依次单击“用户管理”→“自动登录”，变更自动登录“有效”。

• 为合理分配机器人使用权限，可以根据实际需求设置不同的用户级别，见表 3-1。

表 3-1　机器人用户管理

用户级别	职业岗位	机器人操作权限
操作工	操作员	启动或关闭机器人工作站、启动任务程序、选择运行方式
程序员	编程员	启动任务程序、选择任务程序、选择运行方式、工具坐标系设置、机器人零点校准、系统参数配置、任务编程调试
系统管理员	维护工程师	启动或关闭机器人工作站、启动任务程序、选择任务程序、选择运行方式、工具坐标系设置、机器人零点校准、系统参数配置、任务编程调试、系统投入运行、日常保养维护、设备故障维修、系统停止运转、设备吊装运输

3.1.2　示教盒的按键布局

示教盒作为调试、编程、监控、仿真等多功能智能交互终端，主要由（物理）按键、液晶屏幕以及外设接口组成。Panasonic GⅢ机器人示教盒按键布局如图 3-4 所示。各按键名称及功能描述详见表 3-2。

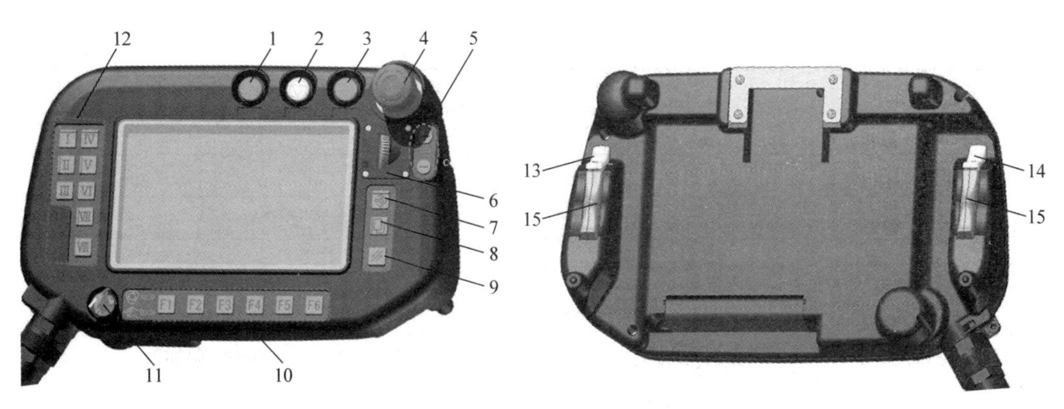

a) 示教盒正面　　b) 示教盒背面

图 3-4　Panasonic GⅢ机器人示教盒

1—启动按钮　2—暂停按钮　3—伺服接通按钮　4—紧急停止按钮　5—+/-键　6—拨动按钮
7—确认键　8—窗口键　9—取消键　10—用户功能键　11—模式旋钮　12—动作功能键
13—右切换键　14—左切换键　15—安全开关（三段位）

表 3-2　Panasonic GⅢ机器人示教盒按键功能

序号	按键名称	按键功能	
1	启动按钮	在自动模式下，用于启动或重启机器人任务操作	
2	暂停按钮	在运动轴伺服接通状态下，暂停机器人任务操作	
3	伺服接通按钮	接通机器人系统运动轴的伺服电源	
4	紧急停止按钮	切断系统运动轴的伺服电源，立刻停止机器人系统操作。一旦按下，紧急停止状态保持，直至顺时针方向旋转解除急停状态	
5	+/-键	可替代【**拨动按钮**】连续点动机器人系统运动轴	
6	拨动按钮	（上下滚动）	增量点动机器人系统运动轴，向上沿（或绕）坐标轴正方向移动（或转动），向下沿（或绕）坐标轴负方向移动（或转动）；移动液晶屏界面上的光标，变更数据或选择一个选项
		（侧击）	保存选项
		（拖动）	连续点动机器人系统运动轴，方向与“上下滚动”相同，速度取决于【**拨动按钮**】的上下转动量
7	确认键	保存或指定一个选择，示教时用于记忆示教点	
8	窗口键	在多个窗口间切换选择，并可在激活窗口的菜单栏与程序编辑区切换	
9	取消键	取消当前操作，返回上一界面	

（续）

序号	按键名称	按键功能
10	用户功能键	完成**【用户功能键】**上方图标所指定的功能，可定制每个按键的功能
11	模式旋钮	手动模式和自动模式切换
12	动作功能键	选择或执行**【动作功能键】**右侧图标所显示的功能或动作
13	右切换键	变更数值输入列，点动机器人时触发坐标系选择，关节→机座（直角）→工具→圆柱→工件（用户），切换信息提示窗选项
14	左切换键	变更数值输入列，点动机器人时触发系统附加轴选择（本体轴→附加轴）
15	安全开关	当左右两个**【安全开关】**同时释放或用力按下时，切断伺服电源。轻按一个或两个**【安全开关】**接通伺服电源

Panasonic GⅢ机器人示教盒配置两个USB接口和一个SD卡插槽，方便设备连接和系统文件备份（还原），如图3-5所示。

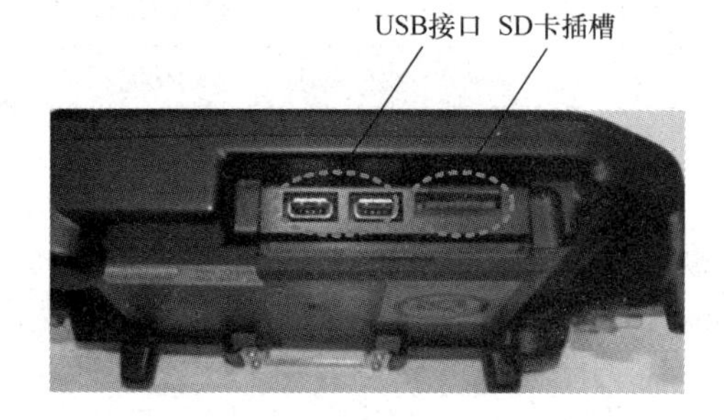

图3-5　Panasonic GⅢ示教盒扩展接口

3.1.3　示教盒的界面

1. 界面显示

除物理按键操作外，示教盒的大部分功能是通过图标（软按键）和（弹出）界面来实现。Panasonic GⅢ机器人示教盒的整个液晶界面可以分为7个显示区：菜单栏、信息提示窗、程序编辑区、用户功能图标区、动作功能图标区、标题栏和状态栏，如图3-6所示。Panasonic GⅢ机器人示教盒主菜单（图标）及其功能定义见表3-3。

2. 光标移动

为完成机器人功能调试、任务编程、状态监控等，使用者需要频繁在菜单栏、程序编辑区、信息提示窗等显示区移动光标。针对上述3个典型显示区，Panasonic GⅢ机器人示教盒光标的显示设计采用不同的方法：菜单栏的光标显示为红色方框；程序编辑区以及弹出界面选项的光标显示为突出文本，如蓝色或青色背景；信息提示窗的光标显示为括号。除信息提示窗和参数变更界面光标的移动使用**【右切换键】**外，其他区域光标的移动主要使用**【拨动按钮】**。例如，变更焊接条件导航界面中的“焊缝形式”选项，上下滚动**【拨动按钮】**将光标移至此处，然后侧击**【拨动按钮】**即可显示下拉列表框，如图3-7所示。

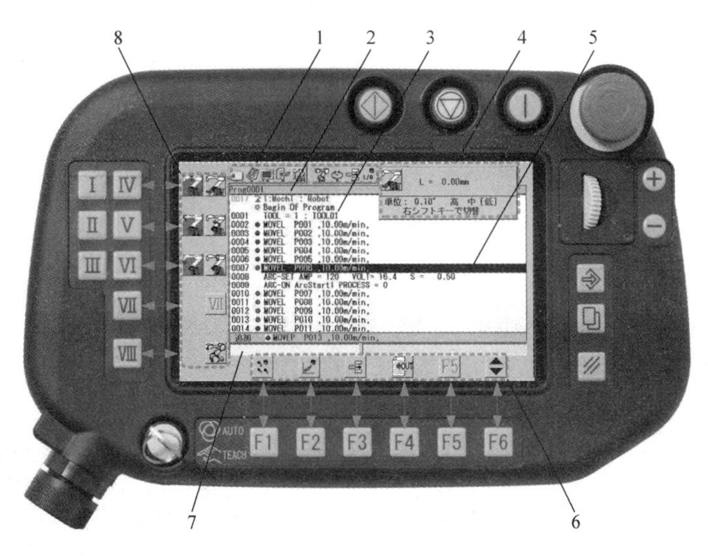

图 3-6　Panasonic GⅢ机器人示教盒屏幕界面

1—菜单栏（主菜单 5 个和辅助菜单 6 个）　2—标题栏　3—程序编辑区　4—信息提示窗　5—光标
6—用户功能图标区　7—状态栏　8—动作功能图标区

表 3-3　Panasonic GⅢ机器人示教盒主菜单

图 标	菜单名称	菜 单 功 能
	文件	可完成程序文件的新建、保存、打开、删除等操作
	编辑	可对程序指令语句进行剪切、复制、粘贴、查找、替换等操作
	视图	可显示机器人状态信息，如位置坐标、输入/输出、焊接参数等
	指令	可在程序中插入焊接指令、信号处理指令、流程控制指令等
	设置	可配置机器人、控制器、示教盒、焊接电源等系统参数

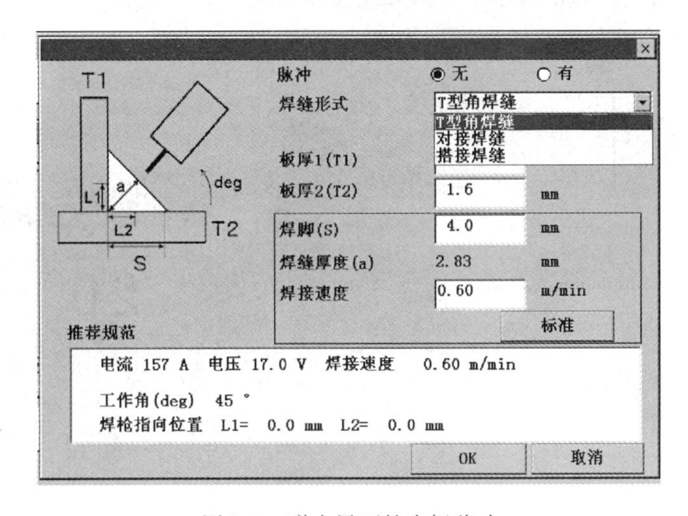

图 3-7　弹出界面的光标移动

3. 菜单选择

Panasonic GⅢ机器人示教盒主菜单及子菜单选项的选择可以通过【拨动按钮】实现，具体过程如图 3-8 所示。

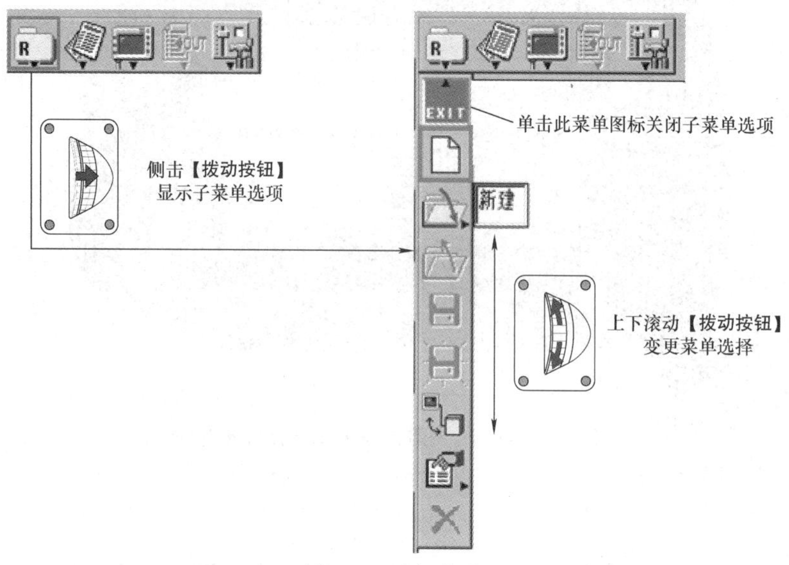

图 3-8　选择菜单

将光标移至菜单图标停留，可显示菜单图标功能定义。

4. 数值输入

在数值输入界面中，移动光标至变更数值选项，侧击【拨动按钮】弹出数值输入界面，如图 3-9 所示。此时，按【左/右切换键】变更数值输入列，然后上下滚动【拨动按钮】修

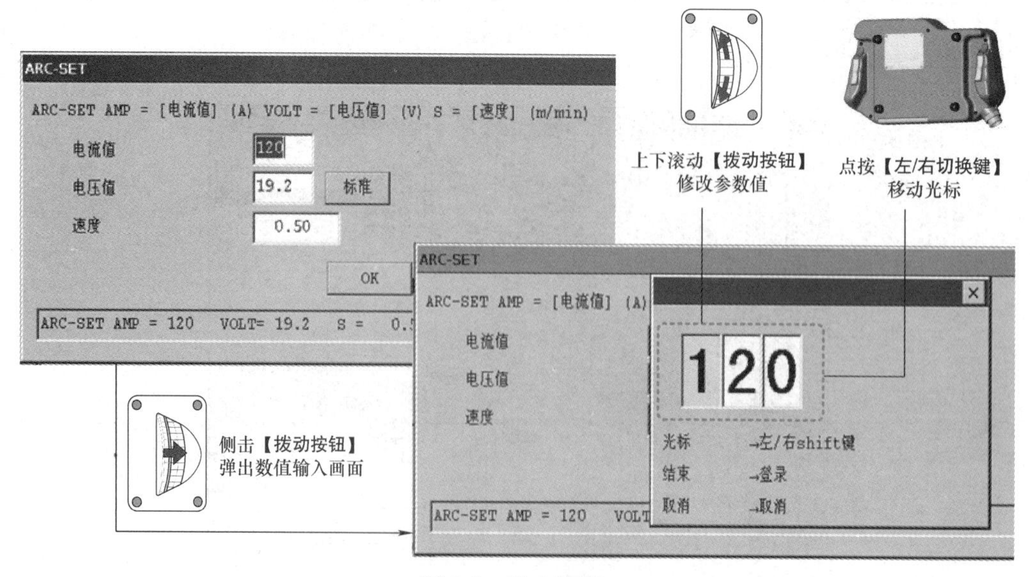

图 3-9　输入数值

改数值，再按【确认键】关闭界面并保存所修改的数值，或按【取消键】放弃修改数值并关闭界面。

5. 字符串输入

在字符串输入界面中，移动光标至变更字符串选项，侧击【拨动按钮】弹出字符串输入界面，如图3-10所示。此时，动作功能图标区显示字符串输入选项，包括大写字母、小写字母、阿拉伯数字和常见符号。点按【动作功能键】切换软键盘，上下滚动【拨动按钮】选择输入项并侧击，然后按【确认键】关闭界面并保存修改，或按【取消键】放弃修改并关闭界面。

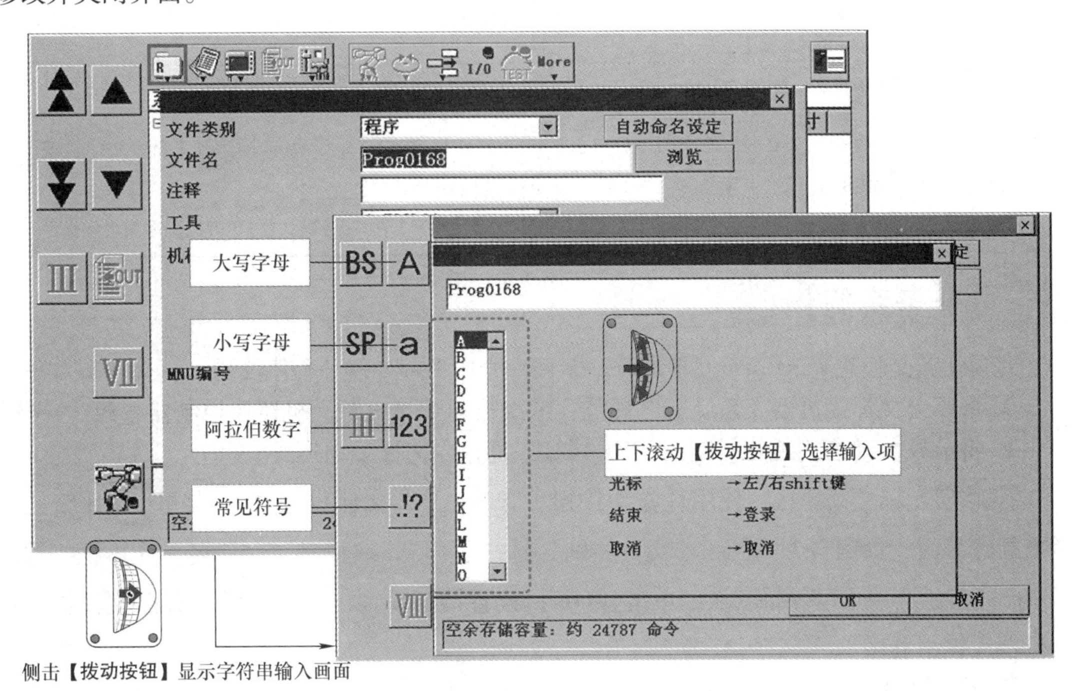

图3-10 输入字符串

3.1.4 机器人任务程序创建

同Windows系统文件操作类似，常见的工业机器人系统文件操作有新建、保存、关闭、打开任务程序文件等。Panasonic GⅢ机器人任务程序的相关操作步骤见表3-4。

表3-4 Panasonic GⅢ机器人任务程序的相关操作步骤

类别	操作步骤
新建程序	① 将示教盒【模式旋钮】对准“TEACH”，选择手动模式 ② 移动光标至菜单图标【文件】，侧击【拨动按钮】，在弹出的子菜单中单击【新建】，弹出新建界面 ③ 待确认界面选项后，单击【OK】或直接点按【确认键】，程序文件被记忆到机器人控制器中

（续）

类别	操作步骤
保存程序	① 按【窗口键】移动光标至菜单栏，并选中【文件】 ② 侧击【拨动按钮】，在弹出的子菜单中单击【保存】，弹出程序保存界面 ③ 单击【YES】或直接点按【确认键】保存程序
关闭程序	① 按【窗口键】移动光标至菜单图标区，并选中【文件】 ② 侧击【拨动按钮】，在弹出的子菜单中单击【关闭】，关闭程序
打开程序	① 按【窗口键】移动光标至菜单栏，并选中【文件】 ② 侧击【拨动按钮】，在弹出的子菜单中单击【打开】，选中二级子菜单中【程序文件】或【近期文件】，弹出打开文件界面 ③ 使用【拨动按钮】选择程序文件，然后单击【OK】或直接点按【确认键】，弹出程序编辑界面

【任务实施】

此项任务是使用Panasonic GⅢ示教盒新建一个“Test”任务程序文件。具体步骤如下。

① 参照上文焊接机器人系统通电规范，依次接通焊接电源、机器人控制器电源。

② 将示教盒【模式旋钮】对准“TEACH”位置，选择手动模式。

③ 移动光标至菜单区，使用【拨动按钮】单击【文件】，选择子菜单【新建】，弹出新建界面，如图3-11所示。“文件类别”选“程序”，在程序“文件名”文本框中输入“Test”，其他选项可以保持默认，单击【OK】或直接点按【确认键】，程序文件被记忆到机器人控制器中。

④ 弹出程序编辑界面，Begin Of Program和End Of Program程序架构自动生成，如图3-12所示。

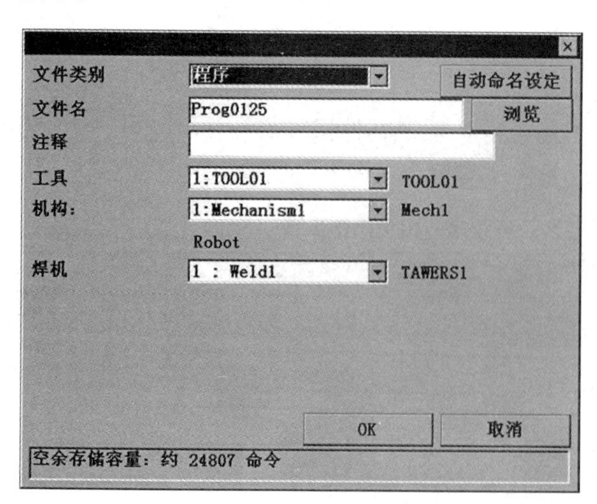

图3-11　新建界面

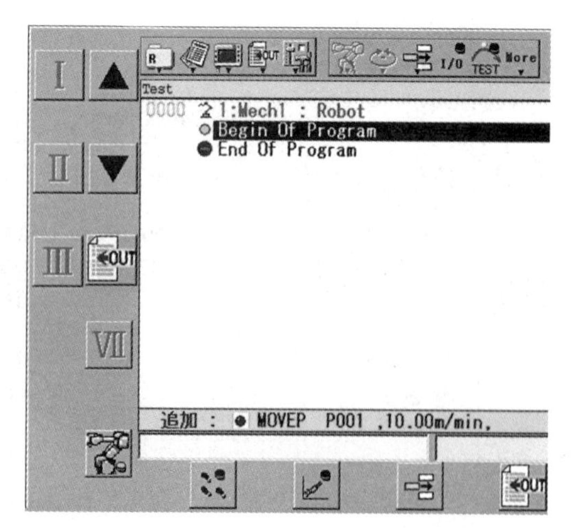

图3-12　程序编辑界面

【拓展阅读】

Panasonic 机器人的用户功能键

为提高机器人任务示教的效率，Panasonic 机器人在示教盒液晶屏幕的底部设计有用户功能键图标区，对应 6 个物理按键**【用户功能键 F1】**~**【用户功能键 F6】**。在机器人示教编程过程中，**【用户功能键】**的功能随着操作状态的变化而变化，见表 3-5。

表 3-5 Panasonic 机器人【用户功能键】的默认设置

操作状态	F1	F2	F3	F4	F5	F6
未打开程序（机器人动作 OFF）	F1	送丝・吹气 OFF	F3	点动坐标系	F5	F6
	F1	F2	F3	F4	F5	F6
编辑模式（机器人动作 OFF）	窗口切换	送丝・吹气 OFF	插入状态	指令插入	F5	翻页
	窗口切换	剪切	复制	粘贴	F5	翻页
动作模式（机器人动作 ON）	程序验证 OFF	送丝・吹气 OFF	插入状态	指令插入	F5	翻页
	程序验证 OFF	焊接/空走	关节动作	点动坐标系	F5	翻页
程序验证	程序验证 ON	送丝・吹气 OFF	插入状态	指令插入	F5	翻页
	程序验证 ON	焊接/空走	关节动作	点动坐标系	F5	翻页
自动运转	F1	F2	F3	电弧锁定 OFF	F5	F6
	F1	F2	F3	F4	F5	F6

任务 3.2 机器人平板堆焊任务编程

机器人平板堆焊任务编程视频

【任务提出】

在焊接机器人实际使用过程中，经常会遇到机器人堆焊需求：一是在测试钢板表面堆焊，试验焊接参数的合理性；二是在焊接部件或产品表面堆焊图案或字符，如公司标志；三是在部件或产品表面堆焊异种合金，提升耐磨、耐热、耐腐蚀等性能。

此任务要求使用富氩气体（如80% Ar +20% CO_2）、直径1.0mm 的 ER50 -6 实心焊丝，尝试在碳钢表面平敷堆焊一道焊缝（焊缝宽度8mm），完成 Panasonic 机器人的简单示教编程，深化对机器人“示教 - 再现”原理的理解。

【知识准备】

3.2.1 工业机器人的编程内容

采用“数字工人”进行自动化作业，需预先赋予机器人“仿人”信息，即工业机器人任务编程（示教）的主要内容，包括运动轨迹、工艺条件和动作次序，如图3-13 所示。

1. 运动轨迹

运动轨迹为完成规定的作业任务，机器人工具中心点（TCP）所掠过的路径。从控制方式看，工业机器人具有点到点（PTP）运动和连续路径（CP）运动两种形式，分别适用于非作业区间和作业区间；按运动路径区分，工业机器人具有直线、圆弧、直线摆动和圆弧摆动等动作类型，其他复杂运动轨迹可由其组合而成。针对规则的作业运动轨迹，原则上仅需示教几个关键位置的点位信息。例如，直线焊缝轨迹一般示教2个位置点（直线轨迹起始点和结束点），弧形焊缝轨迹通常示教3个位置点（圆弧轨迹起始点、中间点和结束点），各端点之间的连续路径运动则由机器人控制系统的路径规划模块通过插补运算生成。

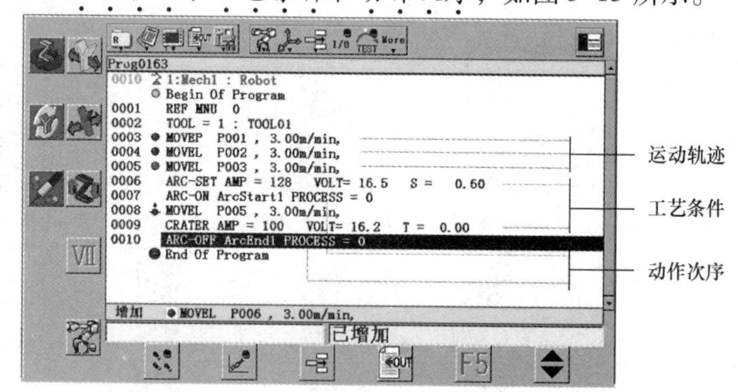

图3-13 工业机器人的任务程序界面

2. 工艺条件

机器人作业任务通常涉及气、电、液等多元介质，工艺参数较多，焊接机器人的关键参数包括焊接电流（或送丝速度）、电弧电压、焊接速度、收弧电流、弧坑处理时间等；码垛机器人的关键参数包括码垛位置、码垛层数、码垛速度等。工艺条件的设置主要有如下三种方法：①通过工艺指令调用数据库表格或文件；②直接在工艺指令中输入工艺条件；③手动设置，如弧焊作业时焊丝干伸长度和保护气体流量大小。

3. 动作次序

机器人系统动作次序的规划涉及单一工件作业顺序、多品种（或多批次）工件作业顺序，以及机器人与周边（工艺）辅助设备协调或协同运动次序等。在一些简单的作业任务场合，机器人动作次序与运动轨迹规划合二为一。机器人与周边（工艺）辅助设备的动作协调或协同，应以保证焊接质量、减少停机时间、提高生产安全为基本准则，可以通过调用信号处理、流程控制等次序（逻辑）指令实现。

3.2.2 工业机器人的编程方法

工业机器人的普及应用在帮助企业应对人工成本上涨、劳动力供给不足等方面提供强力支撑，现已赢得企业的广泛关注。然而，任务编程是工业机器人应用的痛点之一。究其原因，面对当下大规模、多品种、小批量柔性制造诉求，繁杂的工业机器人任务编程对于多数企业员工显得技术门槛过高，严重制约工业机器人投产效率和作业任务更迭。目前常用的工业机器人任务编程方法有两种，示教编程和离线编程，如图3-14所示。

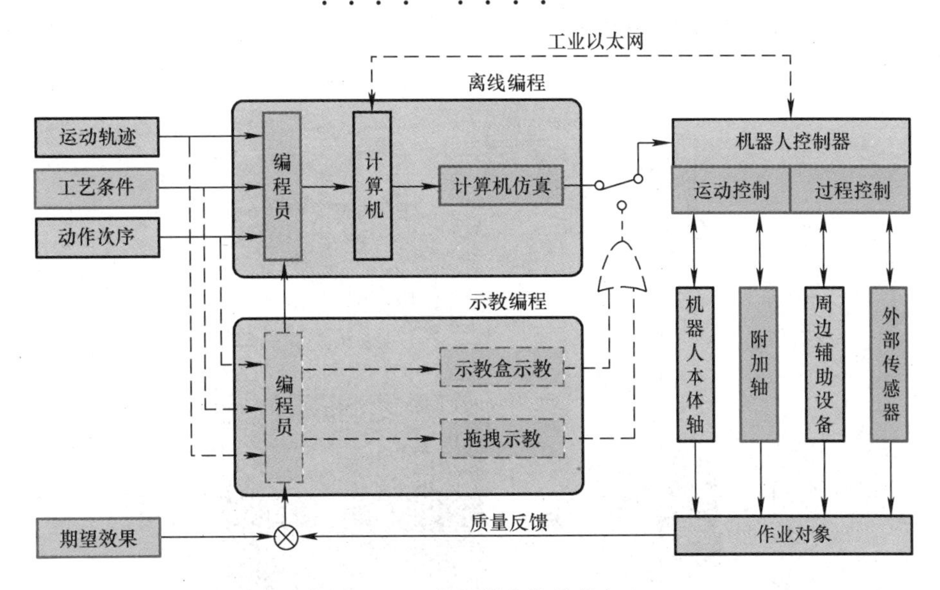

图3-14　工业机器人的编程方法

1. 示教编程

编程员直接手动拖拽机器人末端执行器，或通过示教盒点动机器人逐步通过指定位置，并用机器人文本或图形语言（如Fanuc机器人的KAREL语言、ABB机器人的RAPID语言等）记忆上述目标位置、工艺条件和动作次序，如图3-15所示。因编程直观方便，不需要建立系统三维模型，对实体机器人进行示教具有可以修正机械结构误差等优点，示教编程受到机器人使用者的青睐。编程员经过专业的机器人培训后，易于掌握此方法。但是，采用示教编程通常是在机器人现场进行的，存在编程过程烦琐、效率低、易发生事故，且轨迹精度完全依靠编程员的目测决定等弊端。

2. 离线编程

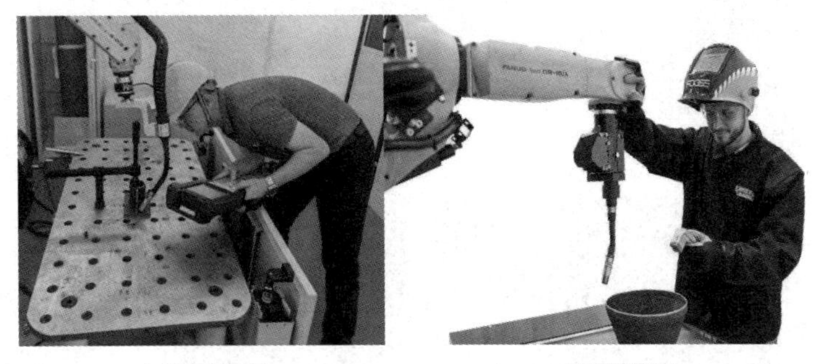

a) 示教盒编程　　b) 拖拽编程

图3-15　工业机器人的示教编程

在与机器人分离的专业软件环境下，建立机器人及其工作环境的几何模型，采用专用或通用程序语言离线进行机器人运动轨迹的规划编程，如图3-16所示。离线编制的程序通过支持软件的解释或编译产生目标程序代码，最后生成机器人轨迹规划数据。与示教编程相比，离线编程具有减少机器人不工作时间，使编程员远离危险的编程环境，便于与 CAD/CAM 系统结合，能够实现复杂轨迹编程等优点。当然，离线编程也有自身的一些缺点。例如，离线编程要求编程员有一定的储备知识；离线编程软件（如 Fanuc 机器人公司开发的 Roboguide、ABB 机器人公司开发的 RobotStudio、Panasonic 机器人公司开发的 DTPS 等）也需要一定的投入；对于简单轨迹编程，没有示教编程的效率高；无法展现工艺条件变更带来的作业过程和质量变化；模型误差、工件装配误差、机器人定位误差等都会对其精度有一定的影响。

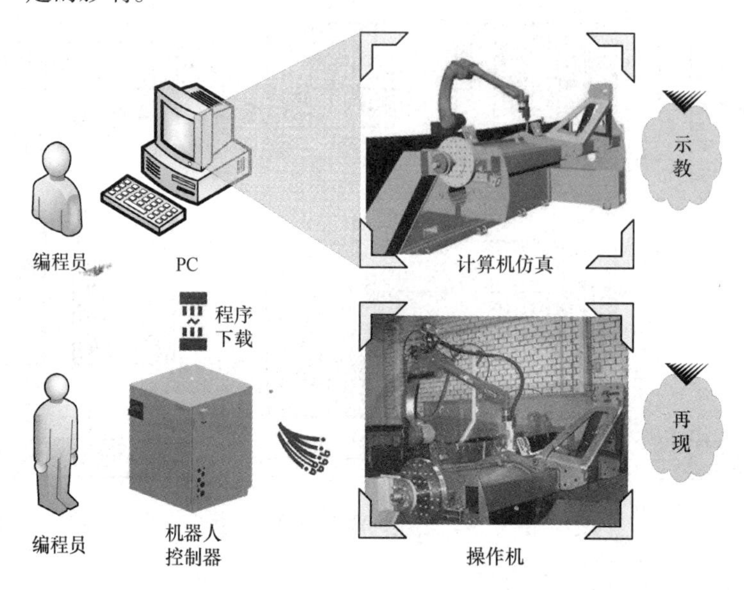

图 3-16　工业机器人的离线编程

值得一提的是，近年来为有效解决大型钢结构机器人作业编程效率低下的难题，以箱体格挡等典型钢结构为切入点，机器人系统集成商和终端客户联合开发出机器人快速参数化编程技术。通过手动输入钢结构的几何特征参数，快速生成构件三维数模，然后将其导入离线编程软件，依次完成机器人路径规划、轨迹生成和干涉校验等工作，并将优化后的任务程序下载至机器人控制器，实现机器人自动化作业，如图 3-17 所示。

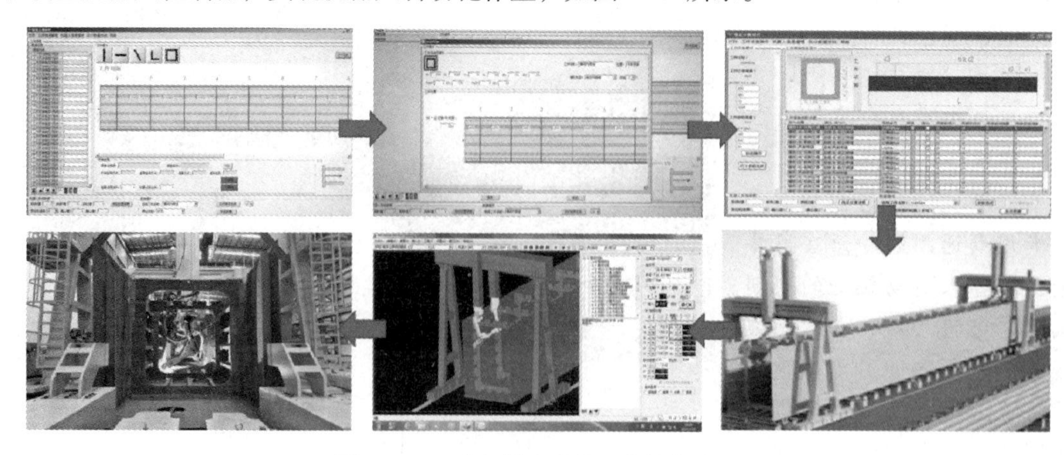

图 3-17　工业机器人的快速参数化编程

无论示教编程还是离线编程，其主要目的是完成机器人作业运动轨迹、工艺条件和动作次序的示教，任务编程的基本流程如图3-18所示。显然，工业机器人的示教包括示教前的准备、任务程序的创建和任务程序的测试等主要环节；再现则是通过本地或远程方式自动运转优化后的任务程序。

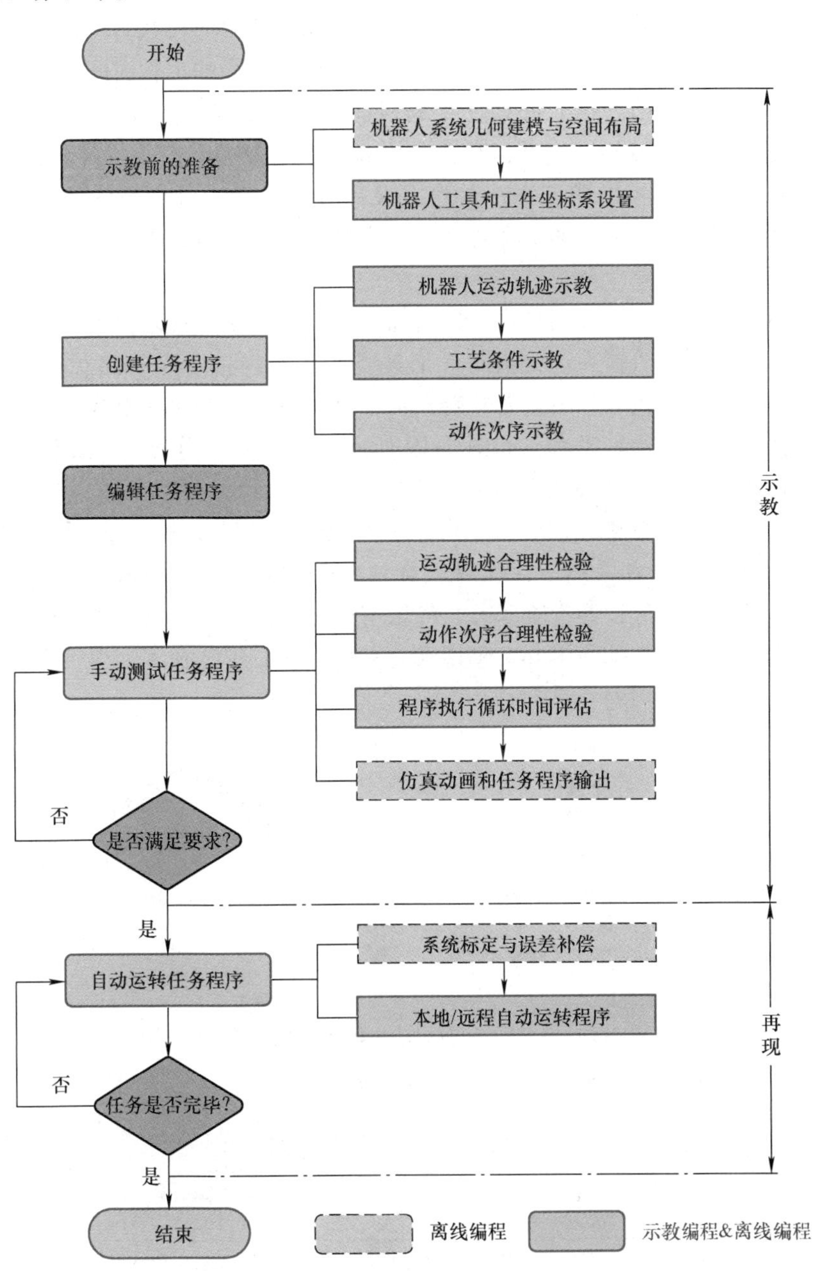

图3-18 工业机器人任务示教与再现的基本流程

3.2.3 机器人的运动轨迹示教

熟知工业机器人任务编程的主要内容和基本流程后，针对具体任务应首先进行机器人路径规划，选取关键位置点，点动机器人移至目标位置，记忆示教点信息，然后测试运动路径。

1. 路径规划

连接起点位置和终点位置的序列点或曲线称为路径，构成路径的策略称为路径规划。工业机器人的路径规划主要是让机器人携带末端执行器在工作空间内找到一条从起点到终点的无碰撞安全路径。为高效创建机器人任务程序，缩短运动路径的示教时间，一般将机器人运动路径离散成若干个关键位置点，并在任务编程前进行预定义，如原点位置（作业原点）、参考位置（临近点、回退点）等。原点位置（作业原点、HOME）是所有作业的基准位置，它是机器人远离作业对象（待焊工件）和外围设备的可动区域的安全位置；参考位置是临近焊接作业区间、调整工具姿态的安全位置。通常机器人到达该位置时，机器人控制器外围设备I/O的参考位置输出信号接通。

除合理的点位规划外，连续路径运动的机器人作业还需正确规划机器人末端执行器的姿态或指向。例如，弧焊时机器人焊枪指向（工具姿态）和焊接方向（路径方向）对焊缝成形、飞溅大小、气体保护效果等有重要影响。对于熔化极气体保护焊而言，机器人携带焊枪可以采取左焊法和右焊法两种方式，如图3-19所示。左焊法（前进焊、后倾焊）指焊接热源从接头右端向左端移动，并指向待焊部分的操作方法。由于焊接电弧大部分作用在熔池上，该方式具有熔深浅、焊道宽的特点，而且编程员在焊接电弧一侧呈45°~70°视角，易于观察焊接电弧和熔池；右焊法（后退焊、前倾焊）指焊接热源从接头左端向右端移动，并指向已焊部分的操作方法，具有熔深大、焊道窄的特点。该方式下机器人焊枪阻挡了编程员的视线，难以观察焊接电弧和熔池变化情况。左焊法和右焊法在实际焊接生产中的适用场合见表3-6。

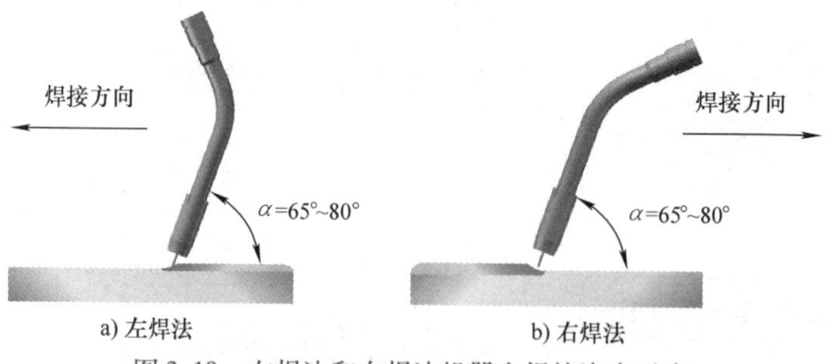

图3-19　左焊法和右焊法机器人焊枪姿态示意

表3-6　左焊法和右焊法的适用场合

焊接位置	适用性	焊接方式	
		左焊法	右焊法
平（角）焊、船形焊	薄板	适合，熔深浅且焊缝较平	不适合，熔深大、易烧穿
	中厚板	不适合，熔深浅，无法保证焊透	适合，能够保证良好的熔深
横（角）焊	单道焊	适合，易获得宽而平的焊缝	不适合，窄而深的焊缝易形成凸形焊缝
	多道焊	适合盖面焊	适合打底焊和填充焊

不妨以机器人堆焊“1 + X”图案为例，其运动路径规划和焊枪姿态规划如图3-20所示。整个路径预定义1个原点位置和2个参考位置，且采用左焊法、保持焊枪行进角（焊枪

轴线与焊缝轴线相交形成的锐角）$\alpha=65° \sim 80°$，利于获得良好的熔深和熔池保护效果。

2. 示教点记忆

机器人路径规划将产生若干指令位姿，点动机器人至上述示教点，记忆并生成运动指令集，完成运动轨迹示教。Panasonic GⅢ机器人示教点记忆操作如下：

① 新建或打开任务程序文件。

② 移动光标到插入示教点的上一行。

③ 变更程序编辑状态为【**插入**】状态。

④ 点按【**动作功能键Ⅷ**】，（灯灭）→（灯亮），开启机器人动作功能。

⑤ 点动机器人至目标位置。

⑥ 按住【**右切换键**】，点按【**动作功能键Ⅰ**】~【**动作功能键Ⅲ**】设置运动指令要素，然后按【**确认键**】，插入示教点，如图3-21所示。

机器人作业运动轨迹示教视频

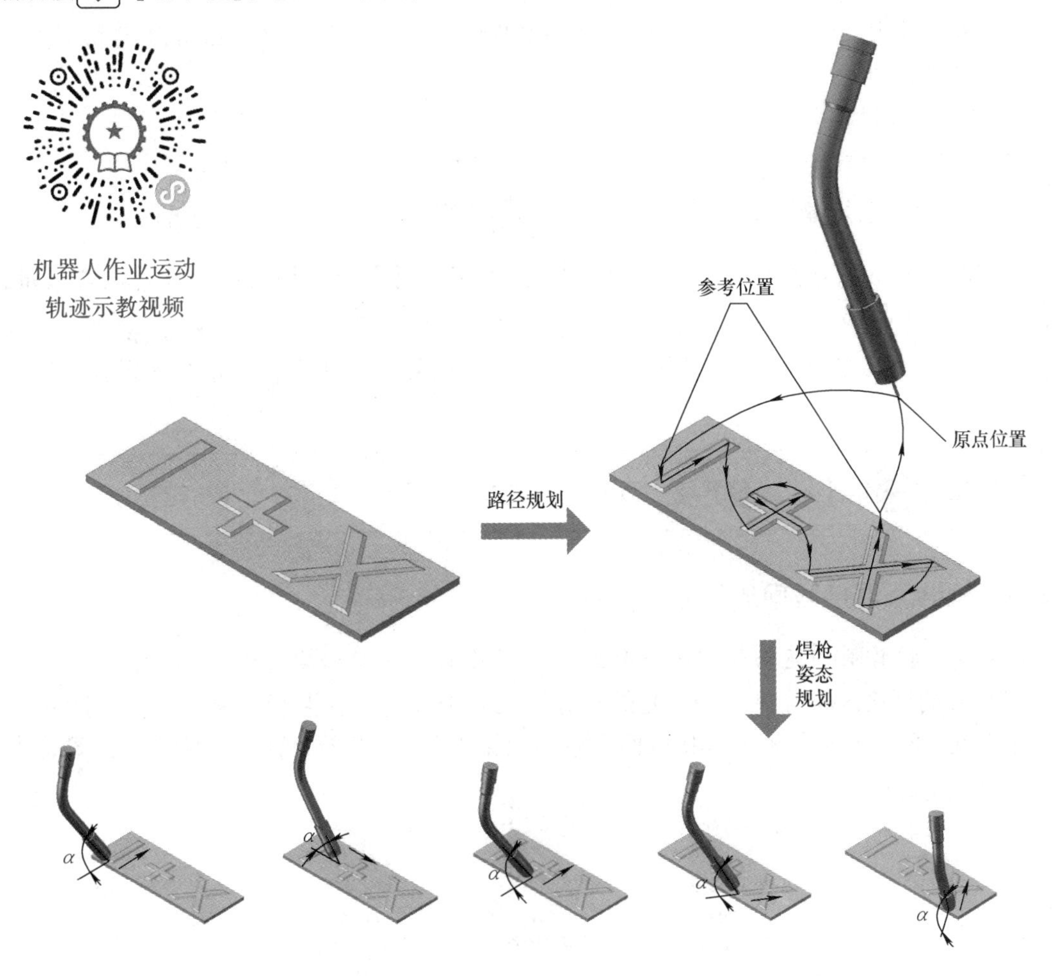

图3-20 机器人堆焊“1+X”运动路径和焊枪姿态规划

3. 任务程序验证

待机器人运动轨迹、动作次序等示教完毕，需试运行测试任务程序，以便检查机器人

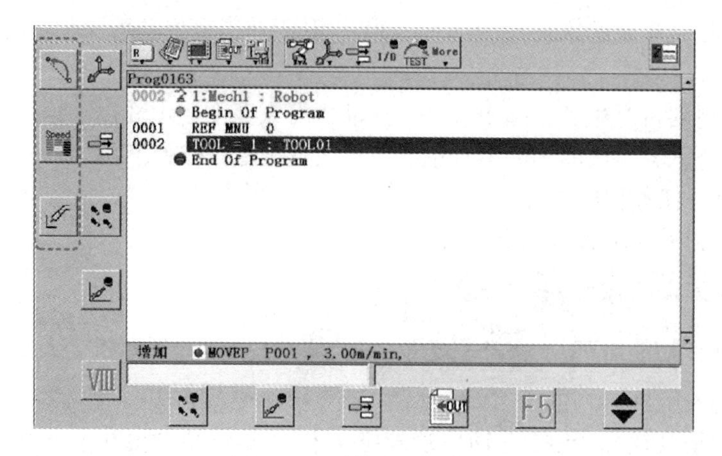

图 3-21　示教点记忆界面

TCP 路径和动作次序的合理性，以及评估任务程序执行的周期时间。Panasonic GⅢ机器人单步程序测试步骤如下。

① 打开任务程序文件。

② 移动光标至程序首行。

③ 按【**用户功能键 F1**】，（灯灭）→（灯亮），激活程序验证功能。

④ 同时持续按住（正向单步程序验证）对应的【**动作功能键Ⅳ**】和【**拨动按钮**】（或【+/−键】），程序自上而下顺序单步执行，每到达一个示教点时自动停止运行。

⑤ 松开【**拨动按钮**】（或【+/−键】），然后重复步骤④操作，直至光标移至程序末尾。

> 当、和【+/−键】不一致时，机器人不能运动，如和【−键】组合。

3.2.4　机器人焊接区间的示教

机器人焊接作业的运动轨迹可以分成焊接（作业）区间和空走（非作业）区间。以图 3-22所示的焊接区间为例，P003 是焊接起始点，P004 是焊接路径（中间）点，P005 是焊接结束点。Panasonic 机器人焊接区间示教要领见表 3-7，机器人任务程序示例如图 3-23所示。

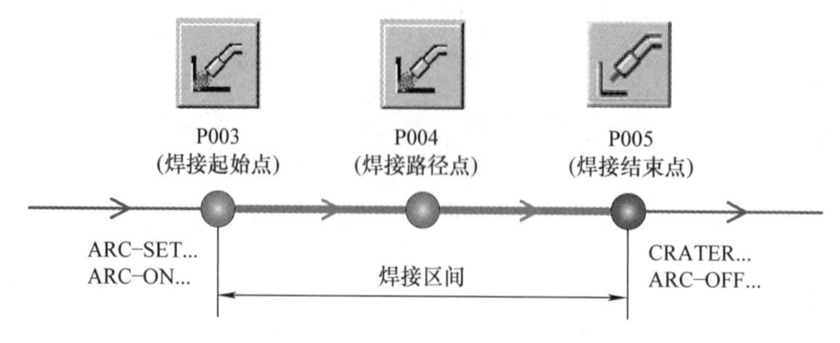

图 3-22　焊接作业区间示意

表 3-7 Panasonic 机器人焊接区间示教

序号	示教点	示教要领
1	P003 焊接起始点	① 点动机器人至焊接起始点 ② 变更示教点为焊接点 ③ 点按【确认键】记忆示教点 P003
2	P004 焊接路径点	① 点动机器人至焊接路径点 ② 变更示教点为焊接点 ③ 点按【确认键】记忆示教点 P004
3	P005 焊接结束点	① 点动机器人至焊接结束点 ② 变更示教点为空走点 ③ 点按【确认键】记忆示教点 P005

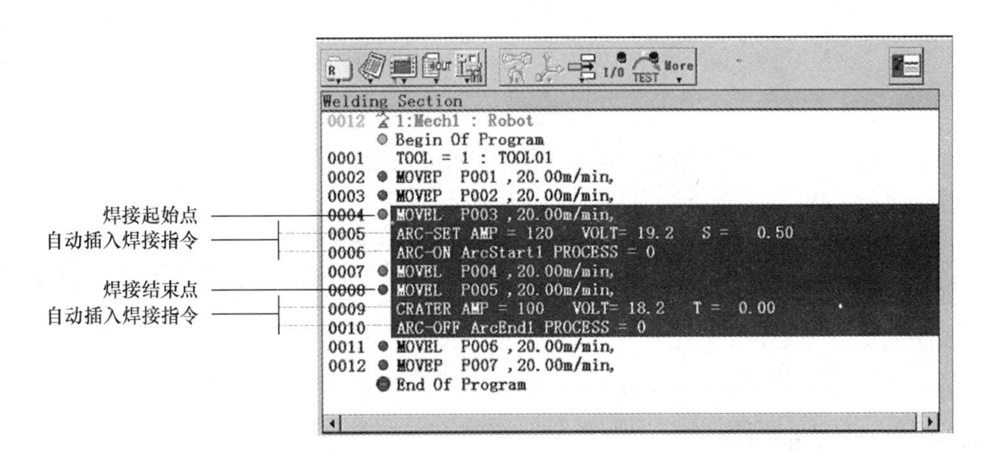

图 3-23 Panasonic 机器人焊接区间任务程序示例

【任务分析】

机器人平板堆焊的示教相对容易，是板状试件、管状试件和组合试件示教编程的基础。使用机器人在碳钢表面平敷堆焊一道焊缝需要示教 6 个目标位置点，其路径规划如图 3-24 所示。各示教点备注见表 3-8。实际示教时，可以按照图 3-18 所示的流程进行示教编程。

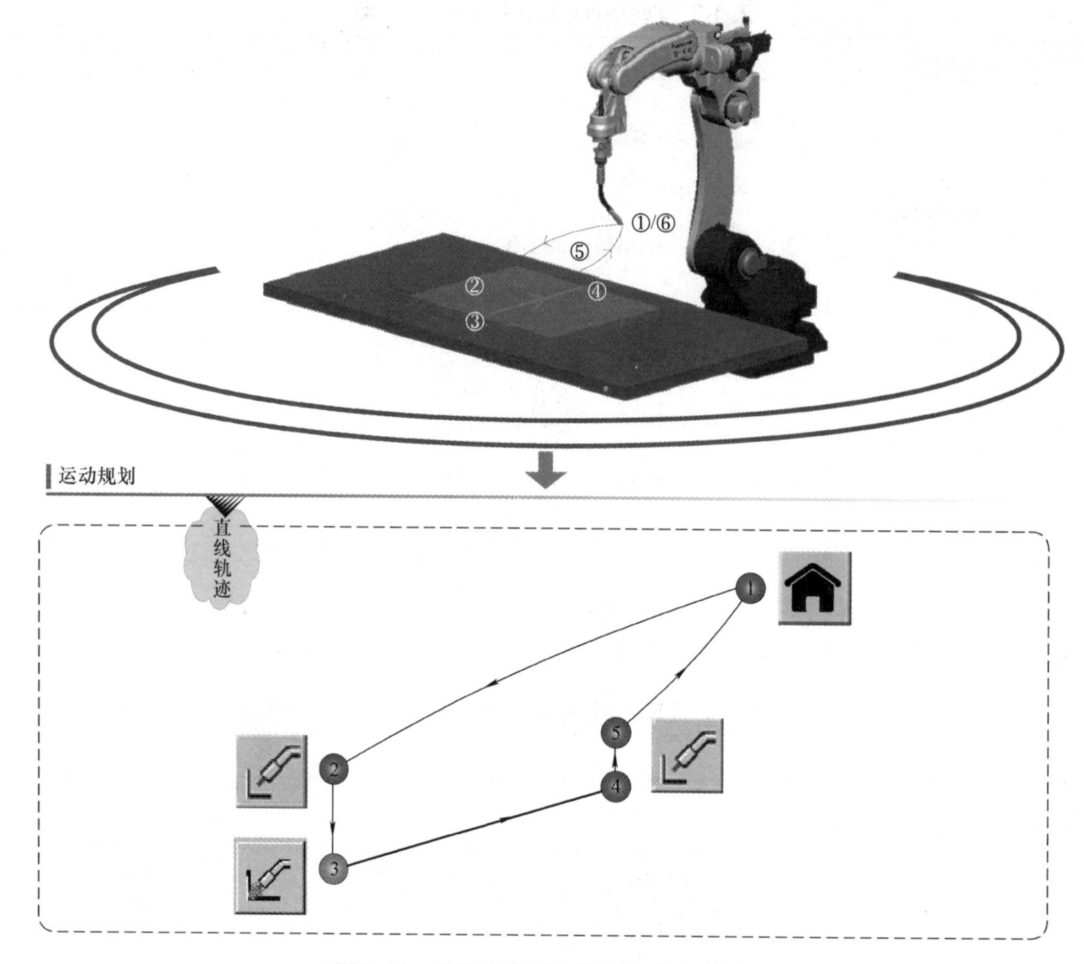

图 3-24　机器人平板堆焊的运动路径规划

表 3-8　机器人平板堆焊任务的示教点

示教点	备　注	示教点	备　注	示教点	备　注
①	原点（HOME）	③	焊接起始点	⑤	焊接回退点
②	焊接临近点	④	焊接结束点	⑥	原点（HOME）

【任务实施】

1. 示教前准备

开始示教前应做如下准备。

① 工件表面清理。核实试板尺寸无误后，将钢板表面铁锈、油污等清理干净。

② 工件装夹固定。选择合适的夹具将试板固定在焊接工作台上。

③ 机器人原点确认。可通过执行机器人控制器内已有的原点程序，让机器人返回原点（如 BW = −90°、RT = UA = FA = RW = TW = 0°）。

④ 加载任务程序。通过【文件】菜单加载任务 3.1 中创建的“Test”程序。

2. 示教点记忆

1）示教点P001——机器人原点。将机器人待机位置记忆为示教点P001。步骤如下。

① 接通伺服电源。在“TEACH”模式下，轻握【安全开关】至【伺服接通按钮】指示灯闪烁，此时按下【伺服接通按钮】，指示灯亮，机器人系统运动轴的伺服电源接通。

② 打开机器人动作模式。按【动作功能键Ⅷ】，（灯灭）→（灯亮），激活机器人动作功能，如图3-25所示。

③ 变更示教点属性。按住【右切换键】，切换至示教点记忆界面（见图3-21），点按【动作功能键Ⅰ】、【动作功能键Ⅲ】，变更示教点P001的动作类型为（MOVEP），空走点。

④ 记忆示教点。点按【确认键】记忆当前示教点P001为机器人原点（见图3-26）。

图3-25 机器人动作功能激活

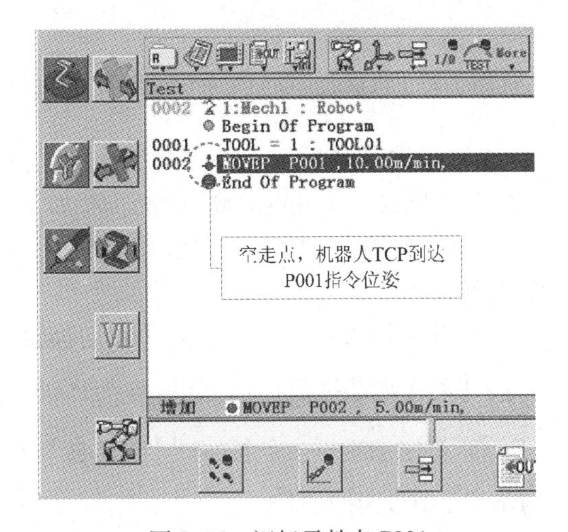

图3-26 记忆示教点P001

2）示教点P002——焊接临近点。焊接临近点位置通常决定机器人的作业姿态，即手腕末端焊枪的空间指向。示教点P002记忆步骤如下。

① 调整机器人焊枪姿态。保持默认关节坐标系，使用【动作功能键Ⅰ】~【动作功能键Ⅲ】与【拨动按钮】组合键，调整机器人末端焊枪至作业姿态（焊枪行进角α = 65°~80°）。

② 切换机器人点动坐标系。按住【右切换键】的同时，按【动作功能键Ⅳ】，或者单击辅助菜单栏的【点动坐标系】→【机座坐标系】，切换机器人点动坐标系为机座坐标系，如图3-27所示。

③ 移至焊接临近点。在机座坐标系中，使用【动作功能键Ⅳ】~【动作功能键Ⅵ】与【拨动按钮】组合键，点动机器人线性移至焊接临近点，如图3-28所示。

④ 变更示教点属性。按住【右切换键】，切换至示教点记忆界面，点按【动作功能键

Ⅰ】、【**动作功能键Ⅲ**】，变更示教点 P002 为（MOVEP），空走点。

⑤ 记忆示教点。点按【**确认键**】记忆当前示教点 P002 为焊接临近点，如图 3-29 所示。

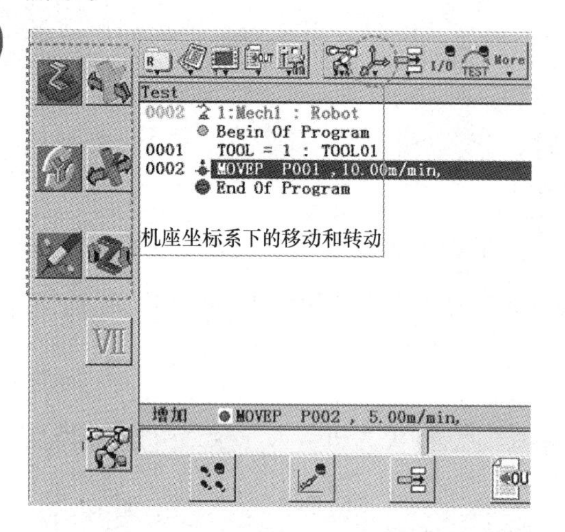

图 3-27 机器人点动坐标系切换界面

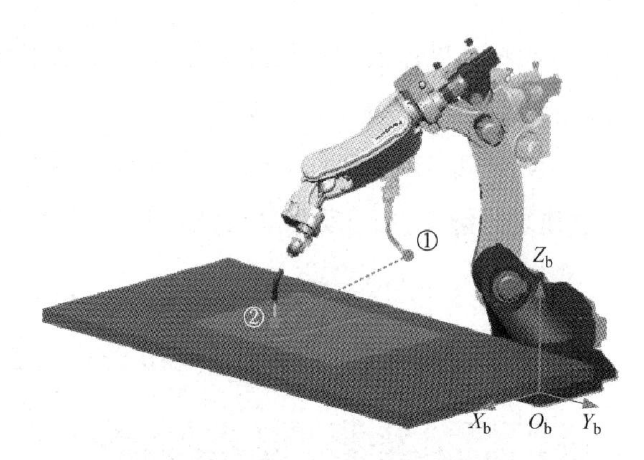

图 3-28 点动机器人至焊接临近点

3）示教点 P003——焊接起始点。保持示教点 P002 的焊枪姿态，将机器人移向焊接作业的开始位置。示教点 P003 记忆步骤如下。

① 移至焊接起始点。在机座坐标系中，点动机器人线性移至焊接作业开始位置，如图 3-30所示。

② 变更示教点属性。按住【**右切换键**】，切换至示教点记忆界面，点按【**动作功能键Ⅰ**】、【**动作功能键Ⅲ**】，变更示教点 P003 为（MOVEL）或（MOVEP），焊接点。

③ 记忆示教点。点按【**确认键**】记忆当前示教点 P003 为焊接起始点，焊接指令被同步记忆（见图 3-31）。

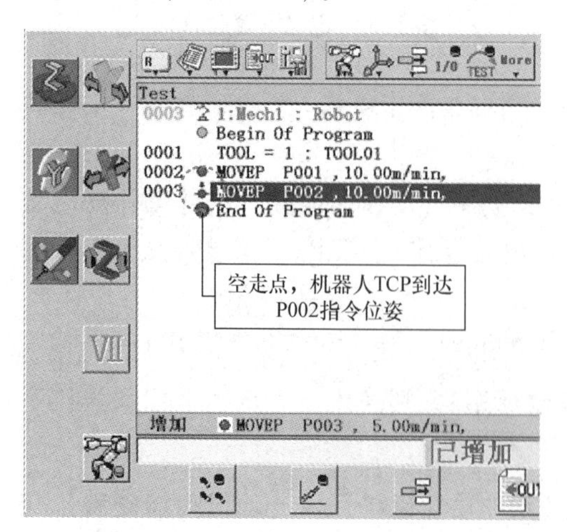

图 3-29 记忆示教点 P002

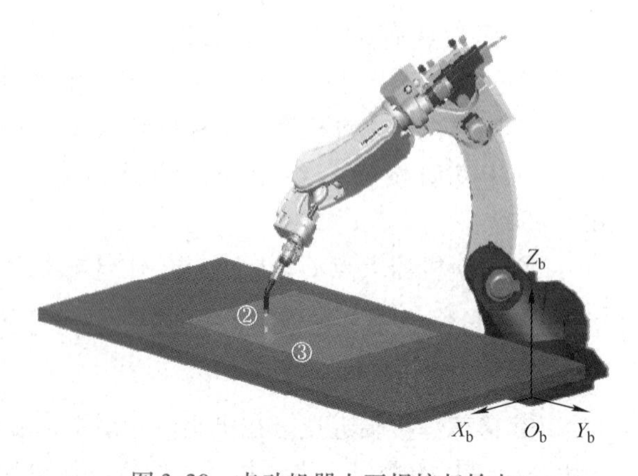

图 3-30 点动机器人至焊接起始点

4）示教点P004——焊接结束点。继续保持焊枪姿态，沿机座坐标系的 $-X$ 轴方向，点动机器人移向焊接作业的结束位置。示教点P004记忆步骤如下。

① 移至焊接结束点。在机座坐标系中，沿 $-X$ 轴方向点动机器人线性移至焊接结束点，如图3-32所示。

② 变更示教点属性。按住【右切换键】，切换至示教点记忆界面，点按【动作功能键Ⅰ】、【动作功能键Ⅲ】，变更示教点P004的动作类型为（MOVEL），空走点。

③ 记忆示教点。按【确认键】记忆当前示教点P004为焊接结束点，焊接指令被同步记忆（见图3-33）。

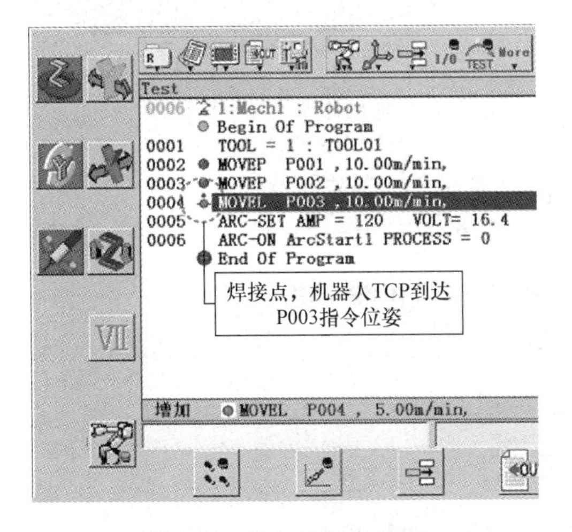

图3-31 记忆示教点P003

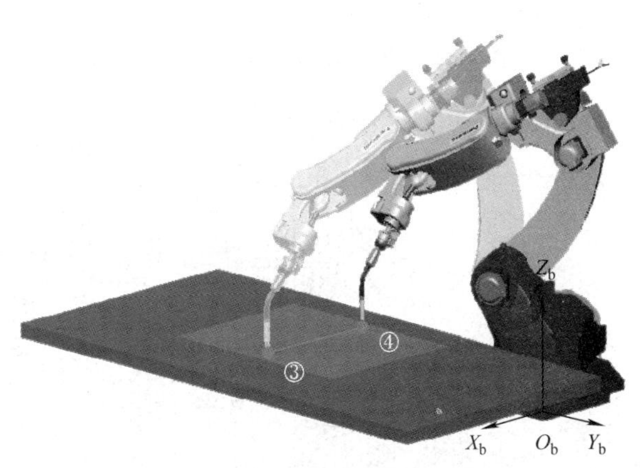

图3-32 点动机器人至焊接结束点

5）示教点P005——焊接回退点。继续保持焊枪姿态，沿机座坐标系的 $+Z$ 轴方向，点动机器人至不碰触工件和夹具的安全位置。示教点P005记忆步骤如下。

① 移至焊接回退点。在机座坐标系中，沿 $+Z$ 轴方向点动机器人远离焊接结束点，如图3-34所示。

② 变更示教点属性。按住【右切换键】，切换至示教点记忆界面，点按【动作功能键Ⅰ】、【动作功能键Ⅲ】，变更示教点P005的动作类型为（MOVEL）或（MOVEP），空走点。

③ 记忆示教点。点按【确认键】记忆当前示教点P005为焊接回退点。

6）示教点P006——机器人原点。为评估任务执行周期，准备下一个周期焊接作业，通常将机器人移至作业原点（HOME），即将示教点P006与示教点P001重合。可以通过复制和粘贴指令快速实现示教点记忆，步骤如下。

① 打开机器人编辑模式。松开【安全开关】，点按【动作功能键Ⅷ】，（灯亮）→（灯灭），关闭机器人动作功能，进入编辑模式。按【用户功能键F6】切换用户功能图标区至图3-35所示的界面。

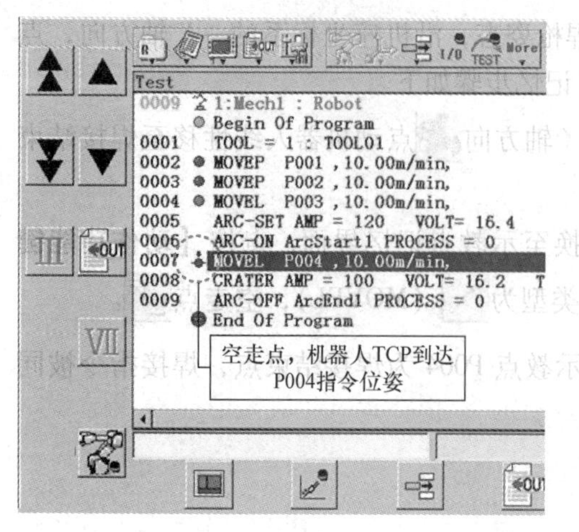

图 3-33 记忆示教点 P004

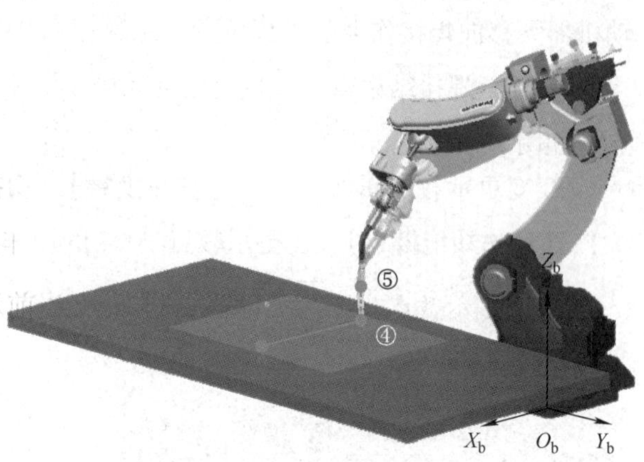

图 3-34 点动机器人至焊接回退点

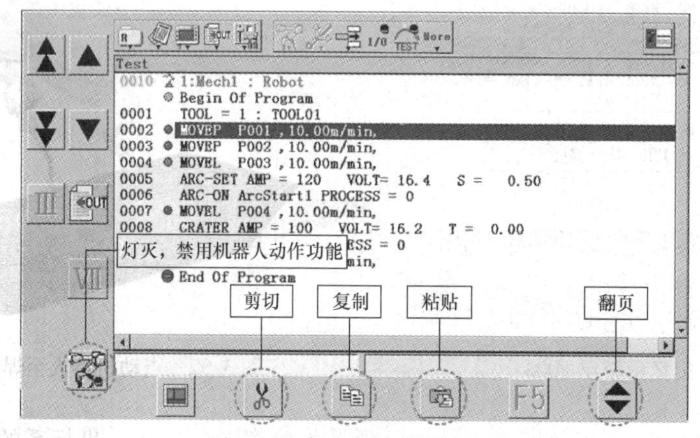

图 3-35 任务程序编辑界面

② 复制机器人运动指令。使用【**拨动按钮**】移动光标至示教点 P001 所在指令语句行，按【**用户功能键 F3**】（复制），然后侧击【**拨动按钮**】，弹出复制确认界面，如图 3-36 所示。点按【**确认键**】或单击界面上的【**OK**】按钮，完成复制操作。

③ 粘贴机器人运动指令。移动光标至示教点 P005 所在指令语句行，点按【**用户功能键 F4**】（粘贴），完成指令语句粘贴操作，如图 3-37 所示。至此，6 个示教点记忆完毕。

3. 任务程序验证

采用正向单步程序验证方法确认示教点的位姿准确度和路径合理性，步骤如下：

① 在编辑模式下，移动光标至程序首行。

② 激活程序验证功能。按【**动作功能键Ⅷ**】，（灯灭）→（灯亮），激活机器人动作功能，然后按【**用户功能键 F1**】，（灯灭）→（灯亮），激活程序验证（跟踪）功能，如图 3-38 所示。

③ 同时按住【**动作功能键Ⅳ**】和【**拨动按钮**】（或【＋键】）正向单步测试任务程序，机器人每移至一个示教点位置时，机器人会自动停止运动，此时释放【**拨动按钮**】（或【＋键】），然后再次按住【**拨动按钮**】（或【＋键】），直至光标移至程序最后一行。

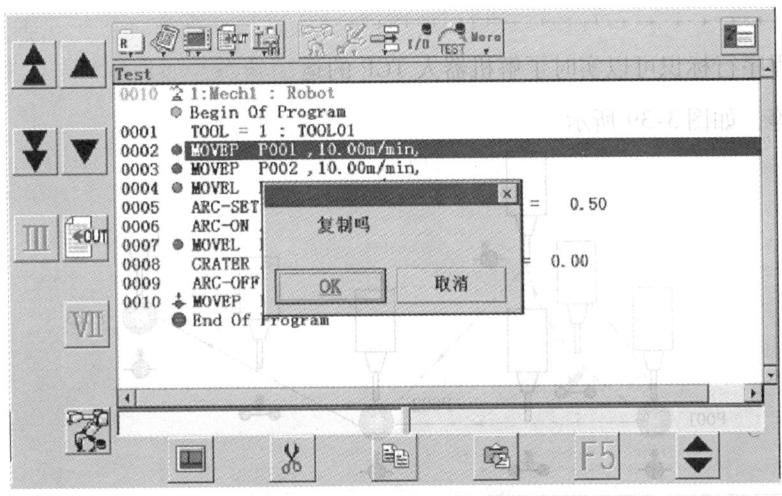

图 3-36　复制指令语句界面

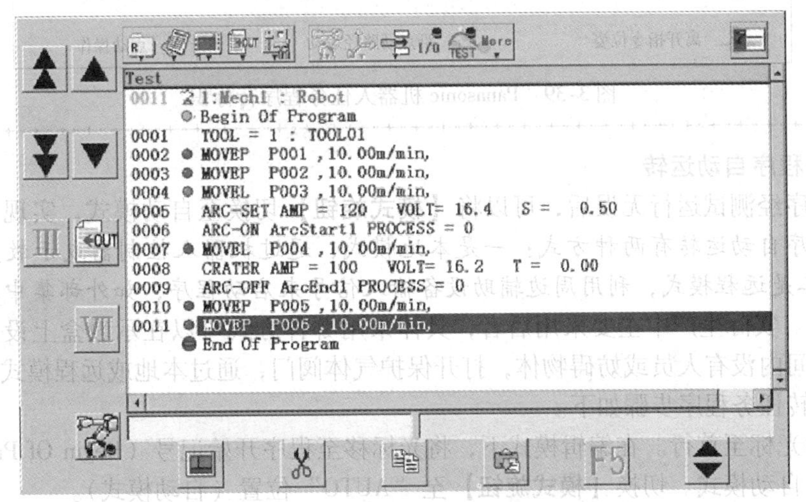

图 3-37　粘贴指令语句界面

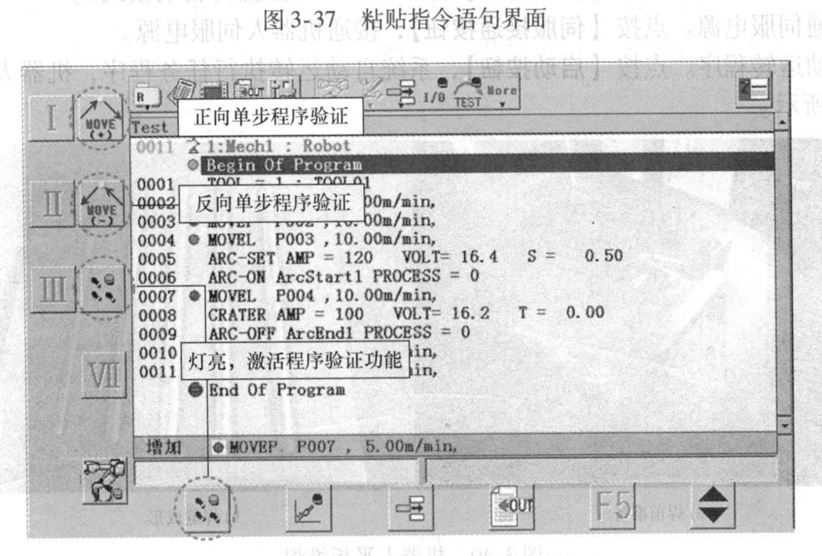

图 3-38　单步程序测试功能激活界面

通过程序行标识可以实时了解机器人 TCP 的运动状态，如到达指令位姿、沿指令路径运动等，如图 3-39 所示。

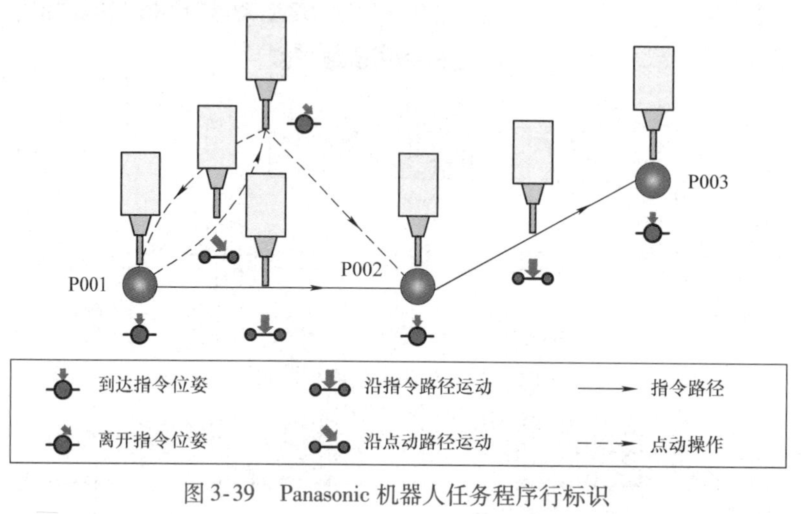

图 3-39　Panasonic 机器人任务程序行标识

4. 任务程序自动运转

任务程序经测试运行无误后，可以将【**模式旋钮**】切换至自动模式，实现自动运转焊接。任务程序自动运转有两种方式：一是本地模式，通过机器人控制器或示教盒上的【**启动按钮**】；二是远程模式，利用周边辅助设备输入信号来启动程序，如外部集中控制盒上的【**启动按钮**】。实际生产中主要采用后者，具体采用哪种方式可以在示教盒上设置。确认机器人工作空间内没有人员或妨碍物体，打开保护气体阀门，通过本地或远程模式启动任务程序。自动运转任务程序步骤如下。

① 移动光标至首行。在编辑模式下，将光标移至程序开始记号（Begin Of Program）。

② 选择自动模式。切换【**模式旋钮**】至“AUTO”位置（自动模式）。

③ 接通伺服电源。点按【**伺服接通按钮**】，接通机器人伺服电源。

④ 自动运转程序。点按【**启动按钮**】，系统自动运转执行任务程序，机器人开始焊接，如图 3-40 所示。

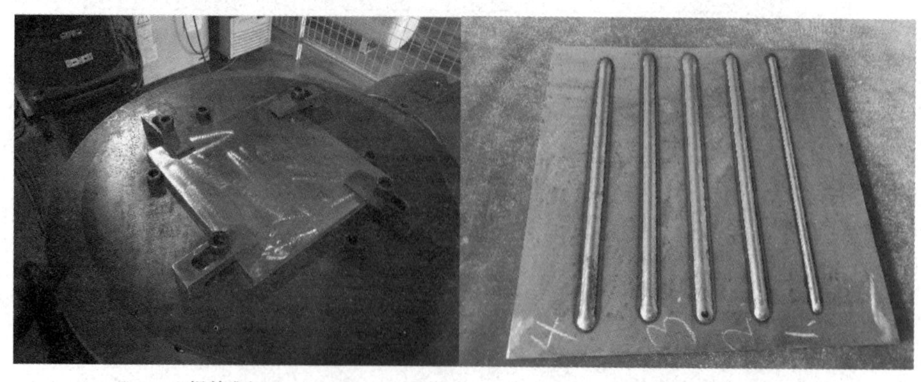

a) 焊前准备　　b) 焊缝成形

图 3-40　机器人平板堆焊

- 任务程序从光标所在行开始执行，并按执行顺序将指令集显示在窗口。
- 任务程序执行过程中，按【**用户功能键 F3**】可以激活电弧锁定功能（灯亮）或禁用电弧锁定功能（灯灭）。当电弧锁定功能启用（灯亮）时，仅完成任务程序的空走，不执行焊接引弧、收弧操作。

【拓展阅读】

Panasonic 机器人的离线仿真

离线编程技术是基于计算机图形学建立工业机器人系统工作环境的几何模型，通过操控图像及使用机器人编程语言描述机器人作业任务，然后对任务程序进行三维图形动画仿真，离线计算、规划和调试机器人任务程序，并生成机器人控制器可执行的代码，最后经由通信接口发送至机器人控制器。由于编程时不影响实体机器人正常作业，绿色、安全且投入较少，离线编程技术在产业和教育领域获得推广。

Desk－Top Programming & Simulation System（DTPS）是 Panasonic 机器人公司开发的一款基于 Windows 操作系统的离线编程软件，具有数据管理、用户管理、文本转换、数据传输及动画模拟等功能。借助该软件，机器人系统集成商、编程员等可以针对项目（客户）要求，直观设置和观察机器人位置、动作、焊枪角度、干涉等情况（见图 3-41），估算机器人工作空间是否合适，预先分析工业机器人系统设备的配置，提高设备选型的准确性。在此基础上，利用 DTPS 软件输出方案的二维或三维仿真动画，便于与客户沟通交流，增加方案的可信性和成熟度，规避潜在的项目风险。

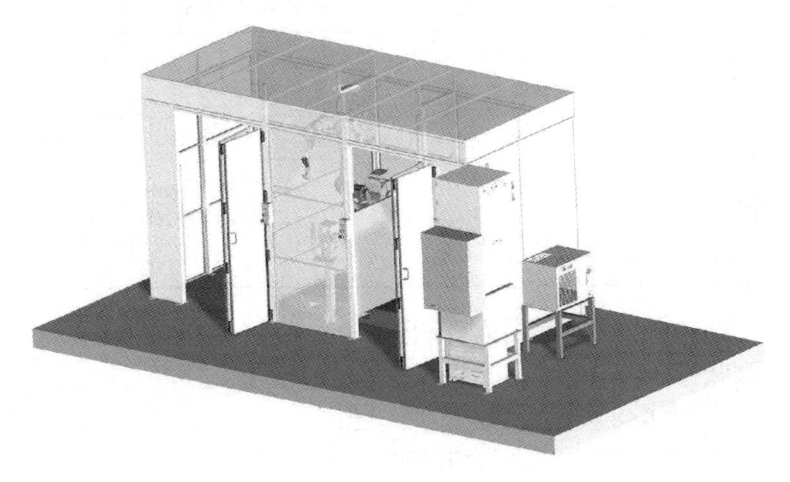

图 3-41　工业机器人系统方案设计与离线仿真

从机器人教学及技能培训视角出发，工业机器人系统前期投入昂贵，难以满足全员上机实践的要求。DTPS 软件使用的力学、工程学等机器人运动学公式以及机器人操作，均与实际机器人完全相同，利于学员的学习与操作体验。近年来，随着机器人遥操作、传感器信息处理等技术的进步，基于虚拟现实技术的工业机器人任务编程成为机器人教学培训中的新兴研究方向。通过将虚拟现实作为高端的人机接口，允许学员通过声、像、力以及图形等多种交互设备实时与虚拟环境交互，如图3-42所示。由于不需要机器人本体，虚拟仿真教学培训系统仅保留机器人控制器（去除伺服驱动模块），其成本约占工业机器人成本的3%～5%，且学员可以手持示教盒监控机器人本体图形的运动，操作体验感进一步得到提升。

图3-42 工业机器人的虚拟仿真教学培训

【知识测评】

一、填空

1. Panasonic机器人示教盒上拨动按钮的操作方式有________、________和________三种。

2. 工业机器人任务编程（示教）的主要内容包括________、________和________三部分。

3. 工业机器人运动轨迹可以分成________和________。

4. 请选取以下图标中的一个或几个按照一定的组合填入空中完成所指定的操作。

(1)	(2)	(3)	(4)	(5)	(6)	(7)	(8)
(9)	(10)	(11)	(12)	(13)	(14)		

① 新建一个文件名为系统默认名称的程序。________→________→________

② 打开刚刚新建的程序。________→________→________→________

③ 在示教模式下接通伺服电源。________→________

④ 在菜单栏与程序编辑区间切换活动光标。________

⑤ 伺服电源接通的状态下从光标当前所在程序行进行正向单步测试任务程序。________→________→________+________

⑥ 在再现模式下锁定电弧。________→________

二、选择

1. 机器人焊接作业涉及气、电、液等多元介质，工艺参数较多，关键参数包括（　　）

等。

①焊接电流（或送丝速度）；②电弧电压；③焊接速度；④收弧电流；⑤弧坑处理时间

A. ①②③④　B. ①③④⑤　C. ①②④⑤　D. ①②③④⑤

2. 工业机器人常见的插补方式有（　　）。

①PTP；②直线插补；③圆弧插补；④直线摆动；⑤圆弧摆动

A. ①②③④⑤　B. ②③　C. ②⑤　D. ②③④⑤

三、判断

1. 工业机器人的任务示教可采用在线和离线两种方式。（　　）

2. 机器人弧形轨迹通常示教2个位置点（圆弧轨迹起始点和结束点），各端点之间的CP运动则由机器人控制系统的路径规划模块通过插补运算生成。（　　）

3. 任务程序自动运转有两种方式：一是本地模式，二是远程模式。（　　）

4. 机器人焊接任务示教时，仅焊接起始点为焊接点。（　　）

5. 机器人单步测试任务程序的目的是为确认示教生成的动作以及焊枪指向位置是否记忆。（　　）

四、综合实践

尝试使用富氩气体（如80% Ar + 20% CO_2）、直径1.0mm的ER50 - 6实心焊丝和Panasonic GⅢ焊接机器人，通过合理规划机器人运动路径和焊枪姿态，在板厚为6mm的碳钢表面平敷堆焊“1 + X”图案（见图3-43），要求单条焊缝宽度为8mm，无气孔等表面缺陷。

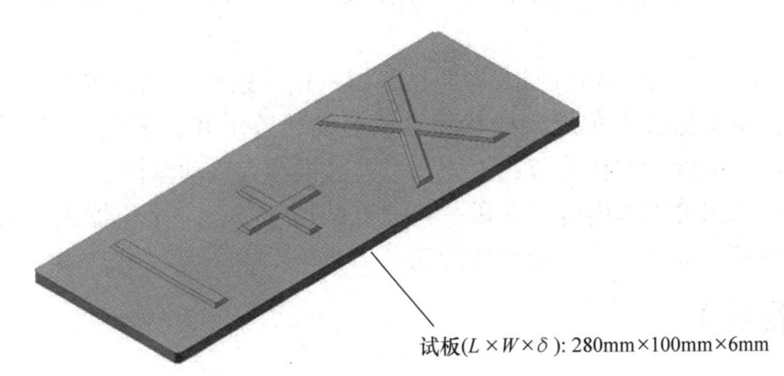

图3-43　中厚板机器人堆焊（“1 + X”图案）

工业机器人工具坐标系的设置

从运动学角度看，机器人执行焊接任务的过程实质是确立机械杆系间的几何关系，实现笛卡儿（直角）空间向关节空间的坐标变换。工具坐标系和工件（用户）坐标系作为工业机器人运动学的研究对象和参考对象，用于描述末端执行器（焊枪）相对于作业对象（焊件）的位姿。在进行任务编程前，编程员首先应设置机器人工具坐标系和工件（用户）坐标系。

本章将以 Panasonic GⅢ系列机器人为例，采用六点（接触）法设置机器人工具坐标系，然后点动机器人模仿 T 形接头角焊缝线状焊道的运动轨迹示教，来熟知工业机器人系统运动轴及其操控方法，掌握它们在关节、工件、工具等机器人点动坐标系中的运动特点。根据工业机器人编程员的岗位工作内容，本章一共设置两项任务：一是机器人工具坐标系设置；二是点动机器人沿板 - 板 T 形接头角焊缝运动。

【学习目标】

知识学习

1）能够辨识工业机器人系统本体轴和附加轴。

2）能够阐明关节、工件、工具等点动坐标系中的机器人运动规律。

3）能够采用六点（接触）法设置机器人工具坐标系。

能力培养

1）能够适时选择恰当的机器人点动坐标系和运动轴。

2）能够利用示教盒实时查阅和精确调整机器人焊枪姿态。

3）能够手动操控机器人沿板 - 板 T 形接头角焊缝运动。

素养提升

1）机器人坐标系类型多样，根据任务要求，灵活选择所需坐标系，锻炼学员敢于不断尝试、坚持不懈的精神。

2）针对操作难点展示国家在该领域取得的重大科研攻关资料，激发学员的责任感和使命感，从而树立克服困难完成任务的决心。

【学习导图】

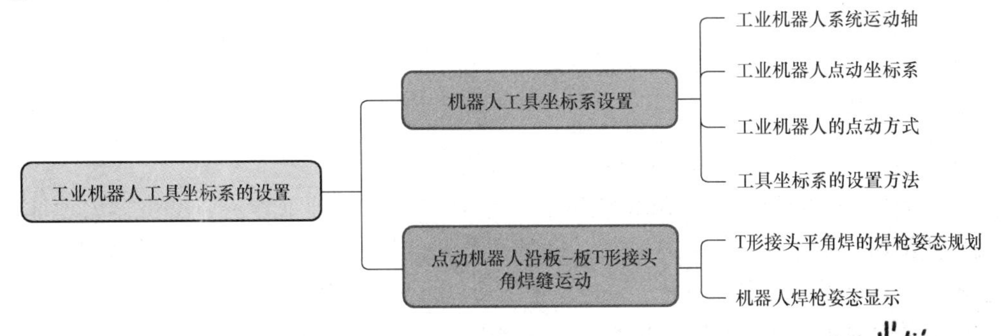

任务4.1　机器人工具坐标系设置

机器人工具坐标系设置视频

【任务提出】

正如第2章中所述，使用工业机器人执行焊接任务，须在其机械接口安装末端执行器（焊枪）。此时，机器人的运动学控制点或工具执行点（工具中心点，TCP）将发生变化，如图4-1所示。在默认情况下，机器人TCP与工具坐标系$O_tX_tY_tZ_t$的原点重合，位于机器人手腕末端的机械法兰中心处（与机械接口坐标系$O_mX_mY_mZ_m$的原点重合）。为提高焊枪姿态调整的便捷和保证机器人运动轨迹的精度，当更换焊枪或因碰撞而导致枪颈变形发生时，编程员应重新设置机器人运动学的研究对象——工具坐标系。

此任务要求采用六点（接触）法设置Panasonic焊接机器人的工具坐标系。在此过程中，通过点动机器人认知工业机器人系统的运动轴，并掌握它们在关节、工件（用户）、工具等机器人点动坐标系中的运动特点和规律，为后续机器人运动轨迹示教奠定基础。

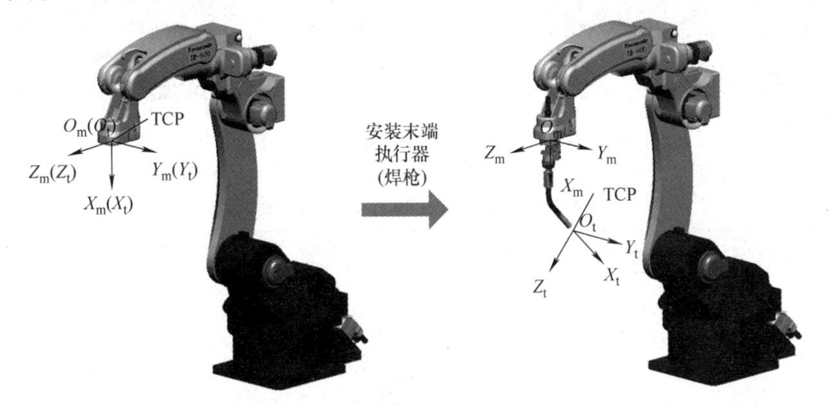

图4-1　机器人工具坐标系设置示意

【知识准备】

4.1.1　工业机器人系统运动轴

工业机器人系统运动轴视频

按照运动轴的所属系统关系，工业机器人系统的运动轴可

以划分为两类：一是本体轴，主要指构成机器人本体的各关节运动轴，归属于工业机器人；二是附加轴，除机器人本体轴以外的运动轴，包括移动或转动机器人本体的基座轴（如线性滑轨，归属于工业机器人）、移动或转动工件的工装轴（如焊接变位机，归属于周边辅助设备）等，如图4-2所示。其中，本体轴和基座轴主要实现机器人TCP的空间定位与定向，而工装轴主要支承工件并确定其空间位置。

1. 本体轴

第一代商用工业机器人（计算智能机器人）基本采用6轴垂直关节型机器人本体。顾名思义，此类机器人本体具有6根独立活动的关节轴，其中靠近机座的3根关节轴被定义为主关节轴，可模仿人体手臂的回转、俯仰、伸缩动作，用于末端执行器的空间定位；其余3根关节轴被定义为副关节轴，可模仿人体手腕的转动、摆动、回转动作，用于末端执行器的空间定向。世界著名工业机器人制造商对其所研制生产的6轴工业机器人本体轴的命名见表4-1。

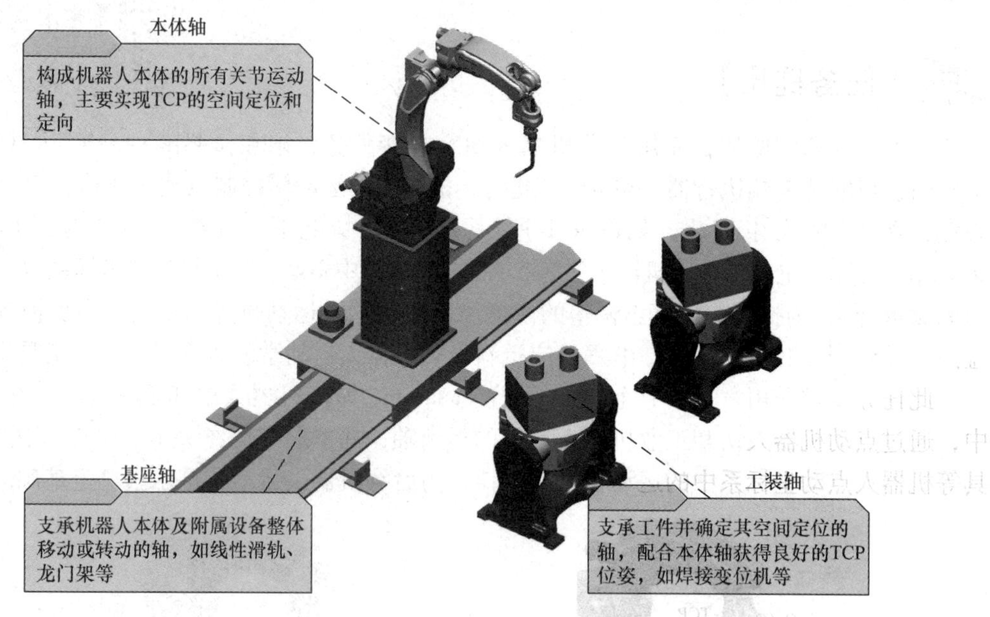

图4-2　工业机器人系统运动轴的构成

表4-1　6轴工业机器人本体轴的命名

序号	制造商	机器人品牌	本体示例	运动轴名称	
1	Media	Kuka		A6轴	副关节轴
				A5轴	
				A4轴	
				A3轴	主关节轴
				A2轴	
				A1轴	

（续）

序号	制造商	机器人品牌	本体示例	运动轴名称	
2	ABB	ABB	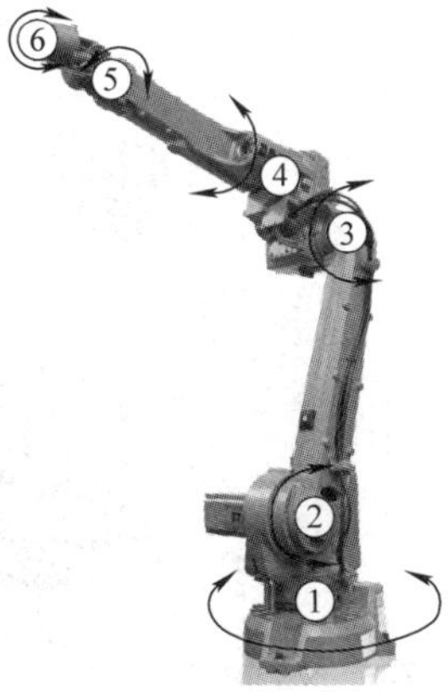	轴 6	副关节轴
				轴 5	
				轴 4	
				轴 3	主关节轴
				轴 2	
				轴 1	
3	Yaskawa	Motoman	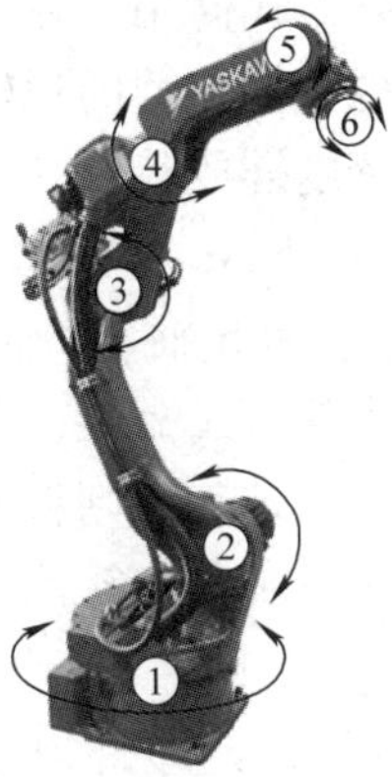	T 轴	副关节轴
				B 轴	
				R 轴	
				U 轴	主关节轴
				L 轴	
				S 轴	
4	Fanuc	Fanuc	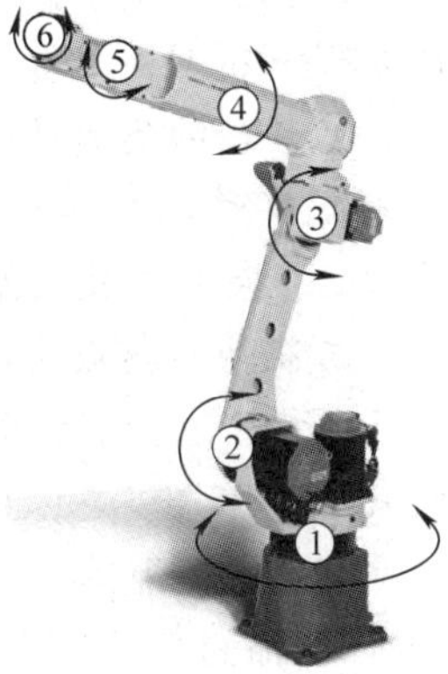	J6 轴	副关节轴
				J5 轴	
				J4 轴	
				J3 轴	主关节轴
				J2 轴	
				J1 轴	

（续）

序号	制造商	机器人品牌	本体示例	运动轴名称	
5	Panasonic	Panasonic		TW 轴	副关节轴
				BW 轴	
				RW 轴	
				FA 轴	主关节轴
				UA 轴	
				RT 轴	

第二代商用工业机器人（感知智能机器人）大多采用7轴垂直关节型机器人，如图4-3所示。与第一代商用工业机器人相比较，第二代商用工业机器人多出一根肘关节轴，可以模拟人体手臂的扭转动作，具有出色的干涉回避和高密度摆放特点。为兼顾产品谱系和用户习惯，日本Yaskawa将其Motoman机器人本体主关节轴依次命名为S轴、L轴、E轴、U轴，副关节轴的命名延续第一代命名；作为全球工业机器人“四大家族”的其他三家则将其机器人本体轴按照主、副关节轴顺序依次命名。

a) Yaskawa　　b) Media

图4-3　7轴工业机器人本体轴的命名

①—S/A1轴　②—L/A2轴　③—E/A3轴　④—U/A4轴　⑤—R/A5轴　⑥—B/A6轴　⑦—T/A7轴

2. 附加轴

面对越来越多的复杂曲面零件、异形件以及（超）大型结构件的自动化作业需求，仅靠机器人本体的自由度和工作空间，根本无法保证机器人动作的灵活性和工具的可达性。针对此类应用场景，宜采取增添基座轴、工装轴等附加轴来提高系统集成应用的灵活性和费效比。其中，基座轴的集成是将机器人本体以落地、倒挂、侧挂等形式安装在某一移动平台上，形成混联式可移动机器人，通过移动平台的移动轴（P）和/或转动轴（R）模仿人体腿部的移动功能，大大拓展机器人的工作空间和动作的灵活性，获得较高的作业可达率，如图4-4所示。工装轴的集成主要指的是焊接变位机，包括单轴、双轴、三轴及复合型变位机等，如图4-5所示。它能将被焊工件移动、转动至合适的位置，辅助机器人在执行焊接任务过程中保持良好的焊接姿态，确保产品质量的稳定性和一致性。

无论基座轴还是工装轴，其命名的原则基本遵循空间上由低往高依次为E1轴、E2轴、E3轴……当上述附加轴由机器人控制器直接控制时，称其为内部轴，可以通过示教盒分组控制、查阅附加轴的位置状态，实现机器人本体轴和附加轴的协调运动。除此之外，附加轴的运动控制由外部控制器（如PLC）实现，此时称其为外部轴，无法直接通过机器人示教

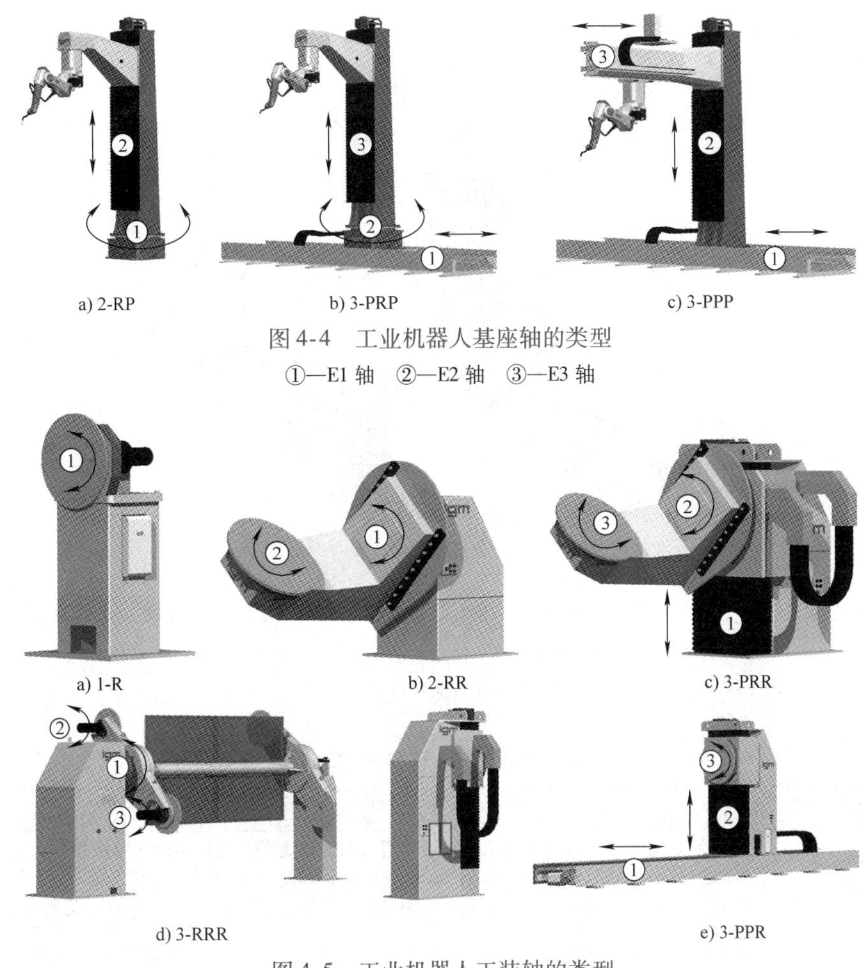

a) 2-RP　b) 3-PRP　c) 3-PPP

图 4-4　工业机器人基座轴的类型

①—E1 轴　②—E2 轴　③—E3 轴

a) 1-R　b) 2-RR　c) 3-PRR　d) 3-RRR　e) 3-PPR

图 4-5　工业机器人工装轴的类型

①—E1 轴　②—E2 轴　③—E3 轴

盒控制、查阅附加轴的位置状态。

4.1.2　工业机器人点动坐标系

坐标系是为确定工业机器人的位姿而在机器人本体或空间上进行定义的位置指标系统。它从一个称为原点的固定点 O 通过轴定义平面或空间，机器人位姿通过沿坐标系轴的测量而定位和定向。在机器人运动轨迹示教过程中，机器人控制器通过运动学正解求取工具坐标系和（参考）机座坐标系间的数学关系；机器人再现时，通过运动学逆解求取工具坐标系和（参考）机座坐标系间关节各坐标值的数学关系。上述机器人运动学计算过程实质完成的是物理关节空间和数字笛卡儿（直角）空间的映射。机器人在物理关节空间中的运动描述是以各关节轴的零点为基准，测量单位为°；在笛卡儿（直角）空间中的运动描述是 TCP（或工具坐标系）相对机座坐标系（或工件坐标系，由机座坐标系变换而来）的空间位置和指向，测量单位为 mm（空间位置，如 Panasonic 的 X、Y、Z）和°（空间姿态，如 Panasonic 的 U、V、W）。目前，第一代和第二代工业机器人系统基本都配置有关节、机座、工具和工件（用户）等机器人点动坐标系。除关节坐标系外，其他坐标系均归属于直角坐标系，其主要差别是原点位置和坐标轴方向略有差异，如图 4-6 所示。各机器人点动坐标系有其自身的特点及适用的特定场合，见表 4-2。

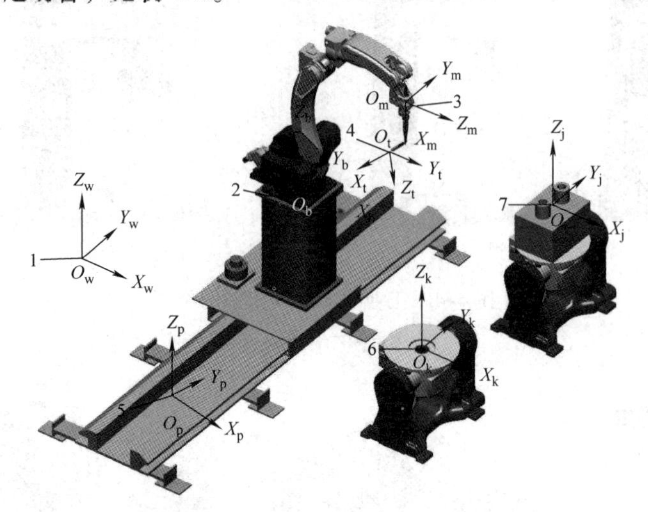

图 4-6 工业机器人点动坐标系示意

1—世界坐标系（$O_wX_wY_wZ_w$） 2—机座坐标系（$O_bX_bY_bZ_b$） 3—机械接口坐标系（$O_mX_mY_mZ_m$）
4—工具坐标系（$O_tX_tY_tZ_t$） 5—移动平台坐标系（$O_pX_pY_pZ_p$） 6—工作台坐标系（$O_kX_kY_kZ_k$）
7—工件坐标系（$O_jX_jY_jZ_j$）

表 4-2 常见的工业机器人点动坐标系

坐标系名称	坐标系描述
世界坐标系 $O_wX_wY_wZ_w$	又称绝对坐标系、大地坐标系，它与机器人的运动无关，是以地球为参照系的固定坐标系。世界坐标系的原点 O_w 由用户根据需要确定；$+Z_w$ 轴与重力加速度矢量共线，但其方向相反；$+X_w$ 轴由用户根据需要确定，一般与机座底部电缆进入方向平行；$+Y_w$ 轴按右手定则确定
机座坐标系 $O_bX_bY_bZ_b$	又称基坐标系，它是参照机座安装面所定义的坐标系。机座坐标系的原点 O_b 由机器人制造商规定，一般将机器人本体第 1 根轴的轴线与机座安装面的交点定义为原点；$+Z_b$ 轴的方向垂直于机器人安装面，指向其机械结构方向；$+X_b$ 轴的方向由原点开始指向机器人工作空间中心点在机座安装面上的投影，通常为机座底部电缆进入方向；$+Y_b$ 轴的方向按右手定则确定
机械接口坐标系 $O_mX_mY_mZ_m$	参照机器人本体末端机械接口的坐标系。机械接口坐标系的原点 O_m 是机械接口（法兰）的中心；$+Z_m$ 轴的方向垂直离开机械接口中心，即垂直法兰向外；$+X_m$ 轴的方向由机械接口平面和 Y_bZ_b 平面（或平行于 X_bY_b 平面）的交线来定义，并且 $+X_m$ 平行于 $+Z_b$ 轴（$+X_b$ 轴），同时机器人的主、副关节轴处于运动范围的中间位置，即由法兰中心指向法兰定位孔方向；$+Y_m$ 轴的方向按右手定则确定
工具坐标系 $O_tX_tY_tZ_t$	参照安装在机械接口的末端执行器的坐标系，相对于机械接口坐标系而定义。工具坐标系的原点 O_t 是工具中心点（TCP）；$+Z_t$ 轴的方向与工具相关，通常是工具的指向。用户设置前，工具坐标系与机械接口坐标系的原点和坐标轴方向重合
移动平台坐标系 $O_pX_pY_pZ_p$	移动平台坐标系的原点 O_p 就是移动平台的原点；$+Z_p$ 轴的方向通常指的是移动平台向上的方向；$+X_p$ 轴的方向通常指的是移动平台的前进方向；$+Y_p$ 轴的方向按右手定则确定
工作台坐标系 $O_kX_kY_kZ_k$	参照焊接工作台定义的坐标系，相对于机座坐标系而定义。工作台坐标系的原点 O_k 通常选择在工作台的某一角，如左上角；$+Z_m$ 轴的方向垂直离开工作台面，即垂直工作台面向外；$+X_k$ 轴的方向按右手定则确定；$+Y_k$ 轴的方向一般沿着工作台面的长度或宽度方向，与 $+Y_b$ 轴的指向相同。用户设置前，工作台坐标系与机座坐标系的原点和坐标轴方向完全重合
工件坐标系 $O_jX_jY_jZ_j$	又称用户坐标系，参照某一工件定义的坐标系，相对于机座坐标系而定义。用户设置前，工件坐标系与机座坐标系的原点和坐标轴方向完全重合

1. 关节坐标系

关节坐标系（Joint Coordinate System，JCS）是固接在机器人系统各关节轴线上的一维空间坐标系。它犹如一个空间自由刚体沿 X、Y、Z 轴方向的线性移动和绕 X、Y、Z 轴的转动，受到 5 个刚性约束，仅保留沿某一轴方向的移动（移动关节轴）或绕某一轴的转动（旋转关节轴）。对于关节型机器人而言，它拥有与机器人系统运动轴数相等的关节坐标系，且每个关节坐标系通常是相对前一关节坐标系而定义的。在关节坐标系中，工业机器人系统各运动轴均可实现单轴正向、反向转动（或移动）。虽然各品牌机器人本体运动轴的命名有所不同，但它们的关节运动规律相同，见表 4-3。关节坐标系适用于点动工业机器人较大范围运动或变更系统某一运动轴位置（如奇异点解除调整腕部轴），且运动过程中不需要约束机器人焊枪姿态的场合。

表 4-3　6 轴工业机器人本体轴在关节坐标系中的运动特点

运动类型		轴图标	动作示例	运动类型		轴图标	动作示例
转动	手臂回转		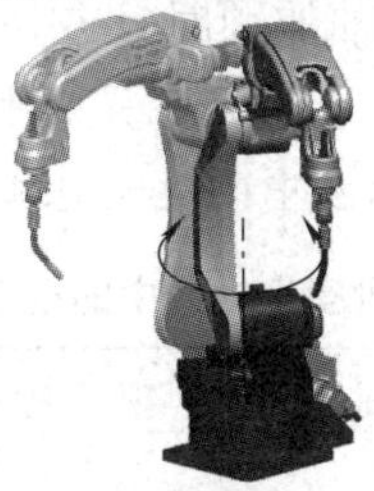	转动	手腕扭转		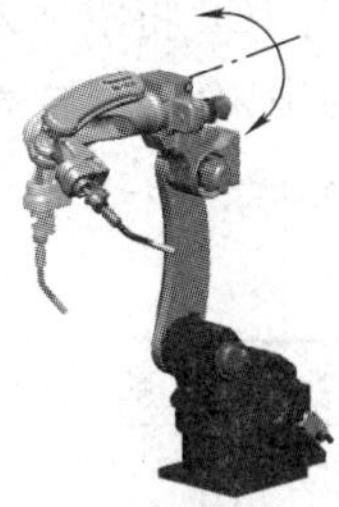
	手臂伸缩		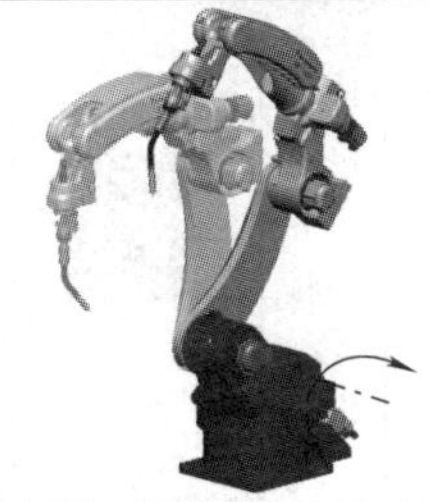		手腕弯曲		
	手臂俯仰		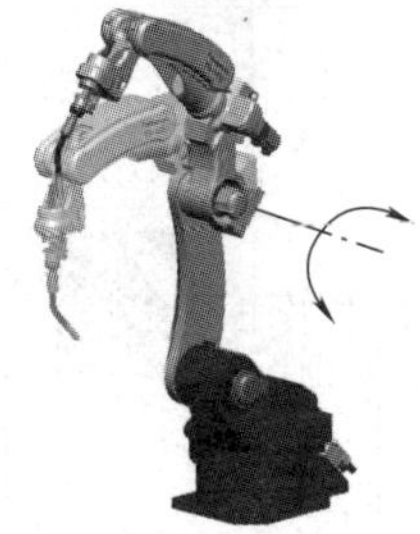		手腕回转		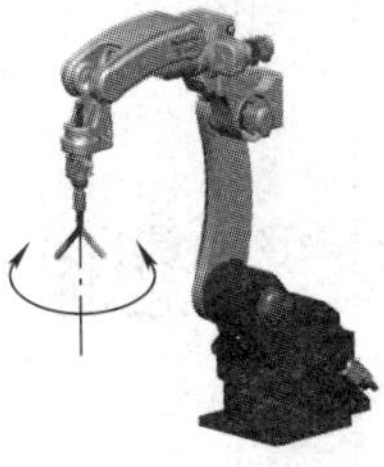

工业机器人系统基座轴和工装轴等附加轴的点动控制只能在关节坐标系中完成。目前主流的工业机器人控制器可以实现几十根运动轴的分组控制，一般每组最多控制 9 根运动轴。当需要点动附加轴时，首先切换至外部附加轴所在的组，然后按轴图标对应的**【动作功能键】**。

2. 工件坐标系

工件坐标系（Object Coordinate System，OCS，图 4-6 中的 7）是编程员根据需要参照作业对象自定义的三维空间正交坐标系，所以又称为用户坐标系。通常工业机器人系统允许工作人员设置5～10套工件坐标系（设置方法详见【拓展阅读】部分），但每次仅能激活其中的一套来点动机器人或记忆TCP位姿。在未定义前，工件坐标系与机座坐标系重合。而且，工件坐标系的原点O_j及坐标轴方向X_j、Y_j、Z_j的设置是相对于机座坐标系的原点O_b和坐标轴方向X_b、Y_b、Z_b的。因此，有必要先阐述点动工业机器人本体轴在机座坐标系中的运动特点。

机座坐标系（Base Coordinate System，BCS，图4-6中的2）是固接在工业机器人机座上的直角坐标系。它的原点定义使得工业机器人的工作空间或动作可达性具有可预测性。绝大多数品牌的工业机器人制造商将机器人本体第1根轴的轴线与机座安装面的交点定义为机座坐标系的原点，仅极少部分的制造商（如日本Fanuc）将机器人本体第1根轴的轴线与第2轴轴线所在水平面的交点定义为原点。在正常配置的工业机器人系统（落地式安装）中，当编程员站在机器人（零位）正前方点动机器人向靠近编程员方向移动时，机器人TCP将沿$\pm X_b$轴方向运动；向自身右侧移动时，机器人TCP将沿$+Y_b$轴方向运动；向上移动时，机器人TCP将沿$+Z_b$轴方向运动；绕X_b、Y_b、Z_b轴的顺时针或逆时针方向转动，可以通过右手定则确定。与关节坐标系中的运动截然不同的是，无论是沿机座坐标系的任一轴移动，还是绕任一轴转动，工业机器人本体轴在机座坐标系中的运动基本为多轴联动，见表4-4。

表4-4　6轴工业机器人本体轴在机座坐标系中的运动特点

运动类型		轴图标	动作示例	运动类型		轴图标	动作示例
移动	沿X轴移动		Z_b X_b O_m Y_b	转动	绕焊枪所指方向转动		Z_b X_b O_m Y_b
	沿Y轴移动		Z_b X_b O_m Y_b		绕Y轴转动		Z_b X_b O_m Y_b
	沿Z轴移动		Z_b X_b O_m Y_b		绕Z轴转动		Z_b X_b O_m Y_b

机座坐标系适用于点动工业机器人在笛卡儿空间移动且机器人末端执行器姿态保持不变，以及绕TCP定点转动的场合。

作为机器人运动学的（延伸）参考对象，设置工件（用户）坐标系的主要目的是为任务编程中快速调整和查阅机器人TCP位姿。虽然一些品牌的工业机器人任务程序中示教点记忆存储的是相对工件（用户）坐标系的TCP位姿，但是实际执行任务程序时机器人系统会根据工件（用户）坐标系相对机座坐标系的空间几何关系，最终自动换算成相对机座坐标系的TCP位姿。与在机座坐标系中的运动规律相似，点动工业机器人本体轴在工件坐标系中的运动基本为多轴联动，且方便通过绕TCP定点转动来调整机器人末端执行器姿态，见表4-5。工件坐标系适用于点动工业机器人沿作业路径（平行）移动或绕路径点定点转动，以及运动轨迹平移、镜像等高级任务编程场合。

表4-5 6轴工业机器人本体轴在工件坐标系中的运动特点

运动类型		轴图标	动作示例	运动类型		轴图标	动作示例
移动	沿X轴移动	 User X	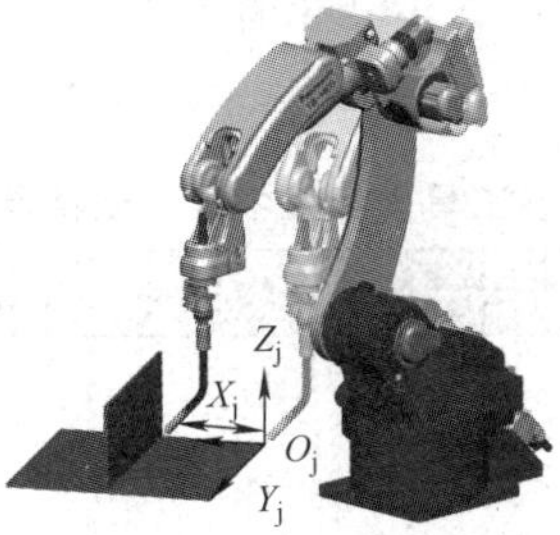	转动	绕X轴转动	 User	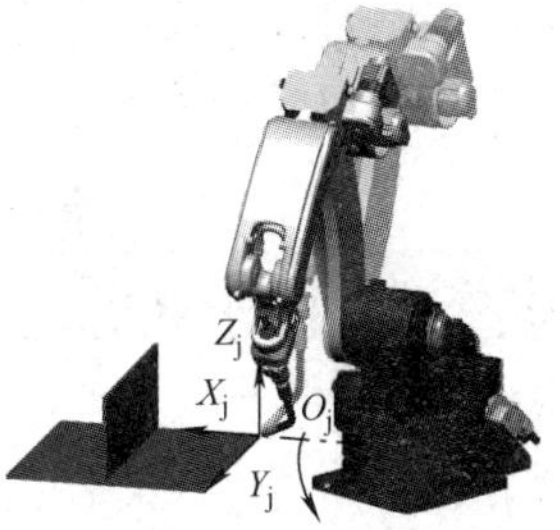
	沿Y轴移动	 User Y	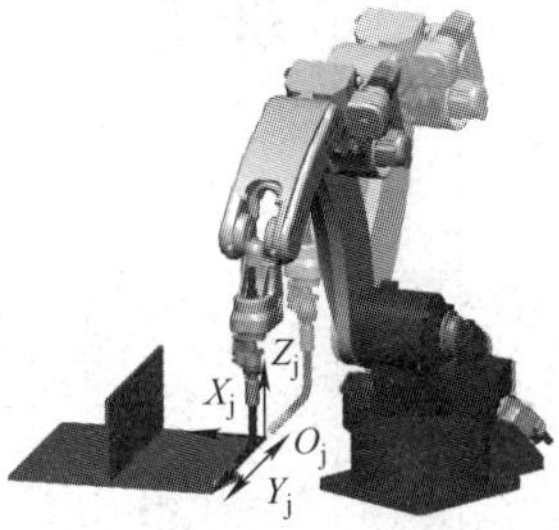		绕Y轴转动	 User Y	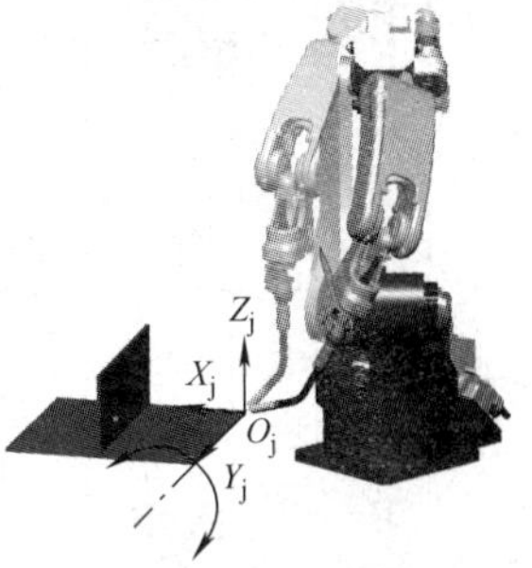
	沿Z轴移动	 User Z	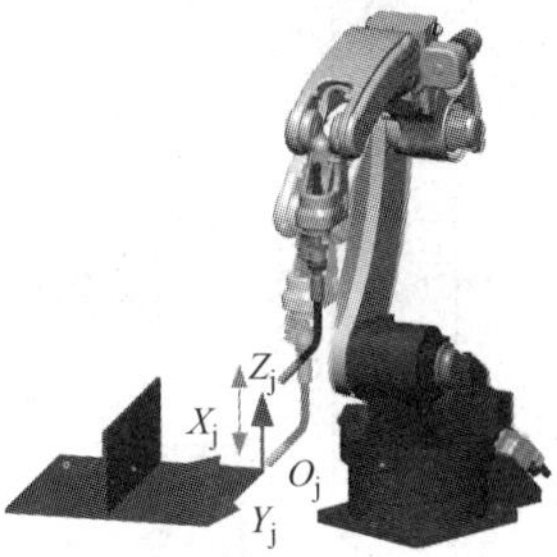		绕Z轴转动	 User Z	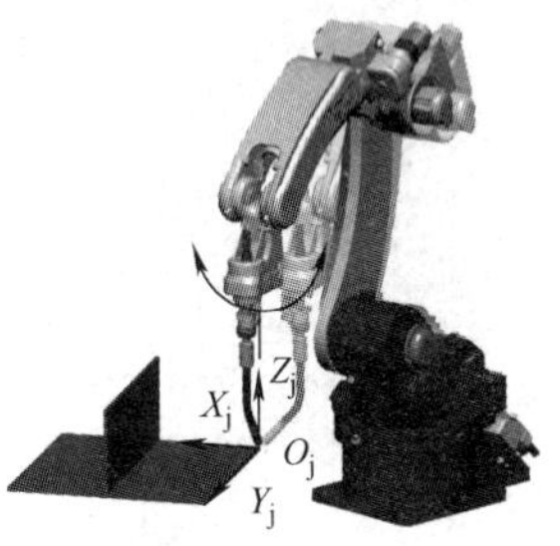

3. 工具坐标系

工具坐标系（Tool Coordinate System，TCS，图4-6中的4）是编程员参照机械接口坐标

系（Mechanical Interface Coordinate System，MICS，图4-6中的3）而定义的三维空间正交坐标系。通常机器人系统允许工作人员设置5～10套工具坐标系，每套末端执行器对应一套工具坐标系，每次仅能使用其中的一套来点动机器人或记忆TCP位姿。在未定义前，工具坐标系与机械接口坐标系重合。而且，工具坐标系的原点 O_t（即TCP）及坐标轴方向 X_t、Y_t、Z_t 的设置是相对于机械接口坐标系的原点 O_m 和坐标轴方向 X_m、Y_m、Z_m 的。

作为机器人运动学的研究对象，设置工具坐标系的主要目的是为任务编程中快速调整、查阅机器人TCP位姿，并准确记忆机器人TCP的运动轨迹。根据运动过程中TCP移动与否，机器人工具坐标系可以划分为移动工具坐标系和静止工具坐标系两种。顾名思义，移动工具坐标系在机器人执行任务过程中会跟随机器人末端执行器一起运动，如机器人弧焊作业时TCP设置在焊丝端部；静止工具坐标系是参照静止工具而不是运动的机器人末端执行器，如机器人搬运工件至点焊钳固定工位进行施焊作业，此时机器人TCP宜设置在点焊钳静臂的前端。同为直角坐标系，工业机器人本体轴在工具坐标系中的运动基本仍为多轴联动，且能**够实现绕TCP定点转动。不过，与机座坐标系不同的是，工具坐标系的原点及坐标轴方向在机器人执行任务过程中通常是变化的，**见表4-6。**工具坐标系适用于点动工业机器人沿工具所指方向移动或绕TCP定点转动，以及工具横向摆动、运动轨迹平移等场合。**

表4-6　6轴工业机器人本体轴在工具坐标系中的运动特点

运动类型		轴图标	动作示例	运动类型		轴图标	动作示例
移动	沿 X 轴移动			转动	绕 X 轴转动		
	沿 Y 轴移动				绕 Y 轴转动		
	沿 Z 轴移动				绕 Z 轴转动		

4.1.3 工业机器人的点动方式

在手动模式（T1 和 T2 模式）下，编程员需要经常手动控制机器人以时断时续的方式运动，即“点动”工业机器人。“点”指的是按【**动作功能键**】，“动”指的是机器人运动，“点动”指的是“一点一动、不点不动”，意在强调使用者手动控制工业机器人系统运动轴或 TCP 的运动（方向和速度）。一般来讲，点动工业机器人有增量点动和连续点动两种操控方式。

1. 增量点动机器人

编程员每点按或微动【**动作功能键**】（选中某一运动轴）一次，机器人系统被选中的运动轴（或 TCP）将以设定好的速度转动固定的角度（步进角）或步进一小段距离（步进位移量）。到达位置后，机器人系统运动轴停止运动。当编程员松开并再次点按或微动【**动作功能键**】时，机器人将以同样的方式重复运动。增量点动机器人适用于手动操作和任务编程时离目标（指令）位姿接近的场合，主要是对机器人末端执行器（或工件）的空间位姿进行精细调整。Panasonic 机器人的增量点动是向上/下微动【**拨动按钮**】来操控机器人运动，【**拨动按钮**】每转一格，机器人 TCP 微动一段距离，如图 4-7 所示。同时，机器人示教盒界面窗口右上角同步显示所选关节运动轴或所沿（绕）直角坐标系轴，以及 TCP 的线性位移量。编程员可以通过按【**右切换键**】在高、中、低三档之间循环切换步进角或步进位移量。

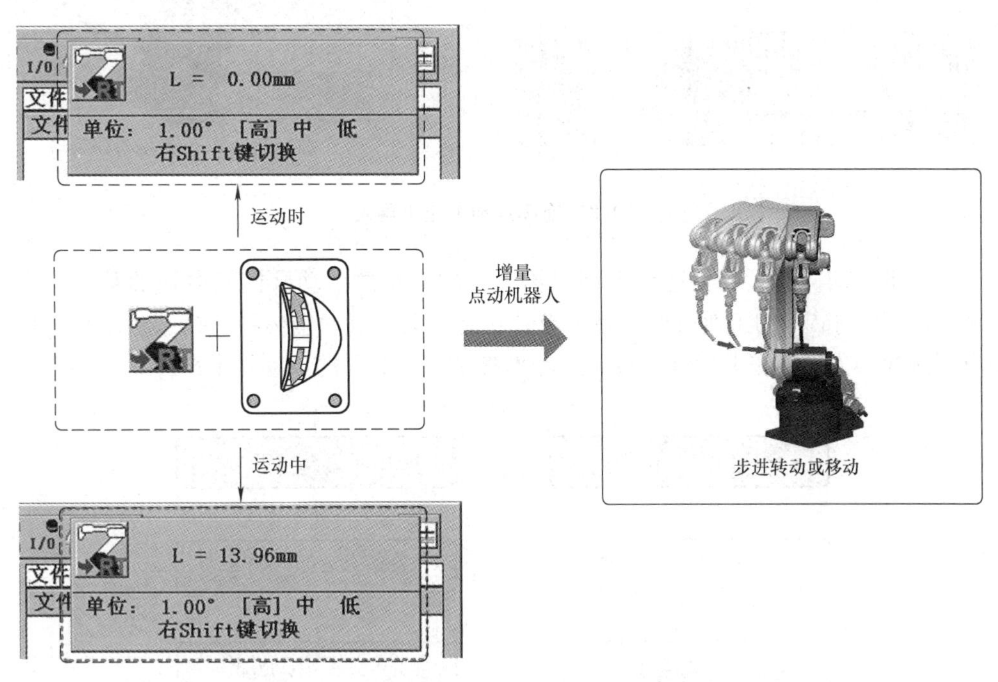

图 4-7 增量点动工业机器人

2. 连续点动机器人

编程员持续按住【**动作功能键**】（选中某一运动轴），机器人系统被选中的运动轴（或 TCP）将以设定好的速度连续转动或移动。一旦编程员松开按键，机器人立即停止运动。连

续点动机器人适用于手动操作和任务编程时离目标（指令）位姿较远的场合，主要是对机器人焊枪（或工件）的空间位姿进行快速粗调整。Panasonic 机器人的连续点动是向上/下拖动【**拨动按钮**】或点按【**+/-键**】来操控机器人运动。按住【**动作功能键**】的同时，持续拖动【**拨动按钮**】或按【**+/-键**】，机器人 TCP 移动一段距离，如图 4-8 所示。与增量点动机器人类似，机器人示教盒界面窗口右上角同步显示所选关节运动轴或所沿（绕）直角坐标系轴，以及 TCP 的线性位移量。通过拖动【**拨动按钮**】连续点动工业机器人时，系统会根据【**拨动按钮**】的转动量，实时调整机器人关节轴（或 TCP）的运动速度。

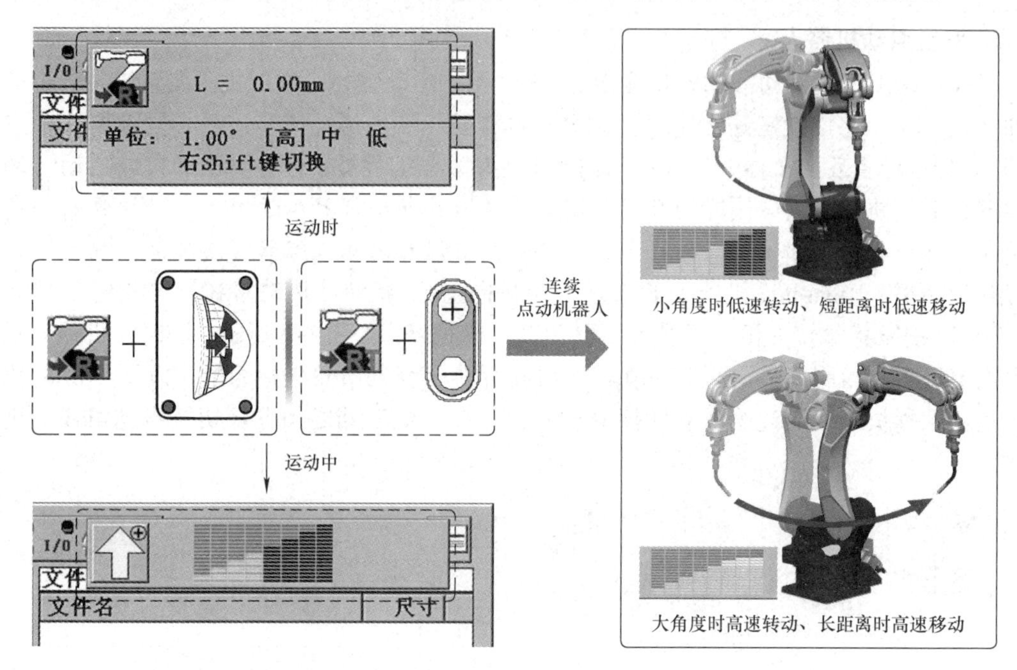

图 4-8　连续点动工业机器人

无论增量点动机器人还是连续点动机器人，均应遵循手动操控机器人的基本流程，如图 4-9所示。不同品牌的工业机器人在示教盒功能启动、点动坐标系切换、运动轴选择及其伺服电源接通等方面存在差异性。Panasonic GⅢ系列机器人的点动基本条件见表 4-7。

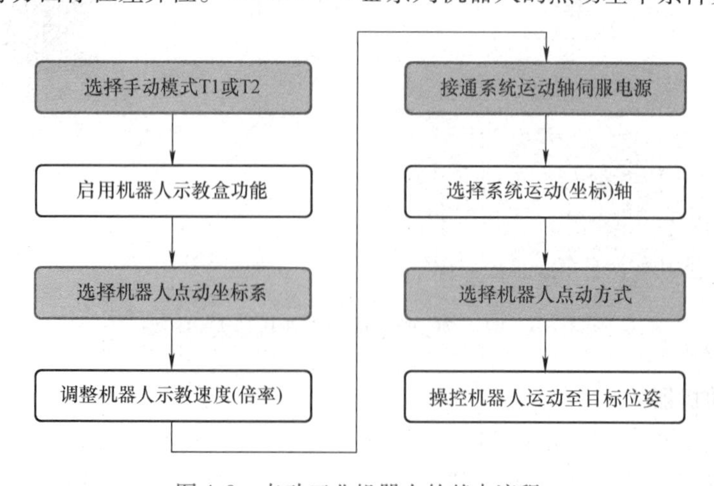

图 4-9　点动工业机器人的基本流程

表 4-7　Panasonic 机器人的点动基本条件

流程	操控方法
选择手动模式	拨动机器人示教盒上的【模式旋钮】对准“TEACH”位置
选择点动坐标系	① 按【动作功能键Ⅷ】，（灯灭）→（灯亮），激活机器人动作功能 ② 按住【右切换键】的同时，按【动作功能键Ⅳ】，或者移动光标单击辅助菜单【点动坐标系】，切换机器人点动坐标系，默认顺序为【关节坐标系】→【机座（直角）坐标系】→【工具坐标系】→【圆柱坐标系】→【工件（用户）坐标系】 ③ 松开【右切换键】，动作功能键图标区的右列将显示所选坐标系的主关节轴（或移动轴），左列显示所选坐标系的副关节轴（或转动轴）
设置机器人示教速度	① 增量点动机器人步进角及步进位移量的设置方法：主菜单【设置】→【机器人】→【微动 Jog】，在弹出窗口内修改参数 ② 连续点动机器人运动速度的设置方法：辅助菜单【扩展选项】→【示教设置】，在弹出窗口内修改参数
接通伺服电源	轻握【安全开关】至【伺服接通按钮】指示灯闪烁，此时点按【伺服接通按钮】一次，指示灯亮，机器人运动轴伺服电源接通
选择系统运动（坐标）轴	根据动作需要，持续按住某一运动（坐标）轴图标对应的【动作功能键】，选择相应的运动（坐标）轴
操控机器人运动	① 增量点动机器人：在持续按住某一运动（坐标）轴图标对应的【动作功能键】的同时，向上微动【拨动按钮】，机器人按照选择的步进角或步进位移量沿（绕）坐标轴正方向微动；向下微动【拨动按钮】，机器人按照选择的步进角或步进位移量沿（绕）坐标轴负方向微动 ② 连续点动机器人：在持续按住某一运动（坐标）轴图标对应的【动作功能键】的同时，向上拖动【拨动按钮】或按【＋键】，机器人按照选择的示教速度沿（绕）坐标轴正方向运动；向下拖动【拨动按钮】或按【－键】，机器人按照选择的示教速度沿（绕）坐标轴负方向运动

4.1.4　工具坐标系的设置方法

1. 设置缘由

工业机器人通过在其手腕末端（法兰盘）安装不同类型的末端执行器来执行多样化任务。因此标定工业机器人的末端执行器的 TCP（工具中心点）就成为了机器人执行任务和路径精确规划的关键。下面通过表 4-8 中描述的三个场景，阐明工业机器人工具坐标系的标定理由。

表 4-8　机器人工具坐标系的设置缘由

场景	场景描述	场景示例	
		设置前	设置后
任务示教	在机器人任务示教过程中，当工具坐标系尚未设置或参数丢失而尚未正确设置时，机器人末端执行器的作业姿态调整无法通过绕 TCP 定点转动快捷实现		

（续）

场景	场景描述	场景示例	
		设置前	设置后
程序测试	当机器人执行任务程序时，若遇到末端执行器更换而工具坐标系参数不变，以及工具坐标系参数未正确设置等情况，此时极易发生机器人末端执行器与工件碰撞、动作不可达等现象而导致停机	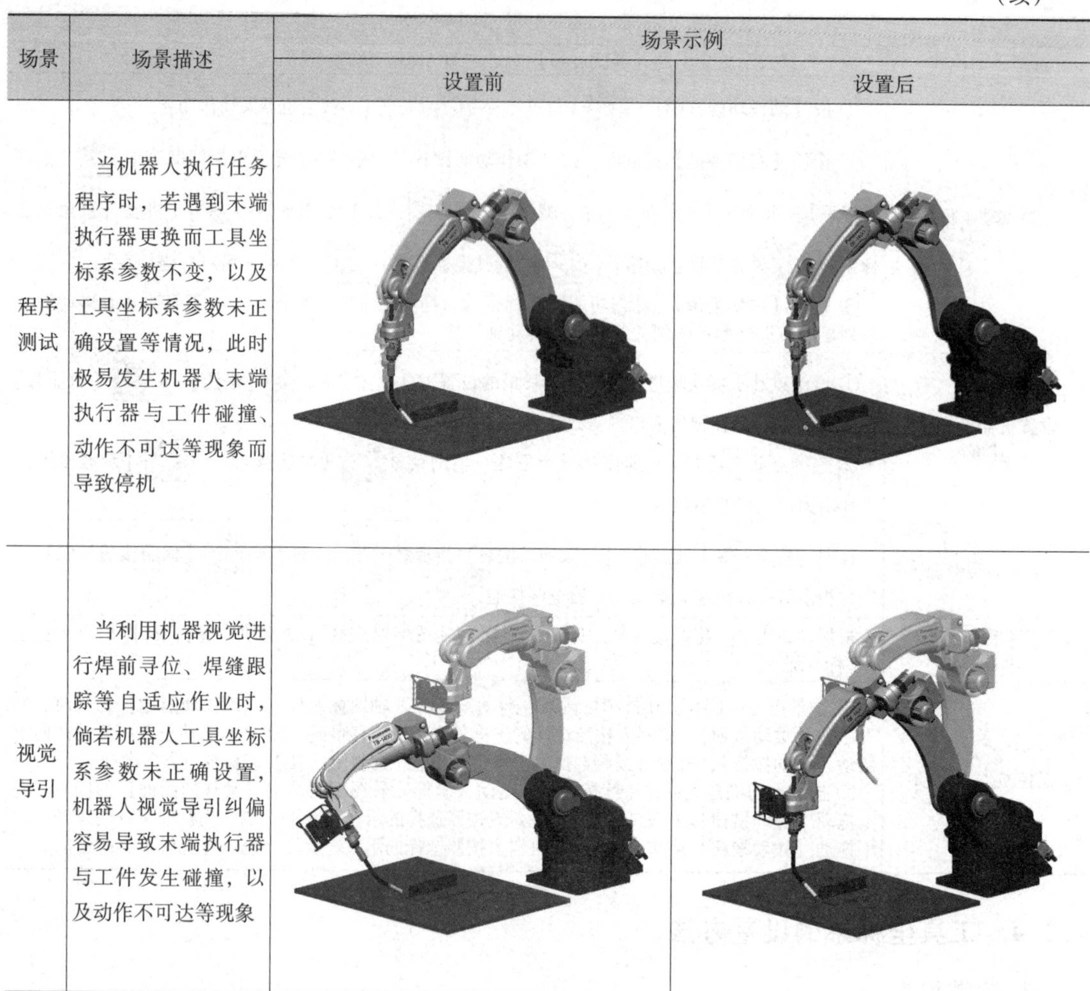	
视觉导引	当利用机器视觉进行焊前寻位、焊缝跟踪等自适应作业时，倘若机器人工具坐标系参数未正确设置，机器人视觉导引纠偏容易导致末端执行器与工件发生碰撞，以及动作不可达等现象		

2. 设置方法

出于制造工艺需求，机器人运动轨迹示教过程中往往需要末端执行器姿态调整和横向摆动，所以精准的工具执行点（工具坐标系的原点或 TCP）和坐标轴方向是基本保证。换言之，机器人工具坐标系的设置既要求定义坐标系的原点（TCP），又要求定义坐标轴的方向。目前，常用的工业机器人工具坐标系的设置方法包括六点（接触）法和直接输入法两种。

采用六点（接触）法设置工具坐标系时，基本原则是点动机器人以若干不同的手臂（腕）姿态指向并接触同一外部（尖端）参照点。不过，不同品牌的工业机器人设置过程略有差异。以 Panasonic 机器人为例，编程员需要分别操控机器人在工具 $X-Z$ 平面（绕 Y 轴）、工具 $X-Y$ 平面（绕 Z 轴）以 3 种不同的手臂（腕）姿态指向并接触同一外部尖端点（如销针），机器人控制器可以自动计算出新的工具坐标系的原点（TCP）和坐标轴方向，如图 4-10 所示。

除六点（接触）法外，针对相同机型、相同配置的工业机器人系统批量调试，以及使用者已准确掌握机器人末端执行器（焊枪）的几何尺寸等场合，可以采用直接输入法设置工具坐标系的相关参数。

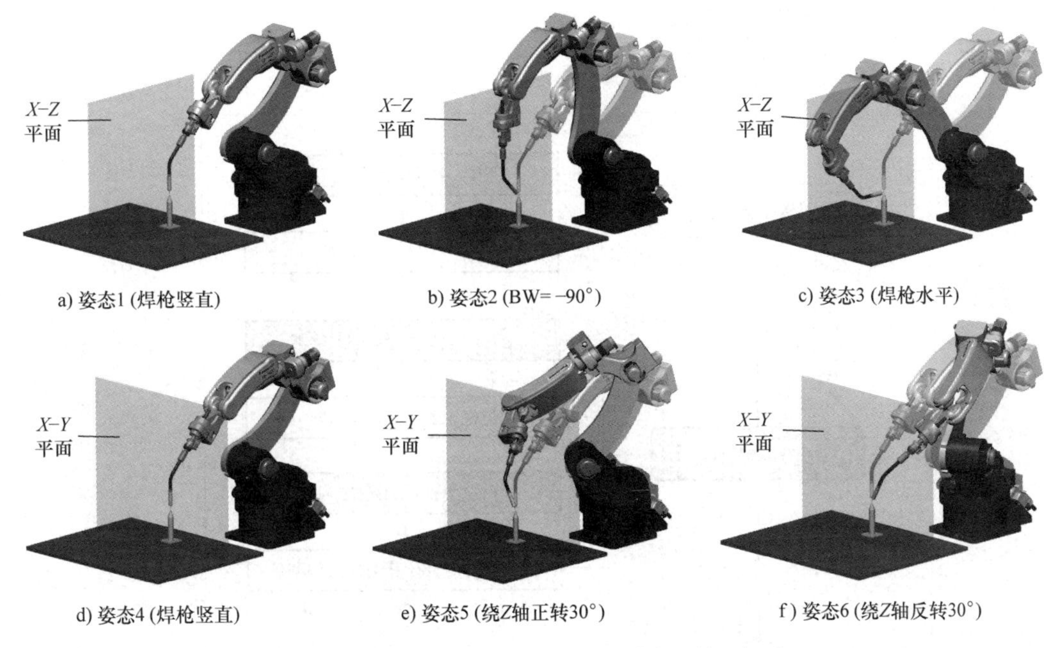

图 4-10　六点（接触）法设置机器人工具坐标系

- 采用六点（接触）法设置焊接机器人工具坐标系时，应保证焊丝干伸长度与执行焊接作业时的焊丝干伸长度一致。
- 在实际设置机器人工具坐标系过程中，综合利用六点（接触）法和直接输入法可以获得良好的坐标系（或 TCP）设置精度。
- 新设置的工具坐标系可以通过定向移动和绕外部（尖端）参照点转动检验其精度。一般来说，若定点转动过程中焊丝端头与参照点的距离偏差未超过焊丝直径，则说明坐标系的设置精度满足机器人弧焊应用。

【任务分析】

完整的机器人工具坐标系设置过程包括坐标系参数计算（或输入）、坐标系编号选择和坐标系精度检验三个步骤。此任务的要求是采用六点（接触）法设置 Panasonic 焊接机器人的工具坐标系，具体流程如图 4-11 所示。其中，工具坐标系参数计算是通过记忆同一外部（尖端）参照点的 6 种不同手臂（腕）姿态，含工具 $X-Z$ 平面内 3 种姿态和工具 $X-Y$ 平面内 3 种姿态。

【任务实施】

1. 设置前的准备

开始设置机器人工具坐标系前，请做如下准备。

① 准备一个外部尖端点。将尖端点（如销针）放置在机器人工作空间的可达位置。

② 检查机器人各关节运动轴的零点是否正确。若发现零点不准，请参照 Panasonic 机器

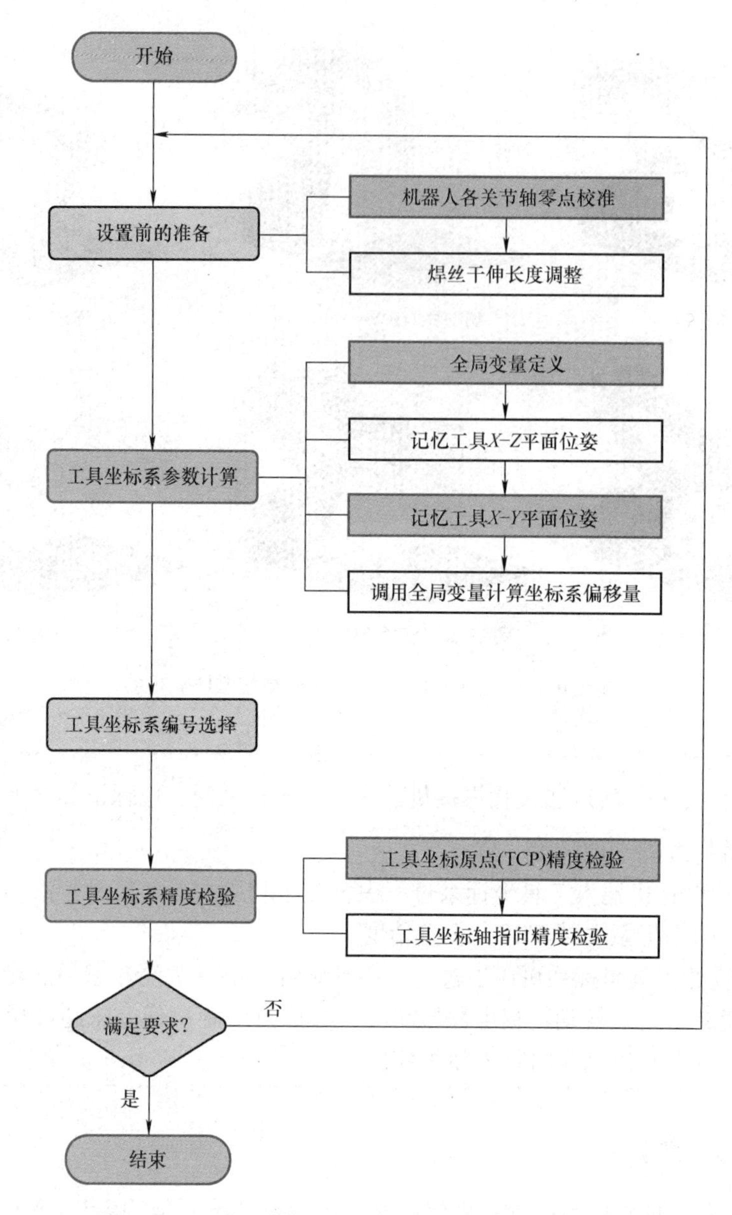

图 4-11　六点（接触）法设置工业机器人工具坐标系

人电池更换及零点校准方法予以调整。

③ 机器人原点确认。执行机器人控制器内存储的原点程序，让机器人返回原点（如 BW = −90°、RT = UA = FA = RW = TW = 0°）。

④ 焊丝干伸长度调整。根据任务（工艺）需求，合理调整焊丝干伸长度，如焊丝直径的 10 ~ 15 倍。

2. 工具坐标参数计算

点动机器人以 6 种不同手臂（腕）姿态指向并接触同一外部尖端点，并用全局变量记忆位姿数据，然后调用全局变量计算新的工具坐标原点及轴指向。

（1）进入全局变量定义界面

打开全局变量定义文件，步骤如下：

① 在“TEACH”模式下，依次单击主菜单【编辑】→【选项】，在弹出界面中选择“TCP调整用变量”。

② 点按【确认键】，选择工具（坐标系）编号，再次点按【确认键】，进入机器人位置记忆（全局变量定义）界面，如图4-12所示。

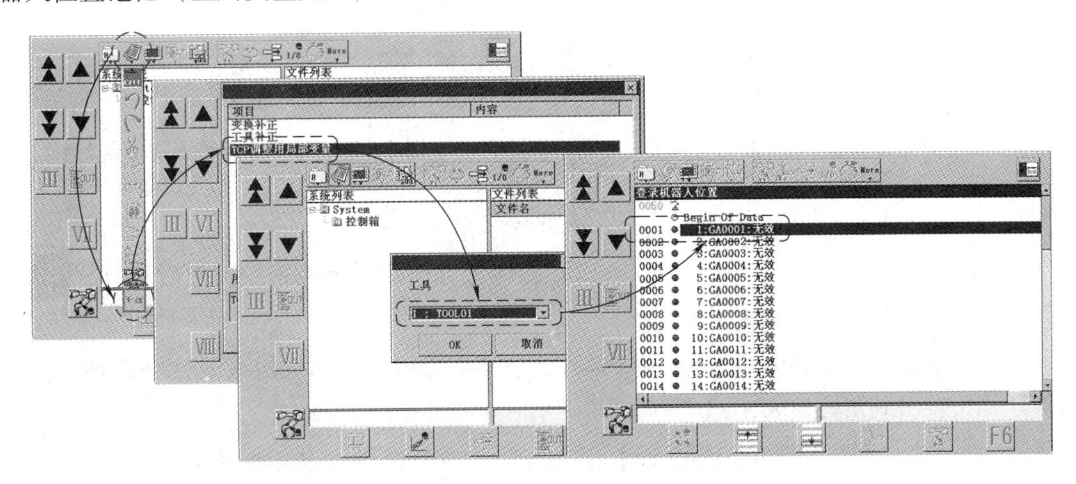

图4-12 机器人位置记忆（全局变量定义）界面

（2）记忆工具 $X-Z$ 平面定义变量

1）记忆工具 $X-Z$ 平面定义点1，步骤如下：

① 调枪姿。在全局变量定义界面中，点按【动作功能键Ⅷ】，（灯灭）→（灯亮），激活机器人动作功能，然后点按【用户功能键F4】，切换机器人点动坐标系为【工具坐标系】，绕转动，调整机器人焊枪喷嘴的指向竖直向下。

② 点对点。在工具坐标系中，保持焊枪姿态不变，点动机器人沿、、方向线性贴近销针，直至焊丝端头接触到销针顶尖（图4-10a）。

③ 记位姿。点按【确认键】，记忆当前点为工具 $X-Z$ 平面定义点1，输入自定义变量名称（如TCP01），变量定义界面显示“1：TCP01：有效”，如图4-13所示。

2）记忆工具 $X-Z$ 平面定义点2，步骤如下：

① 调枪姿。在工具坐标系中，点动机器人沿方向线性远离销针，然后绕正转，直至TW轴的回转中心线与销针指向平行（BW = −90°）。

② 点对点。在工具坐标系中，保持焊枪姿态不变，再次点动机器人线性贴近销针，直至焊丝端头接触到销针顶尖（图4-10b）。

③ 记位姿。点按【用户功能键F3】下移光标一行，选择未定义变量，然后按【确认键】，记忆当前点为工具 $X-Z$ 平面定义点2，输入自定义变量名称（如TCP02），变量定义画面显示“2：TCP02：有效”，如图4-14所示。

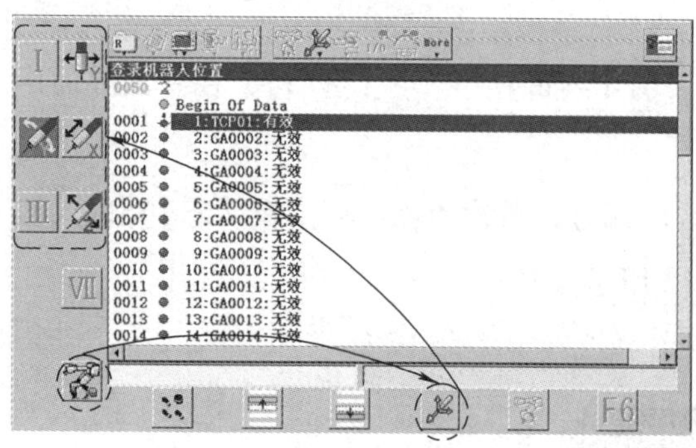

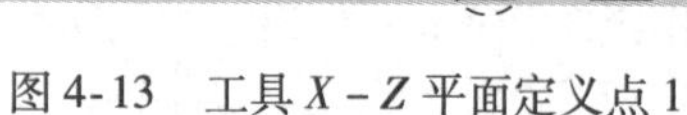
图 4-13　工具 $X-Z$ 平面定义点 1

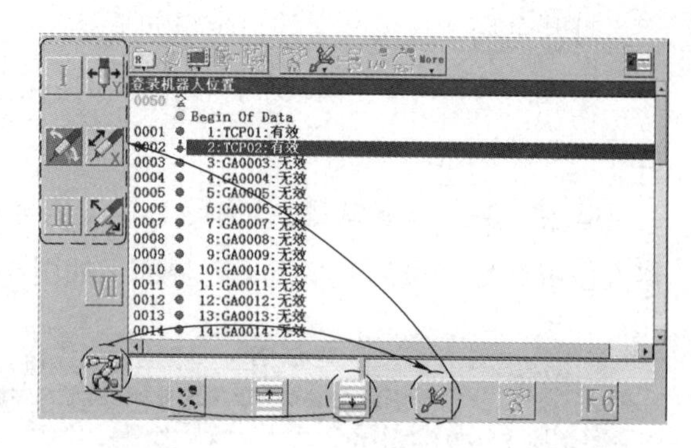

图 4-14　工具 $X-Z$ 平面定义点 2

3）记忆工具 $X-Z$ 平面定义点 3，步骤如下：

① 调枪姿。在工具坐标系中，点动机器人沿方向线性远离销针，然后继续绕正转，调整机器人焊枪喷嘴至水平指向。

② 点对点。在工具坐标系中，保持焊枪姿态不变，再次点动机器人线性贴近销针，直至焊丝端头接触到销针顶尖（图 4-10c）。

③ 记位姿。点按**【用户功能键 F3】**下移光标一行，选择未定义变量，然后按**【确认键】**，记忆当前点为工具 $X-Z$ 平面定义点 3，输入自定义变量名称（如 TCP03），变量定义界面显示“3：TCP03：有效”，如图 4-15 所示。

（3）记忆工具 $X-Y$ 平面定义变量

1）记忆工具 $X-Y$ 平面定义点 1，步骤如下：

① 调枪姿、点对点。与工具 $X-Z$ 平面定义点 1 的姿态要求相同，机器人焊枪喷嘴的指向竖直向下。可以通过点按**【用户功能键 F2】**上移光标至“1：TCP01：有效”所在行，然后按**【用户功能键 F1】**激活机器人测试（跟踪）功能，快速调整机器人焊枪姿态并移动焊丝端头与销针顶尖接触（图 4-10d）。

② 记位姿。点按**【用户功能键 F3】**下移光标，选择未定义变量，然后按**【确认键】**，记忆当前点为工具 $X-Y$ 平面定义点 1，输入自定义变量名称（如 TCP04），变量定义界面显示“4：TCP04：有效”，如图 4-16 所示。

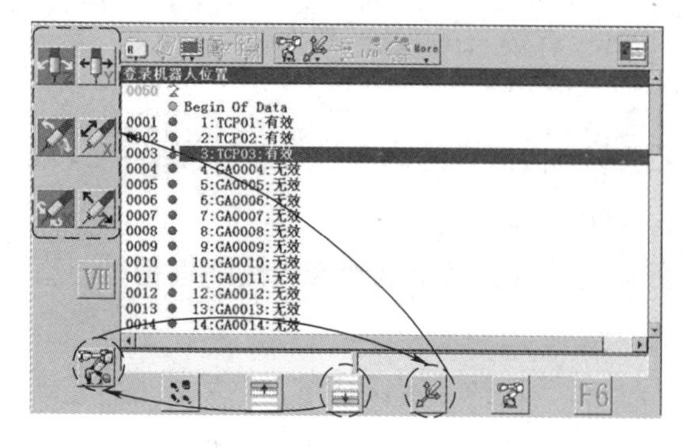

图 4-15　工具 $X-Z$ 平面定义点 3

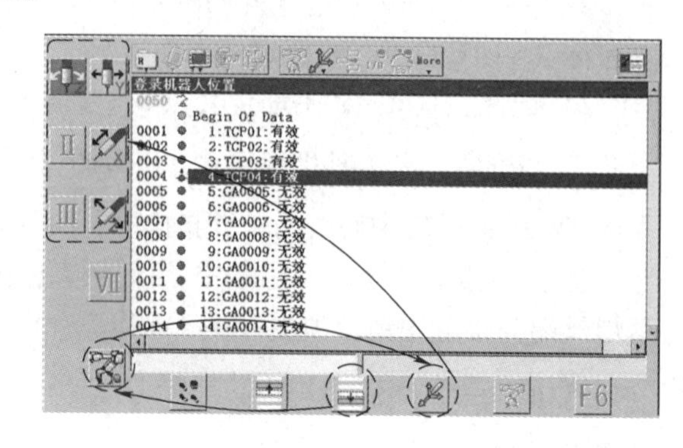

图 4-16　工具 $X-Y$ 平面定义点 1

2）记忆工具 $X-Y$ 平面定义点 2，步骤如下：

① 调枪姿。在工具坐标系中，点动机器人沿方向线性远离销针，然后绕正转 30°。

② 点对点。在工具坐标系中，保持焊枪姿态不变，点动机器人线性贴近销针，直至焊丝端头接触到销针顶尖（图 4-10e）。

③ 记位姿。点按**【用户功能键 F3】**下移光标一行，选择未定义变量，然后按**【确认键】**，记忆当前点为工具 $X-Y$ 平面定义点 2，输入自定义变量名称（如 TCP05），变量定义界面显示“5：TCP05：有效”，如图 4-17 所示。

3）记忆工具 $X-Y$ 平面定义点 3，步骤如下：

① 调枪姿。在工具坐标系中，点动机器人沿方向线性远离销针，然后通过机器人测试（跟踪）功能，快速将机器人移至“4：TCP04：有效”记忆的位置，接着绕反转 30°。

② 点对点。在工具坐标系中，保持焊枪姿态不变，再次点动机器人线性贴近销针，直至焊丝端头接触到销针顶尖（图 4-10f）。

③ 记位姿。点按**【用户功能键 F3】**下移光标一行，选择未定义变量，然后按**【确认键】**，记忆当前点为工具 $X-Y$ 平面定义点 3，输入自定义变量名称（如 TCP06），变量定义画面显示“6：TCP06：有效”，如图 4-18 所示。

④ 待 6 个变量定义结束后，点按**【窗口键】**，移动光标至菜单栏，依次单击主菜单**【文件】**→**【关闭】**，保存机器人位姿记忆（全局变量定义）。

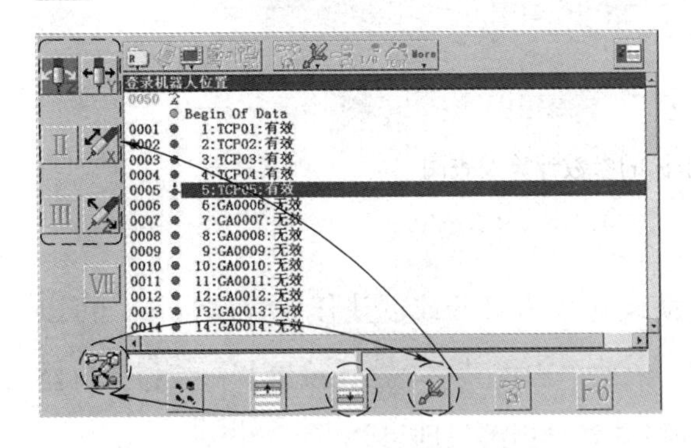

图 4-17　工具 $X-Y$ 平面定义点 2

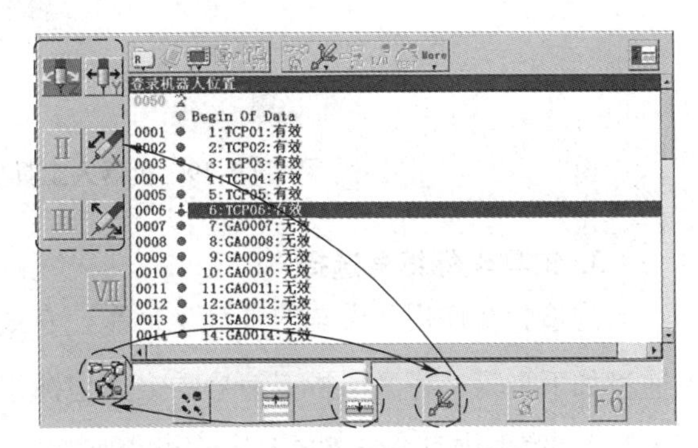

图 4-18　工具 $X-Y$ 平面定义点 3

（4）计算工件坐标参数

调用上述定义的 6 个全局变量自动计算工件坐标的原点及轴指向，步骤如下：

① 依次单击主菜单**【设置】**→**【机器人】**，选择“TCP 调整”，弹出工具坐标系计算详情界面。

② 在弹出界面中，通过**【浏览】**键选择已定义的 6 个全局变量，单击**【计算】**按钮，系统自动计算工件坐标相对机械接口坐标的原点及轴指向偏移（转）量，然后按**【确认**

键】，将偏移（转）量数据保存至工具文件中。

③ 待计算完毕，依次单击主菜单【设置】→【机器人】，再单击【工具】→【工具】，即可查阅新设置的工具坐标偏移（转）量，如图4-19所示。

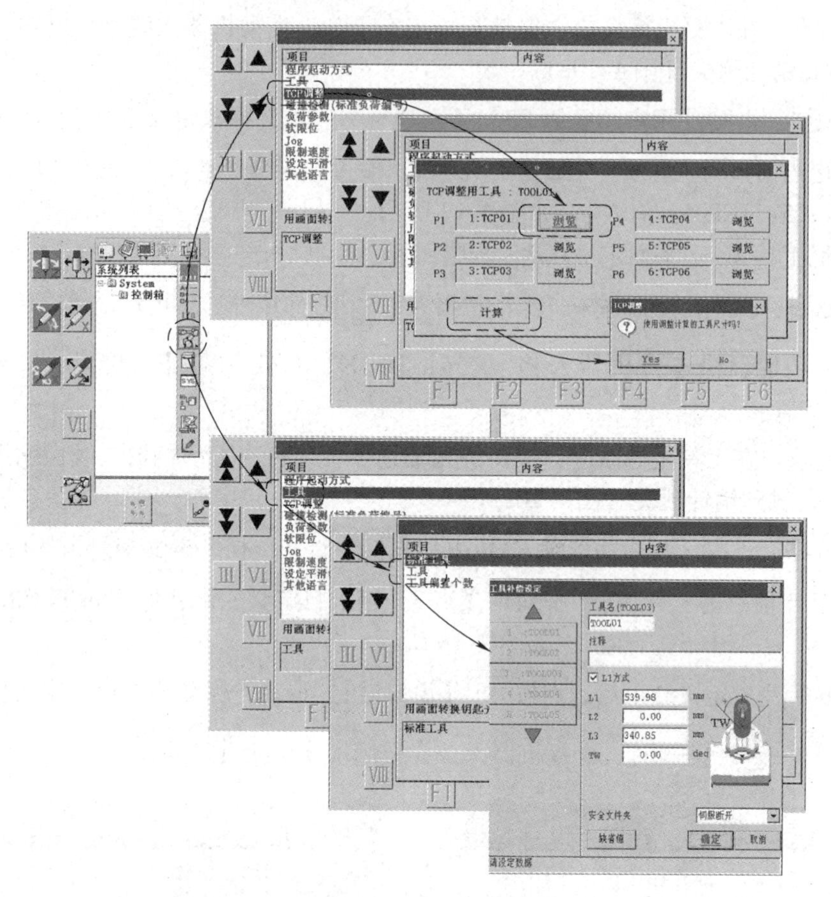

图4-19　机器人工具坐标的参数计算及查阅

3. 工具坐标编号选择

为检验及使用新设置的工具坐标系，在手动模式（未打开或创建任务程序）下，可以通过如下步骤选择激活指定编号的工具坐标系：依次单击主菜单【设置】→【机器人】，再单击工具→标准工具，在弹出画面中选择工具坐标编号即可。

4. 工具坐标精度检验

从工具坐标系的原点（TCP）和坐标轴的指向两个方面分别检验坐标系的设置精度，步骤如下：

① 在满足点动机器人基本条件的前提下，依次单击辅助菜单【点动坐标系】→【工具坐标系】，切换机器人点动坐标系为工具坐标系。

② 在工具坐标系中，仍以销针顶尖为基准点，调整焊枪喷嘴竖直向下，然后依次点动机器人沿、、方向线性贴近或远离销针，观察工具坐标轴指向的准确性，如

图4-20所示。同时，绕、、定点转动，观察焊丝端头与基准点的偏离情况，如果偏差在焊丝直径以内，表明工具坐标系的设置精度满足弧焊工艺需求。

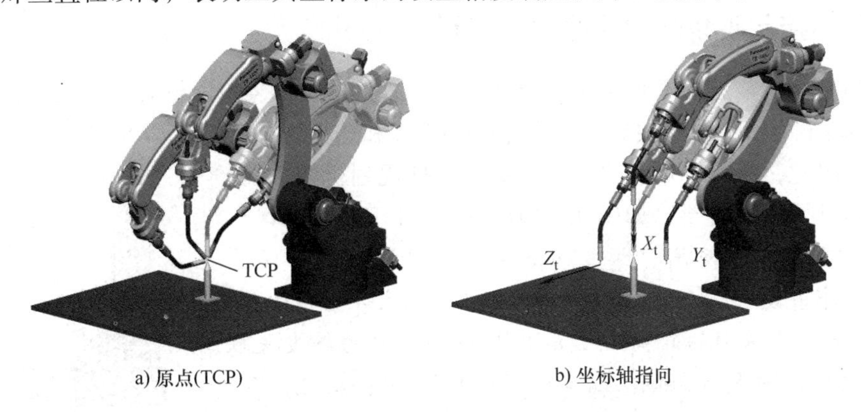

图4-20　机器人工具坐标系的精度检验

任务4.2　点动机器人沿板－板T形接头角焊缝运动

【任务提出】

板－板T形接头机器人平角焊任务编程视频

一焊件端面与另一焊件表面构成直角或近似直角的接头，称为T形接头。T形接头是建筑、桥梁、船舶等钢结构焊接制造最为常见的接头形式之一。根据焊缝所处位置或承受载荷大小，T形接头包括I形坡口角焊缝（非承载焊缝）和单边V形、J形、K形、双J形对接焊缝（承载焊缝）两种。

此任务要求在任务4.1所设置的工具坐标系和默认的工件坐标系中点动Panasonic焊接机器人，模仿T形接头角焊缝（见图4-21，I形坡口，对称焊接）线状焊道运动轨迹示教时的机器人TCP位姿调整，深化对工业机器人系统运动轴及其在关节、工件、工具等常见机器人点动坐标系中的运动特点的理解，熟悉点动工业机器人的必要条件。

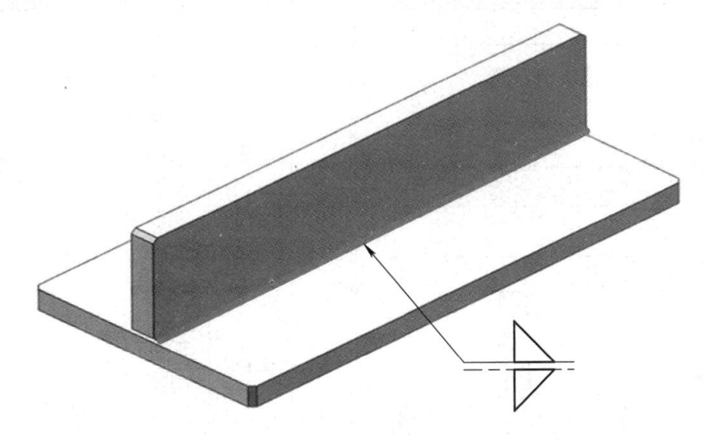

图4-21　T形接头角焊缝平角焊接头示意

【知识准备】

4.2.1 T形接头平角焊的焊枪姿态规划

钢结构制作中常见的T形接头坡口形式和焊缝形式见表4-9。与对接接头相比，构成T形接头的两工件成90°左右的夹角，降低熔敷金属和熔渣的流动性，焊后容易产生咬边、气孔等缺陷。因此，为获得理想的焊接接头，合理规划机器人焊枪的空间指向显得尤为重要，如图4-22所示。对于（I形坡口）T形角焊缝而言，当焊脚S_1、$S_2 \leqslant 7$mm时，通常采用单层（道）焊，焊枪行进角$\alpha = 65° \sim 80°$、工作角$\beta = 45°$，且焊枪指向位置（焊丝端头与接头根部的距离L_1、L_2）与待焊工件的厚度关联。若板厚$T_1 \leqslant T_2$，则$L_1 = 0$mm、$L_2 = (1.0 \sim 1.5)\phi$；反之，$T_1 > T_2$，则$L_1 = (1.0 \sim 1.5)\phi$、$L_2 = 0$mm。式中，ϕ为焊丝直径，单位为mm；当焊脚S_1、$S_2 > 7$mm时，则需要横向摆动焊枪或多层多道焊工艺，此部分内容详见第7章。

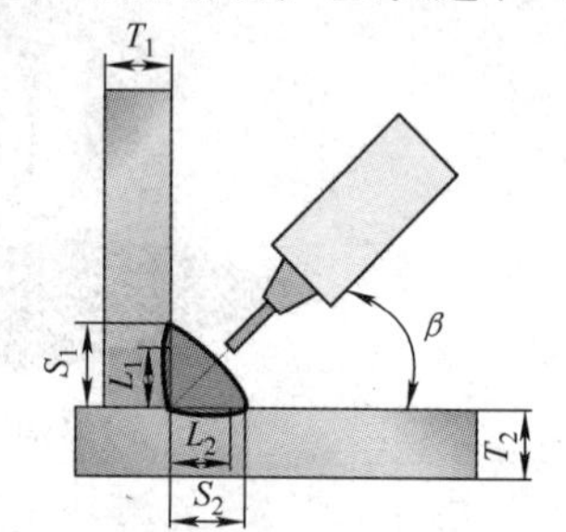

图4-22　T形角焊缝平角焊姿态示意

表4-9　常见的T形接头坡口形式和焊缝形式

序号	坡口形式	焊缝形式	接头示例	序号	坡口形式	焊缝形式	接头示例
1	I形	角焊缝		5	K形	对接焊缝	
2	单边V形	对接焊缝		6	K形（带钝边）	对接焊缝	
3	单边V形	对接焊缝		7	K形	对接和角接的组合焊缝	
4	J形（带钝边）	对接焊缝		8	双J形	对接焊缝	

当采用多层多道焊接（I形坡口）T形接头时，通常焊枪行进角保持 $\alpha=65°\sim80°$，工作角视焊道（层）而实时调整。例如，焊脚 S_1、$S_2=10\sim12\text{mm}$，一般采用两层三道焊，焊接第一道焊缝时，工作角 $\beta=45°$；焊接第二道焊缝时，应覆盖不小于第一道焊缝的2/3，焊枪工作角稍大些，$\beta=45°\sim55°$；焊接第三道焊缝时，应覆盖第二道焊缝的1/3～1/2，焊枪工作角 $\beta=40°\sim45°$，角度太大，易产生焊脚下偏现象。

4.2.2 机器人焊枪姿态显示

作为一名高水平的工业机器人编程员，应具备以下三方面能力：一是能够根据接头及坡口形式，合理选择机器人焊枪型号并设置相应的工具坐标系；二是能够根据焊接质量要求，合理规划机器人焊枪姿态；三是能够及时查阅机器人焊枪（或TCP）的当前位姿，精确点动机器人至规划位姿。在示教、保养和维修机器人过程中，经常需要了解机器人各关节运动轴及末端工具（或TCP）的位姿，此时可以通过系统状态监视功能实时查阅机器人的运动状态。图4-23所示为以关节和直角形式显示Panasonic机器人各关节运动轴、末端工具（或TCP）位姿的界面。依次单击主菜单【视图】→【状态显示】→【位置信息】→AGL【关节】或XYZ【直角】，即可弹出相应的位姿信息显示界面。

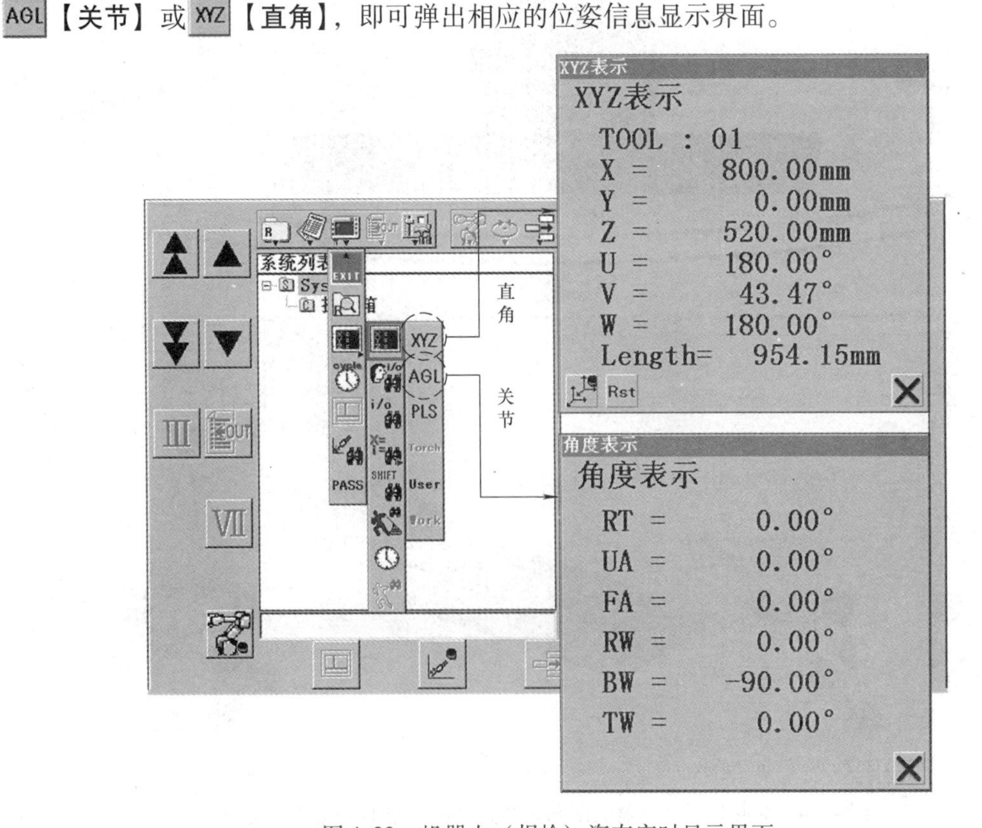

图4-23 机器人（焊枪）姿态实时显示界面

【任务分析】

同第3章中机器人平板堆焊的运动轨迹示教类似，使用机器人完成T形接头单侧角焊缝至少需要示教5个目标位置点、双侧角焊缝至少示教9个目标位置点，其运动路径和焊枪姿态规划如图4-24所示。各示教点用途见表4-10。实际示教时，焊接临近（回退）点的记忆

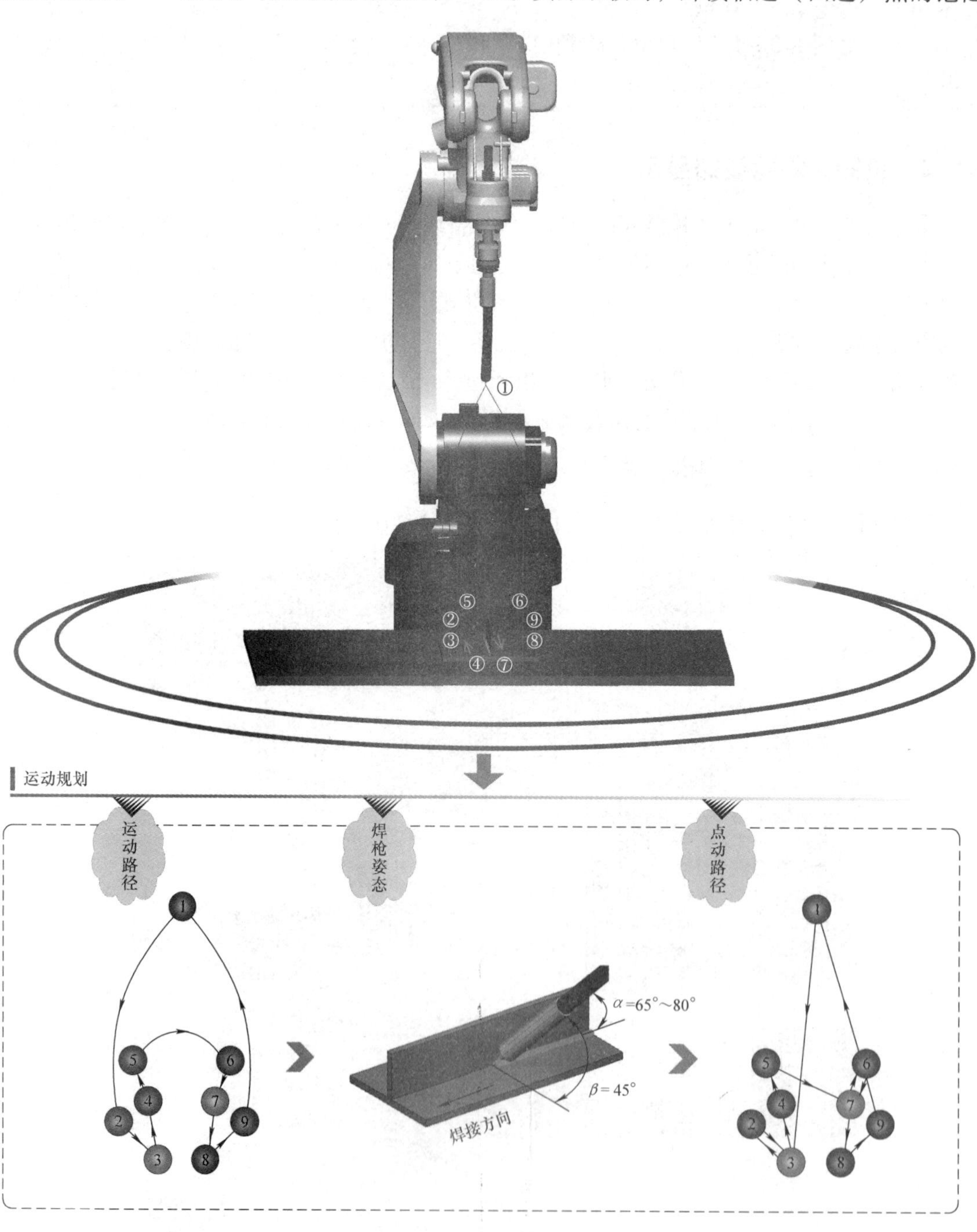

图4-24　T形角焊缝机器人平角焊的运动路径和焊枪姿态规划

滞后于焊接起始（结束）点。这主要由于临近点的焊枪姿态调整缺乏参照，不如起始点直观，所以编程员通常喜欢在焊接起始点调整焊枪指向，随后沿工具坐标系的 $-X$ 轴方向（Panasonic 机器人）移动机器人至焊接临近点。可见，与指令路径①→②→③→④→⑤→⑥→⑦→⑧→⑨→①不同的是，机器人点动路径因编程员习惯而各不相同，如①→③→②→③→④→⑤→⑦→⑧→⑨→⑥→⑦→⑥→①。

表 4-10 T 形角焊缝机器人平角焊示教点

示教点	备 注	示教点	备 注	示教点	备 注
①	原点	④	焊接结束点 1	⑦	焊接起始点 2
②	焊接临近点 1	⑤	焊接回退点 1	⑧	焊接结束点 2
③	焊接起始点 1	⑥	焊接临近点 2	⑨	焊接回退点 2

【任务实施】

1. 示教前准备

开始点动焊接机器人前，请做如下准备。

① 工件表面清理。核对试板尺寸，将钢板表面铁锈、油污等杂质清理干净。

② 工件组对点固。使用手工电弧焊设备，从 T 形接头两端面定位焊，焊点不易过大。

③ 工件装夹固定。选择合适的夹具将试板固定在焊接工作台上。

④ 示教模式确认。切换**【模式旋钮】**对准“TEACH”位置，选择手动模式。

⑤ 机器人原点确认。执行机器人控制器内已有的原点程序，让机器人返回原点（如 BW = −90°、RT = UA = FA = RW = TW = 0°）。

2. 运动轨迹示教

在机器人运动轨迹示教过程中，有时需要连续点动机器人，有时需要增量点动机器人，有时需要单轴点动机器人，有时需要多轴联动机器人，所以合理选择点动机器人的方式可以事半功倍。如图 4-24 中的点动路径，依次导引机器人通过机器人原点 P001、焊接起始点 P003、焊接临近点 P002、焊接结束点 P004、焊接回退点 P005 等 9 个目标位置点。其中，机器人原点 P001 一般设置在远离待焊工件的可动区域的安全位置；焊接临近点 P002、P006 和焊接回退点 P005、P009 一般设置在临近焊接作业区间、便于调整焊枪姿态的安全位置。具体示教步骤见表 4-11。值得注意的是，若不创建任务程序记忆目标点位姿，机器人点动数据将不被记忆存储。

表 4-11 T 形角焊缝机器人平角焊的运动轨迹示教

示教点	示教方法
机器人原点 P001	① 显示机器人运动轴状态。点按 **【窗口键】**，移动光标至菜单栏，依次单击主菜单 **【视图】**→ **【状态显示】**→ **【位置信息】**→ AGL **【关节】**，示教盒界面切换至双视图模式，右侧显示“角度（关节）”界面 ② 查看机器人运动轴位置。查看机器人各关节运动轴的当前位置，确认焊丝干伸长度

（续）

示教点	示教方法
焊接起始点 P003	① 接通伺服电源。在“TEACH（手动）”模式下，轻握【安全开关】至【伺服接通按钮】指示灯闪烁，此时按下【伺服接通按钮】，指示灯亮，机器人运动轴伺服电源接通 ② 打开机器人动作模式。点按【动作功能键Ⅷ】，（灯灭）→（灯亮），激活机器人动作功能 ③ 切换机器人点动坐标系。按住【右切换键】的同时，点按【动作功能键Ⅳ】或者依次单击辅助菜单【点动坐标系】→【工件坐标系】，切换机器人点动坐标系为系统默认的工件（用户）坐标系，即与【机座坐标系】重合 ④ 移至参考点。在工件（用户）坐标系中，分别使用【动作功能键Ⅳ】~【动作功能键】与【拨动按钮】组合键，点动机器人沿、、方向线性贴近焊接起始点附近的参考点，如立板棱角 ⑤ 显示机器人 TCP 位姿。依次单击主菜单【视图】→【状态显示】→【位置信息】→【直角】，将示教盒右侧界面切换至“XYZ（直角）”显示机器人 TCP 的当前位姿 ⑥ 调整机器人焊枪姿态。在工件（用户）坐标系中，分别使用【动作功能键Ⅲ】、【动作功能键Ⅰ】与【拨动按钮】组合键，点动机器人先后绕 $-Z$ 轴方向、$+X$ 轴（或 $-X$ 轴）方向定点转动，实时查看示教盒右侧界面显示的机器人 TCP 姿态，精确调整焊枪工作角 $\beta=45°$ ⑦ 移至焊接起始点。在工件（用户）坐标系中，使用【动作功能键Ⅵ】与【拨动按钮】组合键，点动机器人沿 $-Z$ 轴方向线性缓慢移至焊接起始点 ⑧ 调整机器人焊枪姿态。在工件（用户）坐标系中，使用【动作功能键Ⅱ】与【拨动按钮】组合键，点动机器人绕 $+Y$ 轴方向定点转动，实时查看示教盒右侧界面显示的机器人 TCP 姿态，精确调整焊枪行进角 $\alpha=65°\sim80°$，如图 4-25 所示
焊接临近点 P002	① 切换机器人点动坐标系。按住【右切换键】的同时，点按【动作功能键Ⅳ】或者依次单击辅助菜单【点动坐标系】→【工具坐标系】，切换机器人点动坐标系为工具坐标系 ② 移至焊接临近点。在工具坐标系中，保持焊枪姿态不变，沿 $-X$ 轴方向点动机器人线性移向远离焊接起始点的安全位置，离起始点距离 30~50mm
焊接结束点 P004	① 移至焊接起始点。在工具坐标系中，保持焊枪姿态不变，沿 $+X$ 轴方向点动机器人线性移至焊接起始点 ② 切换机器人点动坐标系。按住【右切换键】的同时，点按【动作功能键Ⅳ】或者依次单击辅助菜单【点动坐标系】→【工件坐标系】，切换机器人点动坐标系为工件（用户）坐标系 ③ 移至焊接结束点。在工件（用户）坐标系中，保持焊枪姿态不变，沿 $-X$ 轴方向（线状焊道与 X 轴平行），点动机器人线性移至焊接结束点位置，如图 4-26 所示

（续）

示教点	示教方法
焊接回退点 P005	① 切换机器人点动坐标系。按住【右切换键】的同时，点按【动作功能键Ⅳ】或者依次单击辅助菜单【点动坐标系】→【工具坐标系】，切换机器人点动坐标系为工具坐标系 ② 移至焊接回退点。在工具坐标系中，继续保持焊枪姿态，沿 -X 轴方向点动机器人移向远离焊接结束点的安全位置，离结束点距离 30~50mm
焊接起始点 P007	① 切换机器人点动坐标系。按住【右切换键】的同时，点按【动作功能键Ⅳ】或者依次单击辅助菜单【点动坐标系】→【工件坐标系】，切换机器人点动坐标系为工件（用户）坐标系 ② 移至参考点。在工件（用户）坐标系中，使用【动作功能键Ⅳ】~【动作功能键Ⅵ】与【拨动按钮】组合键，点动机器人沿 User X、User Y、User Z 方向线性贴近第 2 段焊缝起始点附近的参考点，如立板棱角 ③ 调整机器人焊枪姿态。在工件（用户）坐标系中，使用【动作功能键Ⅰ】与【拨动按钮】组合键，点动机器人绕 -Z 轴方向 User 定点转动，精确调整焊枪工作角 $\beta=45°$、行进角 $\alpha=65°\sim80°$ ④ 移至焊接起始点。在工件（用户）坐标系中，使用【动作功能键Ⅵ】与【拨动按钮】组合键，点动机器人沿 -Z 轴方向 User Z 线性缓慢移至第 2 段焊缝起始点，如图 4-27 所示
焊接临近点 P006	① 切换机器人点动坐标系。按住【右切换键】的同时，点按【动作功能键Ⅳ】或者依次单击辅助菜单【点动坐标系】→【工具坐标系】，切换机器人点动坐标系为工具坐标系 ② 移至焊接临近点。在工具坐标系中，保持焊枪姿态不变，沿 -X 轴方向点动机器人线性移向远离焊接起始点的安全位置，离起始点距离 30~50mm
焊接结束点 P008	① 移至焊接起始点。在工具坐标系中，保持焊枪姿态不变，沿 +X 轴方向点动机器人线性移至焊接起始点 ② 切换机器人点动坐标系。按住【右切换键】的同时，点按【动作功能键Ⅳ】或者依次单击辅助菜单【点动坐标系】→【工件坐标系】，切换机器人点动坐标系为工件（用户）坐标系 ③ 移至焊接结束点。在工件（用户）坐标系中，保持焊枪姿态不变，沿 +X 轴方向 User X（线状焊道与 X 轴平行），点动机器人线性移至焊接结束点位置，如图 4-28 所示
焊接回退点 P009	① 切换机器人点动坐标系。按住【右切换键】的同时，点按【动作功能键Ⅳ】或者依次单击辅助菜单【点动坐标系】→【工具坐标系】，切换机器人点动坐标系为工具坐标系 ② 移至焊接回退点。在工具坐标系中，继续保持焊枪姿态，沿 -X 轴方向点动机器人移向远离焊接结束点的安全位置，离结束点距离 30~50mm

（续）

示教点	示教方法
机器人原点 P001	① 显示机器人运动轴状态。点按【窗口键】，移动光标至菜单栏，依次单击主菜单【视图】→【状态显示】→【位置信息】→AGL【关节】，将示教盒右侧界面切换至“角度（关节）”界面，显示机器人各关节运动轴状态 ② 切换机器人点动坐标系。按住【右切换键】的同时，点按【动作功能键Ⅳ】或者依次单击辅助菜单【点动坐标系】→【关节坐标系】，切换机器人点动坐标系为关节坐标系 ③ 点动机器人本体轴。在关节坐标系中，使用【动作功能键Ⅰ】、【动作功能键Ⅵ】与【拨动按钮】组合键，点动机器人各关节轴转动，实时查看示教盒右侧界面显示的机器人关节运动状态，精确调控机器人返回原点（如 BW = −90°、RT = UA = FA = RW = TW = 0°）

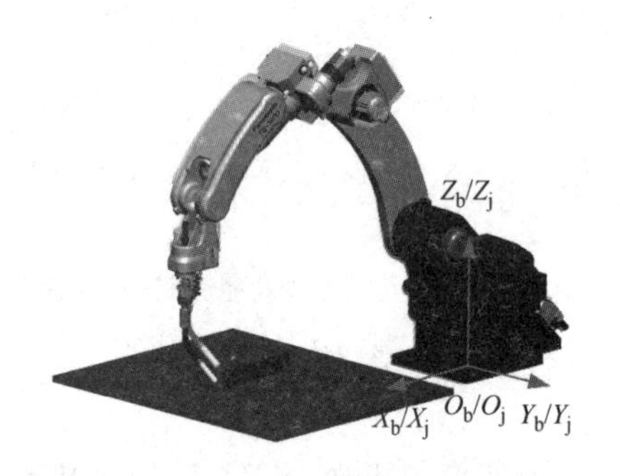

图 4-25　点动机器人至焊接起始点 P003

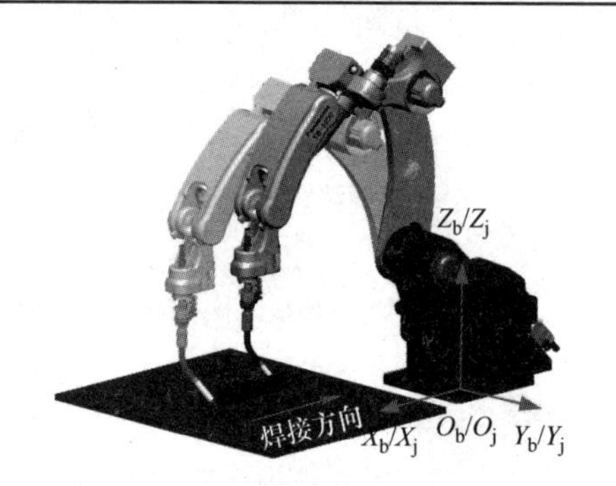

图 4-26　点动机器人至焊接结束点 P004

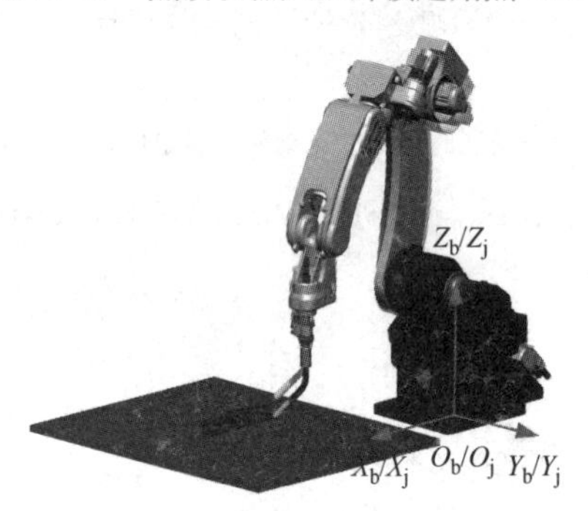

图 4-27　点动机器人至焊接起始点 P007

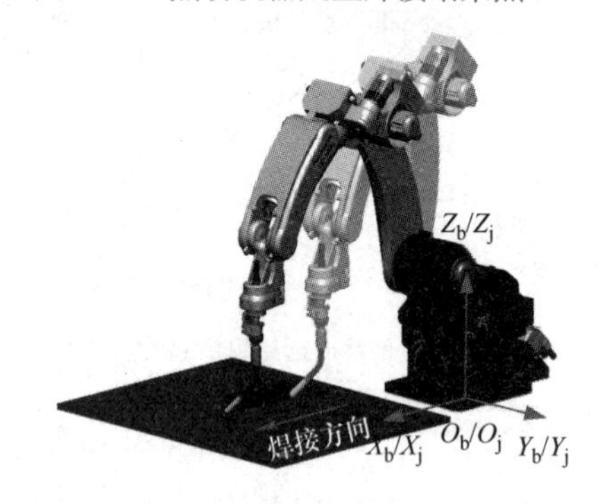

图 4-28　点动机器人至焊接结束点 P008

综上不难看出，快速、便捷完成工业机器人的点动操作需要适时选择恰当的点动坐标系和坐标（运动）轴。工业机器人的运动轨迹示教主要是在工件、工具等直角坐标系中完成。

【拓展阅读】

Panasonic 机器人工件（用户）坐标系的设置

工件（用户）坐标系是编程员参照作业对象、相对机座坐标系而定义的三维空间正交坐标系。Panasonic 机器人系统默认可以设置 30 套工件（用户）坐标系，编号 0～30（编号 0 表示工件坐标系与机座坐标系重合）。同工具坐标系设置近似，编程员可以采用三点（接触）法设置机器人工件（用户）坐标系，分别用于记忆工件坐标系的原点（P1）、X 轴方向

(P1→P2) 和 Y 轴方向 (P1→P3)。待工件（用户）坐标系设置完成，选择激活新设置的工件（用户）坐标系，并点动机器人沿参考对象（如焊道）定向移动。对于弧焊机器人而言，若定向移动过程中，焊丝端头与参考对象的偏差未超过焊丝直径，则说明新设置的工件（用户）坐标轴指向精度满足弧焊应用。工件（用户）坐标系的参数计算（或输入）、编号选择和精度校验等详细设置过程见表4-12。值得注意的是，预定义工件（用户）坐标系，应首先精确设置工具坐标系。

表4-12　Panasonic 机器人工件（用户）坐标系设置

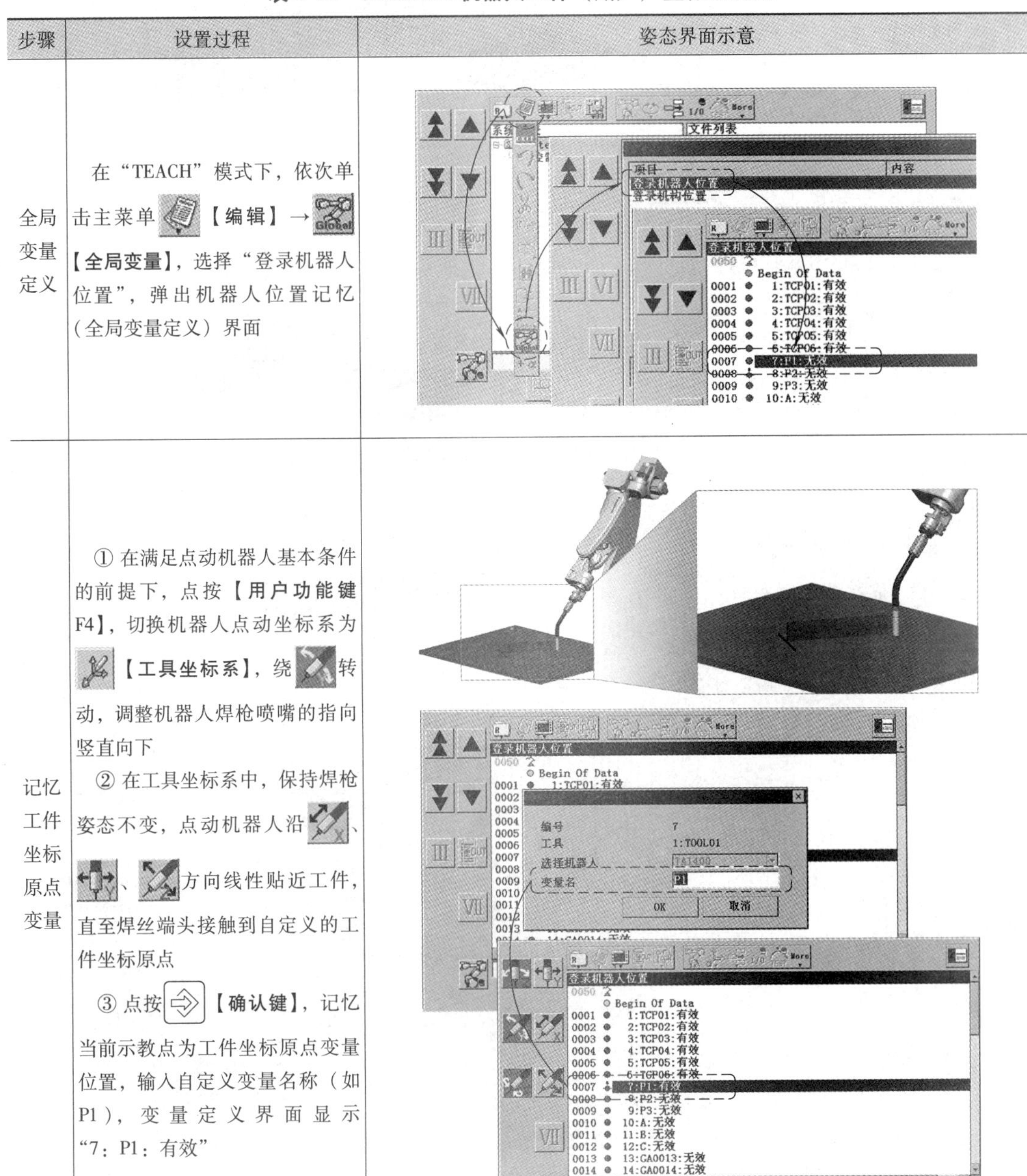

步骤	设置过程	姿态界面示意
全局变量定义	在“TEACH”模式下，依次单击主菜单【编辑】→【全局变量】，选择“登录机器人位置”，弹出机器人位置记忆（全局变量定义）界面	
记忆工件坐标原点变量	① 在满足点动机器人基本条件的前提下，点按【用户功能键F4】，切换机器人点动坐标系为【工具坐标系】，绕转动，调整机器人焊枪喷嘴的指向竖直向下 ② 在工具坐标系中，保持焊枪姿态不变，点动机器人沿、、方向线性贴近工件，直至焊丝端头接触到自定义的工件坐标原点 ③ 点按【确认键】，记忆当前示教点为工件坐标原点变量位置，输入自定义变量名称（如P1），变量定义界面显示“7：P1：有效”	

（续）

步骤	设置过程	姿态界面示意
记忆工件坐标X轴方向变量	① 在工具坐标系中，保持焊枪姿态不变，点动机器人线性移至工件坐标X轴方向点位置 ② 点按【**用户功能键F3**】，将光标下移一行，选择未定义变量，然后按【**确认键**】，记忆当前示教点为工件坐标X轴方向变量，输入自定义变量名称（如P2），变量定义界面显示"8：P2：有效"	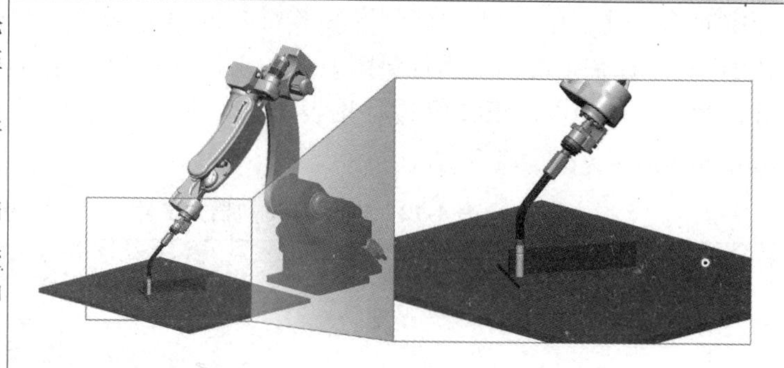
记忆工件坐标Y轴方向变量	① 在工具坐标系中，保持焊枪姿态不变，点动机器人线性移至工件坐标Y轴方向点位置 ② 点按【**用户功能键F3**】，将光标下移一行，选择未定义变量，然后按【**确认键**】，记忆当前示教点为工件坐标Y轴方向变量，输入自定义变量名称（如P3），变量定义界面显示"9：P3：有效" ③ 待3个变量定义结束后，点按【**窗口键**】，移动光标至菜单栏，依次单击主菜单【**文件**】→【**关闭**】，保存机器人位置记忆（全局变量定义）	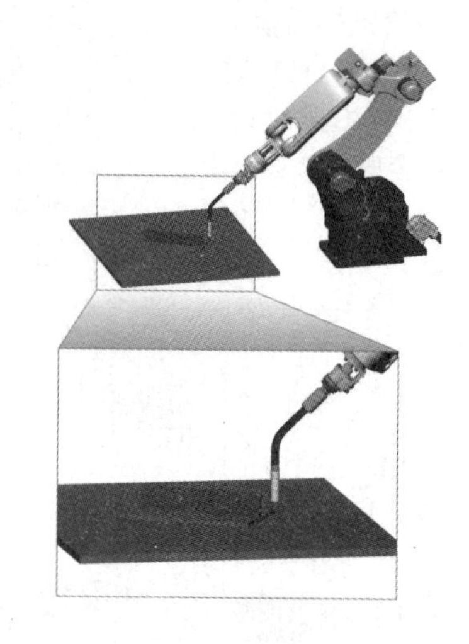
调用全局变量设置工件坐标	① 依次单击主菜单【**设置**】→【**控制柜**】，选择"用户坐标系"，弹出工件（用户）坐标系设置详情界面 ② 选择界面左侧区域编号为"USER01"的工件（用户）坐标系，单击界面右下侧【**浏览**】按钮，依次调用全局变量记忆的坐标原点和坐标轴方向数据 ③ 确认无误后，点按【**确认键**】，保存工件（用户）坐标系参数，同时编号为"USER01"的工件（用户）坐标系显示"有效"	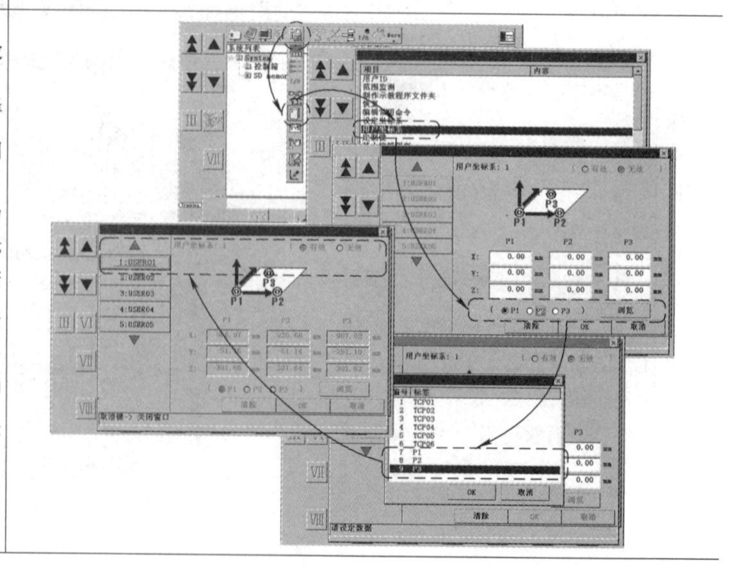

（续）

步骤	设置过程	姿态界面示意
工件坐标编号选择	① 依次单击主菜单【设置】→【控制柜】，选择“设置坐标系”，弹出使用坐标系详情设置界面 ② 侧击【拨动按钮】，勾选“用户坐标系”前面的复选按钮，点按【确认键】，保存参数设置 ③ 依次单击辅助菜单【扩展选项】→【示教设置】，在弹出界面中切换“用户坐标系”编号，选择新设置的工件（用户）坐标系	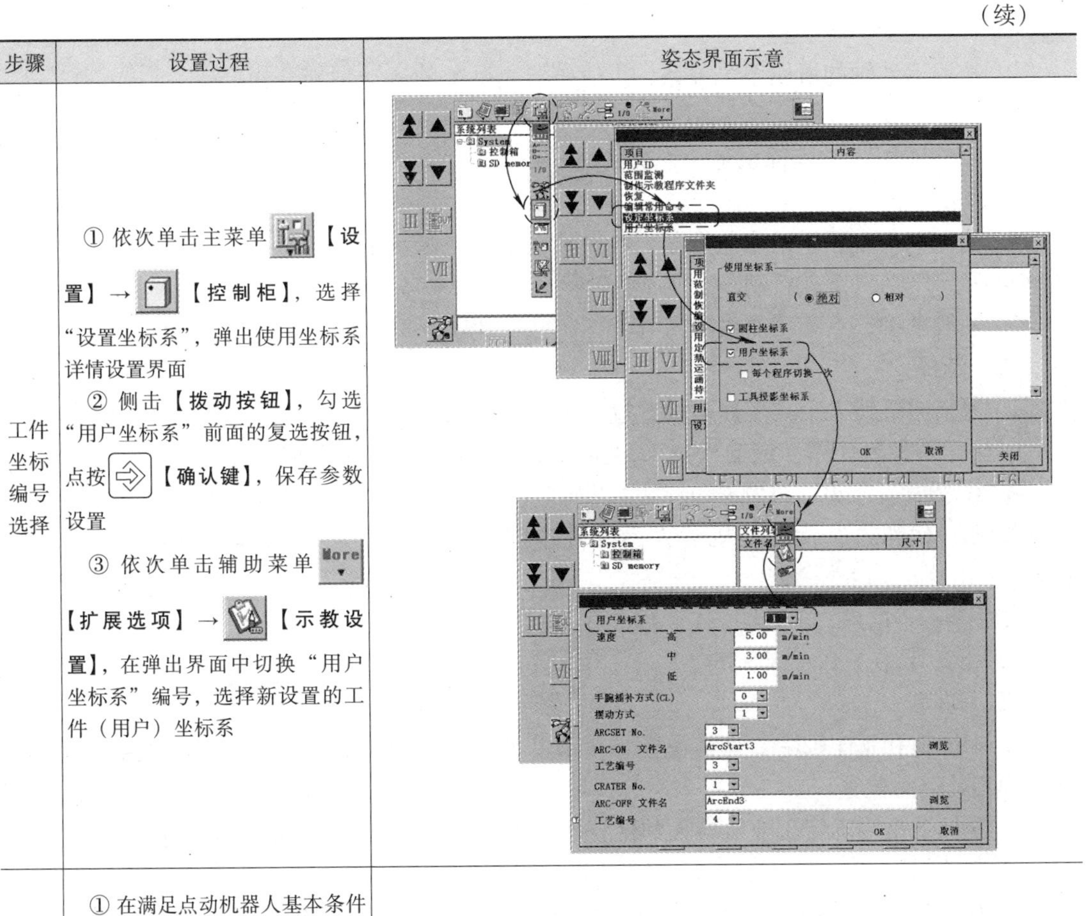
工件坐标指向精度检验	① 在满足点动机器人基本条件前提下，依次单击辅助菜单【点动坐标系】→【工件坐标系】，切换机器人点动坐标系为工件（用户）坐标系 ② 在工件（用户）坐标系中，依次点动机器人绕 $-X$ 轴和 $-Z$ 轴定点转动，调整焊枪至作业姿态，然后沿 $+X$ 轴方向线性移动，观察焊丝端头与焊道中心偏离情况，如果偏差在焊丝直径以内，表明坐标系设置精度满足弧焊工艺需求	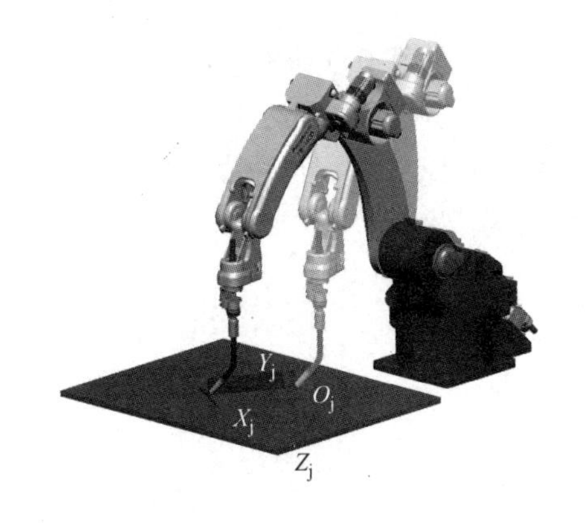

【知识测评】

一、填空

1. Panasonic 机器人示教时常使用的坐标系有________坐标系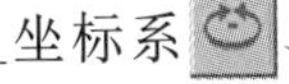、________坐标系

、________坐标系和________坐标系。

2. 按照运动轴的所属系统关系，工业机器人系统的运动轴划分为__________ 和__________ 两类。

3. 工件（用户）坐标系是编程员根据需要参照作业对象自定义的三维空间正交坐标系，所以又称为__________ 。

4. 同为直角坐标系，工业机器人本体轴在工具坐标系中的运动基本仍为 ________，且能够实现 ________定点转动。

5. 一般来讲，点动工业机器人有 __________ 和 __________两种操控方式。

二、选择

1. 完整的机器人工具坐标系设置过程包括的步骤有（　　）。

①坐标系参数计算（或输入）；②坐标系编号选择；③坐标系精度校验

A. ①②　　B. ①②③　　C. ②③　　D. ①③

2. 第一代和第二代工业机器人系统基本都配置有（　　）坐标系等机器人点动坐标系。

①关节；②世界；③工具；④工件（用户）

A. ①②③④　　B. ①②③　　C. ②③④　　D. ①③④

三、判断

1. 本体轴和基座轴主要是实现机器人 TCP 的空间定位与定向，而工装轴主要是支承工件并确定其空间位置。（　　）

2. 坐标系是为确定工业机器人的位姿而在机器人本体上进行定义的位置指标系统。（　　）

3. 在关节坐标系中，工业机器人系统各运动轴均可实现单轴正向、反向转动（或移动）。（　　）

4. 工具坐标系适用于点动工业机器人沿工具所指方向移动或绕 TCP 定点转动，以及工具横向摆动、运动轨迹平移等场合。（　　）

5. 增量点动机器人适用于手动操作和任务编程时离目标（指令）位姿较远的场合，主要是对机器人末端执行器（或工件）的空间位姿进行快速粗调整。（　　）

工业机器人的直线轨迹编程

直线焊缝是板 - 板对接接头、板 - 板角接接头、板 - 板 T 形接头和板 - 板搭接接头的最主流焊缝形式，许多复杂焊接结构都是由若干条直线焊缝组合连接而成，如工程机械、船舶、桥梁行业的箱体结构等。直线轨迹是工业机器人连续路径运动的典型，同时也是工业机器人任务编程的常见运动轨迹之一。

本章将以 Panasonic GⅢ系列机器人为例，通过尝试板 - 板对接机器人平焊任务的示教编程，掌握机器人直线轨迹焊缝示教编程的内容、流程和调试方法，并完成直线轨迹任务程序的编辑。根据工业机器人编程员的岗位工作内容，本章一共设置两项任务：一是板 - 板对接接头机器人平焊任务编程；二是机器人直线轨迹任务程序编辑。

【学习目标】

知识学习

1）能够列举常见的机器人焊接缺陷及调控对策。

2）能够说明机器人焊接工艺条件的配置原则。

3）能够使用机器人运动指令和焊接指令完成直线焊缝的任务编程。

能力培养

1）能够熟练配置直线焊缝的机器人焊接工艺条件。

2）能够根据焊接缺陷合理编辑直线焊缝机器人任务程序。

3）能够灵活使用示教盒验证机器人任务程序。

素养提升

1）将“工匠精神”贯穿任务各阶段，激励学生在学习过程中不畏艰难、严谨思维和团结协作。

2）坚持“知行合一”，充分发挥学生的主动性与创造性，提高学生的实践能力和综合素质。

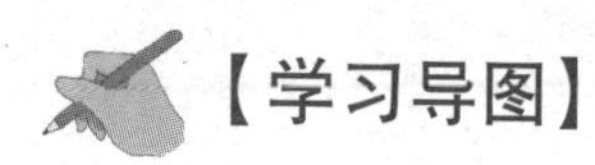

【学习导图】

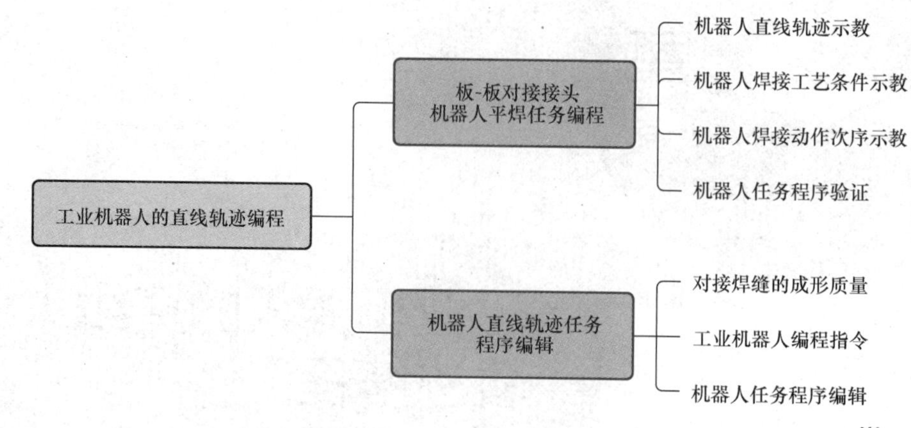

任务5.1　板－板对接接头机器人平焊任务编程

板对板焊接任务编程视频

【任务提出】

两焊件表面构成135°～180°夹角的接头称为对接接头。从力学角度看，对接接头是较为理想的接头形式，其受力状况较好，应力集中较小，能承受较大的静载荷和动载荷，是焊接结构中最常用的一种接头形式。根据板材厚度、焊接方法和坡口形式的不同，对接接头分为不开坡口（I形，板厚≤3mm）对接接头和开坡口（如V形、X形、U形等，板厚>3mm）对接接头两种。

此任务要求使用富氩气体（如80% Ar＋20% CO_2）、直径1.0mm的ER50－6实心焊丝和Panasonic GⅢ焊接机器人，完成200mm×50mm×1.5mm碳钢（如Q235，图5-1）板－板对接机器人平焊，单面焊双面成形，焊缝美观饱满，余高≤1.5mm，焊接变形控制合理。

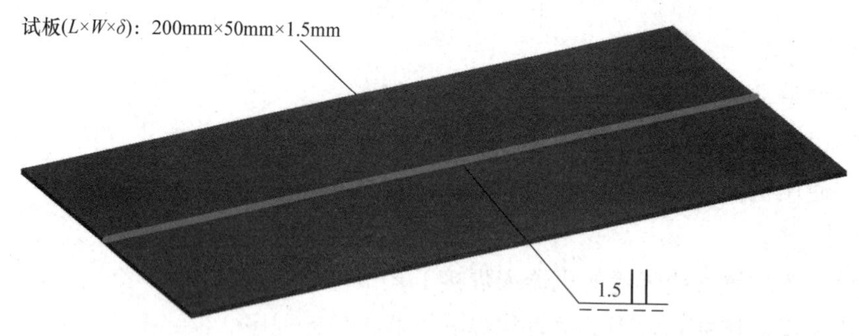

图5-1　板－板对接平焊接头示意

【知识准备】

5.1.1　机器人直线轨迹示教

工业机器人完成直线轨迹作业一般仅需示教2个关键位置点（直线的两端点），且直线结束点的动作类型（或插补方式）为直线动作。以图5-2所示的焊接轨迹为例，P002是直线轨迹起始点，P005是直线轨迹结束点，P002→P005为直线轨迹区间，共分成P002→P003焊前区间段、P003→P004焊接区间段和P004→P005焊后区间段。Panasonic机器人直线轨迹焊接区间示教要领见表5-1，机器人任务程序示例如图5-3所示。

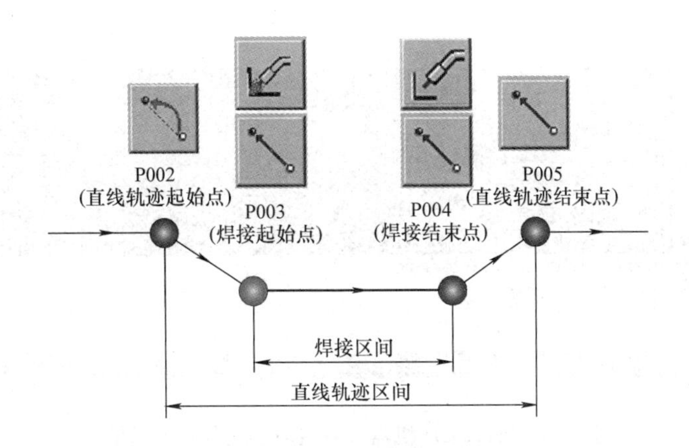

图5-2　直线轨迹示意

表5-1　Panasonic机器人直线轨迹示教

序号	示教点	示教要领
1	P002 直线轨迹起始点	① 点动机器人至直线轨迹起始点 ② 变更示教点的动作类型为 （MOVEP），空走点 ③ 点按 **【确认键】**，记忆示教点P002
2	P003 焊接起始点	① 点动机器人至焊接起始点 ② 变更示教点的动作类型为 （MOVEL），焊接点 ③ 点按 **【确认键】**，记忆示教点P003
3	P004 焊接结束点	① 点动机器人至焊接结束点 ② 变更示教点的动作类型为 （MOVEL），空走点 ③ 点按 **【确认键】**，记忆示教点P004
4	P005 直线轨迹结束点	① 点动机器人至直线轨迹结束点 ② 变更示教点的动作类型为 （MOVEL），空走点 ③ 点按 **【确认键】**，记忆示教点P005

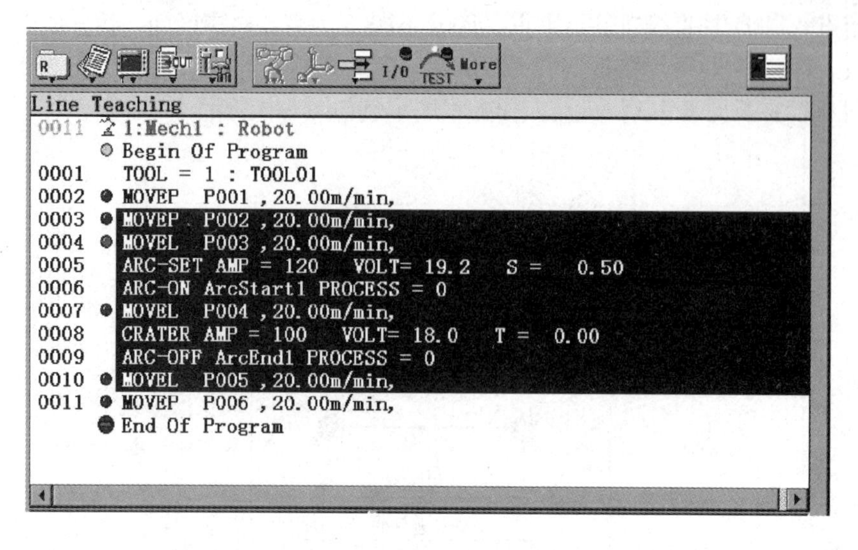

图 5-3 Panasonic 机器人直线轨迹任务程序示例

为保证焊接路径准确度，大型钢结构直线焊缝机器人焊接应根据构件直线度插入合理数量的示教点（焊接点）。

5.1.2 机器人焊接工艺条件示教

直线焊缝机器人焊接（弧焊）的关键参数包括焊接电流（或送丝速度）、电弧电压、焊接速度、焊丝干伸长度和保护气体流量等，可以通过直接输入、间接调用和手动设置等途径予以配置。

1. 焊丝干伸长度

干伸长度是指焊丝从导电嘴端部到工件表面的距离，而不是从喷嘴端部到工件的距离。保持焊丝干伸长度不变是保证弧长稳定和焊接过程稳定性的重要因素之一。干伸长度过长，气体保护效果不佳，易产生气孔，引弧性能变差，电弧不稳，飞溅增大；反之，干伸长度过短，喷嘴易被飞溅物堵塞，焊丝易与导电嘴粘连。对于不同直径、不同电流、不同材料的焊丝，允许使用的焊丝干伸长度是不同的。熔化极气体保护电弧焊的干伸长度 L 经验公式为：当焊接电流 $I \leqslant 300\text{A}$ 时，$L=(10\sim15)\phi$；当焊接电流 $I>300\text{A}$ 时，$L=(10\sim15)\phi+5\text{mm}$。式中，$\phi$ 为焊丝直径，单位为 mm。

通过机器人系统焊接工艺软件中的送丝·吹气功能可以调整焊丝干伸长度。Panasonic 焊接机器人送丝·吹气功能图标见表 5-2。

表 5-2 Panasonic 焊接机器人送丝·吹气功能图标

图标	图标名称	图标功能	图标	图标名称	图标功能
	送丝·吹气 OFF	灯灭，表示点动送丝和气流检查功能禁用，按此键激活送丝·吹气功能		送丝·吹气 ON	灯亮，表示点动送丝和气流检查功能启用，按此键禁用送丝·吹气功能
	送丝	按住此键，焊丝向前送出。前3s内焊丝以慢速送出，之后转为高速送出		抽丝	按住此键，焊丝向后回抽。前3s内焊丝以慢速回抽，之后转为高速回抽
	吹气	灯灭，表示关闭阀1，保护气流检查功能禁用，按此键激活吹气功能		吹气	灯灭，表示关闭阀2，保护气流检查功能禁用，按此键激活吹气功能

手动调节焊丝干伸长度步骤如下。

① 在示教模式下，点按【**用户功能键 F2**】，（灯灭）→（灯亮），激活送丝·吹气功能，此时示教盒显示屏的动作功能图标区将切换至送丝·吹气功能图标（见图5-4）。

② 按住【**动作功能键Ⅳ**】（送丝），焊丝向前送出。前3s内焊丝以慢速送出，之后转为高速送出；按住【**动作功能键Ⅴ**】（抽丝），焊丝向后回抽。前3s内焊丝以慢速回抽，之后转为高速回抽。

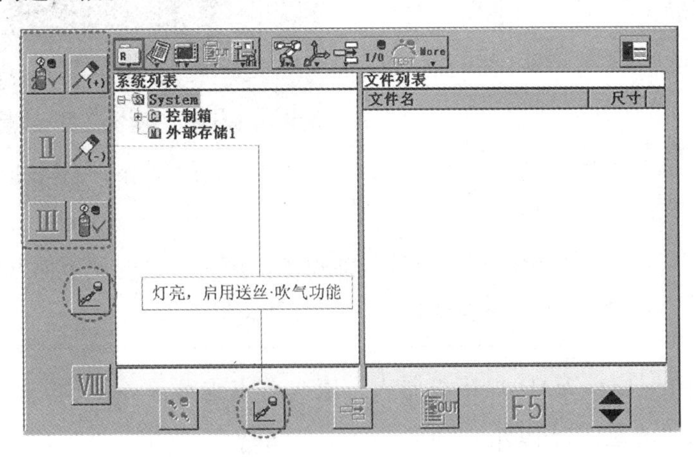

图 5-4 Panasonic GⅢ焊接机器人送丝·吹气功能界面

针对 Panasonic CO_2/MAG 焊接机器人，依次单击主菜单【**设置**】→【**弧焊**】，弹出界面依次单击“特性1：TAWERS1（通常使用特性）”→“焊丝/材质/焊接方法”，可以查阅或变更焊丝直径和干伸长度的默认设置。

2. 保护气体流量

保护气体的种类及其气体流量大小是影响焊接质量的重要因素之一。常见的气体保护电弧焊的保护气体有一元气体、二元混合气体和三元混合气体等，如纯二氧化碳（CO_2）、纯氩气（Ar）、二氧化碳与氩气混合气体（$Ar+CO_2$）等。焊接时，保护气体从焊枪喷嘴吹出，驱赶电弧区的空气，并在电弧区形成连续封闭的气层，使焊接电弧和液态熔池与空气隔绝。保护气体的流量越大，驱赶空气的能力越强，保护层抵抗流动空气影响的能力越强。但是，流量过大时，会使空气形成紊流，并将空气卷入保护层，反而降低保护效果。通常依据喷嘴形状、接头形式、焊丝干伸长度、焊接速度等调整保护气体流量。喷嘴直径为20mm时的保护气体流量设置参考值见表5-3。当喷嘴口径变小时，保护气体流量随之降低。

表5-3　CO_2/MAG焊接保护气体流量参考

焊丝干伸长度/mm	CO_2气体流量/(L/min)	富氩气体流量/(L/min)
8~15	10~20	15~25
12~20	15~25	20~30
15~25	20~30	25~30

手动调节焊接保护气体步骤如下：

① 逆时针转动钢质储气瓶阀门，打开气体阀门，压力表指针显示压缩保护气体压力，如图5-5所示。

② 在示教模式下，点按【**用户功能键F2**】，（灯灭）→（灯亮），激活送丝·吹气功能，如图5-4所示。

③ 点按【**动作功能键Ⅵ**】，（灯灭）→（灯亮），启用保护气流检查功能，随后可以听到焊枪喷嘴出口处气体喷出的声音。此时调节储气瓶节流阀的流量调节旋钮（见图5-5），使流量指示浮球稳定在合适刻度范围内。

图5-5　焊接富氩保护气体流量调节

> 针对Panasonic CO_2/MAG焊接机器人，依次单击主菜单【**设置**】→【**弧焊**】，弹出界面依次单击“特性1：TAWERS1（通常使用特性）”→“焊丝/材质/焊接方法”，可以查阅或变更材质、保护气体种类的默认设置。

3. 焊接电流

焊接电流是焊接时流经焊接回路的电流，是影响焊接质量和效率的重要因素之一。通常根据待焊工件的板厚、材料类别、坡口形式、焊接位置、焊丝直径、焊接速度等参数配置合理的焊接电流。对于熔化极气体保护焊而言，调整焊接电流，实质是在调整送丝速度，如图5-6所示。同一规格的焊丝，焊接电流越大，送丝速度越快；焊接电流相同，焊丝的直径越细，送丝速度越快。此外，每一规格的焊丝都有其允许的焊接电流范围，见表5-4。

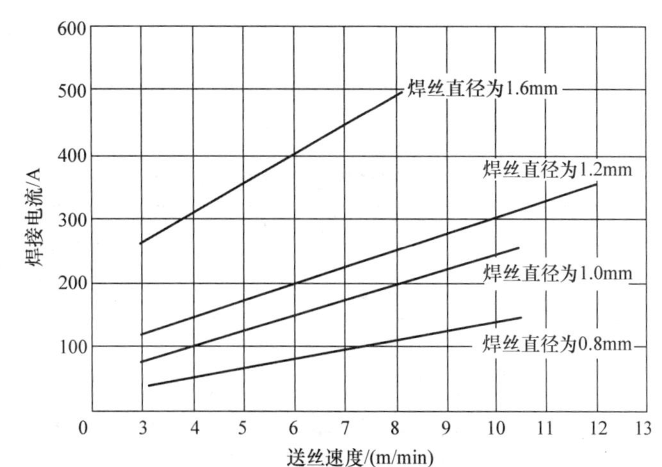

图5-6 焊接电流与送丝速度的关系

表5-4 不同直径实心钢焊丝所适用的焊接电流

焊丝直径/mm	焊接电流/A	适用板厚/mm
0.8	50～150	0.8～2.3
1.0	90～250	1.2～6.0
1.2	120～350	2.0～10
1.6	>300	>6.0

4. 焊接速度

焊接速度是单位时间内完成的焊缝长度，是影响焊接质量和效率的又一重要因素。在焊接电流一定的情况下，焊接速度的选择应保证单位时间内焊缝获得足够的热量。焊接热量的计算公式：$Q_{热量} = I^2Rt$，I 为焊接电流，R 为电弧及焊丝干伸长度的等效电阻，t 为焊接时间。显然，相同的焊接热量条件下，存在两种可选择的焊接规范，一是硬规范，大电流、短时间（或快焊速）；另一种则是小电流、长时间（或慢焊速）。实际生产中偏向选择硬规范，利于提高焊接效率。相比而言，焊接速度越快，单位长度焊缝的焊接时间越短，其获得的热量越少。对于熔化极气体保护焊而言，机器人焊接速度的参考范围为30～60cm/min。焊接速度过快时，易产生气孔，焊道变窄，熔深和余高变小。

5. 电弧电压

电弧电压是电弧两端（两电极）之间的电压，其与焊接电流匹配与否直接影响焊接过程稳定性和最终焊接质量。通常电弧电压越高，焊接热量越大，焊丝熔化速度越快，焊接电流也越大。换言之，电弧电压应与焊接电流相匹配，即保证送丝速度与电弧电压对焊丝的熔化能力一致，利于实现弧长稳定控制。待焊接电流设置后，可以根据经验公式计算适配的电弧电压 $U_{电弧}$（单位为V）：当焊接电流 $I \leqslant 300\text{A}$ 时，$U_{电弧} = 0.04I + (16 \pm 1.5)$；当焊接电流 $I > 300\text{A}$ 时，$U_{电弧} = 0.04I + (20 \pm 2.0)$。电弧电压偏高时，弧长变长，焊接飞溅颗粒变大，焊接过程发出“啪嗒”声，易产生气孔，焊缝变宽，熔深和余高变小；反之，电弧电压偏低时，弧长变短，焊丝插入熔池，飞溅增加，焊接过程发出“嘭嘭”声，焊缝变窄，熔深和余高变大。

电弧电压等于焊接电源输出电压减去焊接回路的损耗电压，可表示为 $U_{电弧} = U_{输出} - U_{损}$。损耗电压是指焊枪电缆延长所带来的电压损失，此时可以参考表5-5调整焊接电源的输出电压。

表5-5　焊接电源输出电压微调整参考　（单位：V）

电缆长度/m	焊接电流/A				
	100	200	300	400	500
10	1	1.5	1	1.5	2
15	1	2.5	2	2.5	3
20	1.5	3	2.5	3	4
25	2	4	3	4	5

焊接电流、电弧电压和焊接速度等焊接作业条件的示教原则是：在焊接起始点配置焊接电流、电弧电压和焊接速度；在焊接结束点配置收弧电流、收弧电压和弧坑处理时间。收弧电流略小，通常设置为焊接电流的60%～80%。合理配置弧坑处理时间可以避免收弧处出现热裂纹及缩孔，参考范围为0.5～1.5s。Panasonic 机器人分别通过 ARC－SET、CRATER 指令直接输入焊接开始规范和焊接结束规范。

（1）通过 ARC－SET 指令配置焊接开始规范

① 在程序编辑模式下，移动光标至 ARC－SET 指令语句上，侧击**【拨动按钮】**，弹出焊接开始规范配置界面，如图5-7所示。

② 根据焊接工艺的熟练度，可以分别选择直接输入、焊接导航交互式输入和调用预设规范三种配置方法。直接输入参数时，待焊接电流确定后，通过单击**【标准】**按钮，系统会自动一元化适配电弧电压；当点按**【用户功能键 F6】** NAVI gation 时，弹出焊接导航功能界面，输入板厚、接头形式等信息，系统会自动生成一套参考焊接规范；编程员也可以通过调用5套预设焊接开始规范中的一套，调用方法请参考**【拓展阅读】**。

③ 待参数确认无误后，点按 ⇨ **【确认键】**或单击界面上的**【OK】**按钮结束焊接开始规范配置。

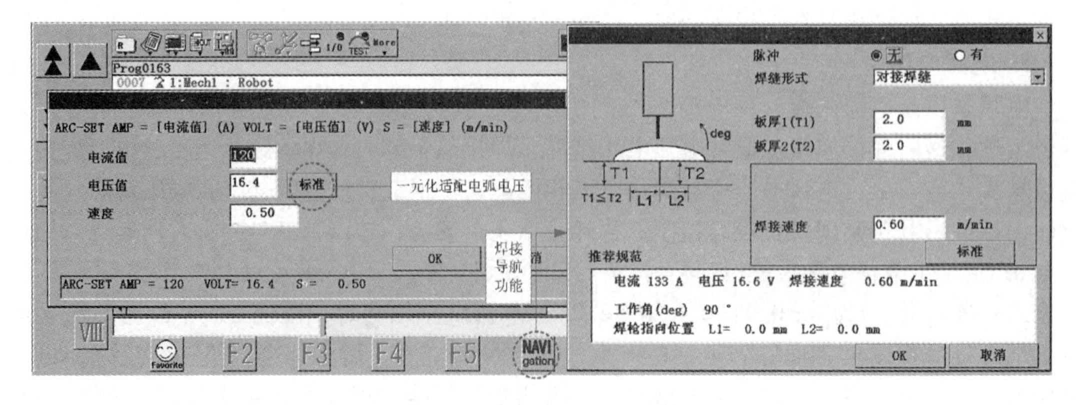

图5-7　Panasonic GⅢ机器人焊接开始规范配置界面

- Panasonic 机器人“焊接导航功能”仅针对电源融合型控制器（FGⅢ）和智能融合型控制器（WGⅢ），GⅢ通用型机器人控制器只有搭配350GS焊接电源时方可配置该功能。
- Panasonic CO_2/MAG 焊接机器人在出厂时，制造商已预设5套焊接开始规范（见表5-6），编程员可以通过编号方式配置焊接开始规范（More【扩展选项】→【示教设置】）。

表5-6 Panasonic CO_2/MAG 机器人预设的焊接开始规范

焊接参数	规范编号				
	1	2	3	4	5
焊接电流/A	120	160	200	260	320
电弧电压/V	16.4	17.2	18.5	22.5	28.4
焊接速度/(m/min)	0.50	0.50	0.50	0.50	0.50

（2）通过CRATER指令配置焊接结束规范

① 在程序编辑模式下，移动光标至CRATER指令语句上，侧击【拨动按钮】，弹出焊接结束规范配置界面，如图5-8所示。

② 同焊接开始规范配置类似，待收弧电流确定后，通过单击【标准】按钮，系统会自动一元化适配收弧电压，然后确认弧坑处理时间。当然，也可以通过调用5套预设焊接结束规范中的一套，调用方法请参考【拓展阅读】。

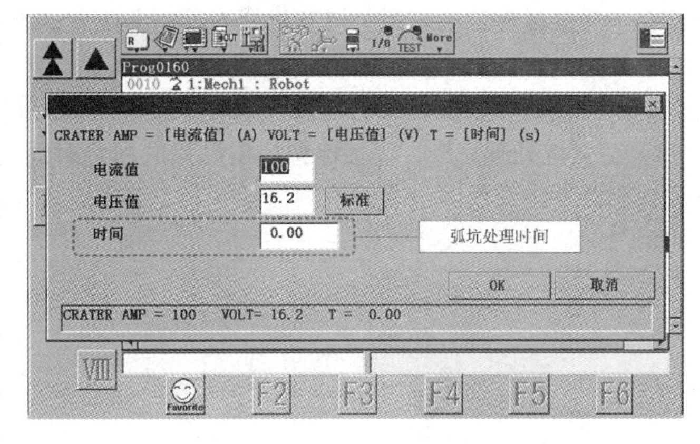

图5-8 Panasonic GⅢ机器人焊接结束规范配置界面

③ 待参数确认无误后，点按【确认键】或单击界面上的【OK】按钮完成焊接结束规范配置。

Panasonic CO_2/MAG 焊接机器人在出厂时，制造商已预设5套焊接结束规范（表5-7），编程员可以通过编号方式配置焊接结束规范（More【扩展选项】→【示教设置】）。

表5-7 Panasonic CO_2/MAG 机器人预设的焊接结束规范

焊接参数	规范编号				
	1	2	3	4	5
收弧电流/A	100	120	160	200	260
收弧电压/V	16.2	16.4	17.2	18.5	22.5
弧坑处理时间/s	0.00	0.00	0.00	0.00	0.00

5.1.3 机器人焊接动作次序示教

焊接机器人（执行系统）和焊接系统（工艺系统）是整个焊接机器人系统的两大核心组成。为提供多样化的集成选择，机器人制造商和焊接电源制造商都开发支持主流通信的硬件接口，使得机器人控制器与焊接电源之间可以通过模拟量、现场总线（如 DeviceNet）和工业以太网（如 EtherNet/IP）等方式通信。采用机器人焊接时，焊接电源一般选择两步工作模式，整个焊接过程可以划分为提前吹气、引弧、焊接、弧坑处理、焊丝回烧、熔敷检测、滞后吹气等九个阶段，动作次序如图 5-9 所示。具体过程如下：

① 当机器人减速停止在焊接起始点时，机器人控制器向焊接电源发出焊接开始信号，保护气路接通，进入提前吹气阶段（T1）。

② 提前吹气结束后，进入引弧阶段，此阶段焊接电源输出空载电压，送丝机构开始慢送丝，直至焊丝与工件接触（T2，取决于焊丝端部距离工件的距离和慢送丝速度）。

③ 接触引弧成功（T3）后，焊接电源进入正常焊接状态，同时会将引弧成功信号传输给机器人控制器，机器人加速移向下一示教点位置，并根据实际需要调整或不调整焊接参数，整个焊接过程焊接电源会按照机器人控制器配置的参数输出电压、送丝（T4）。

④ 焊接完成时，机器人减速停止在焊接结束点，向焊接电源发出结束信号，焊接电源根据配置的收弧参数填充弧坑（T5，取决于弧坑处理时间）。

⑤ 待弧坑处理完毕，焊接电源根据设置的回烧时间（T6）自动完成焊丝回烧，随后机器人控制器发出焊丝熔敷状态检测信号（T7、T8），确认是否发生粘丝。

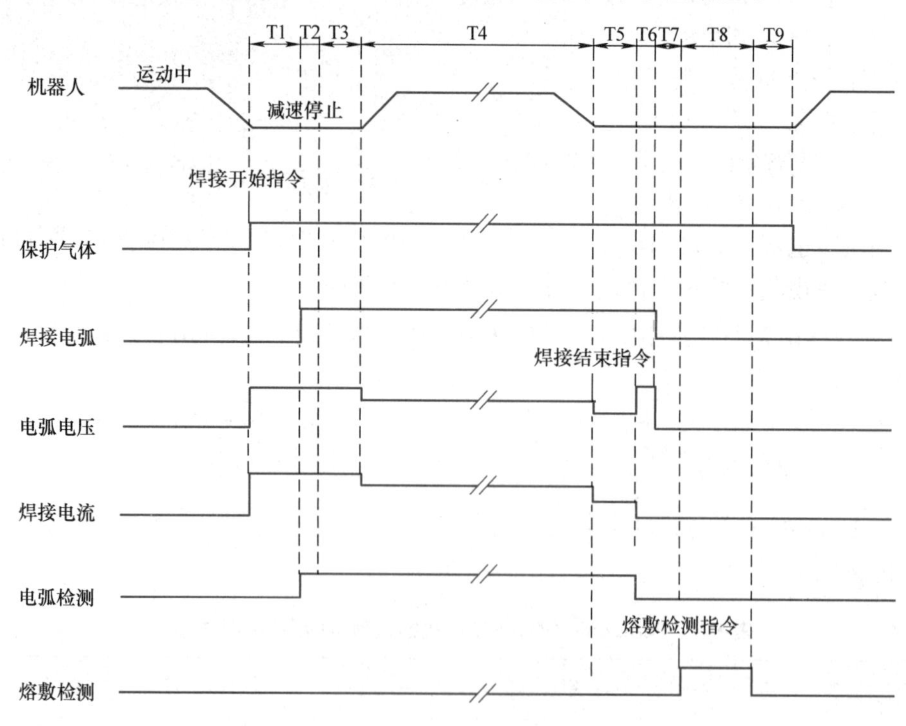

图 5-9 标准机器人（弧焊）焊接动作次序

T1—提前吹气时间 T2—电弧检测 T3—引弧时间 T4—焊接时间 T5—弧坑处理时间 T6—焊丝回烧时间 T7—熔敷检测延迟时间 T8—熔敷检测时间 T9—滞后吹气时间

⑥ 粘丝检测结束后，系统进入滞后吹气阶段，当预先设置的滞后吹气时间（T9）到，整个焊接过程结束。

Panasonic 焊接机器人分别通过 ARC－ON、ARC－OFF 指令调用预设焊接动作次序文件。焊接动作次序条件的示教主要涉及以下方面：①在 ARC－ON 指令中指定焊接开始动作次序（以文件形式给定）；②在 ARC－OFF 指令中指定焊接结束动作次序（以文件形式给定）。

（1）通过 ARC－ON 指令配置焊接开始动作次序

① 在程序编辑模式下，移动光标至 ARC－ON 指令语句上，侧击【**拨动按钮**】，弹出焊接开始动作次序配置界面，如图 5-10所示。

② 单击【**浏览**】按钮，选择预先配置的焊接开始动作次序文件。编程员可以自定义“引弧再试”功能参数，并通过编号形式选择自定义配置，调用方法请参考【**拓展阅读**】。

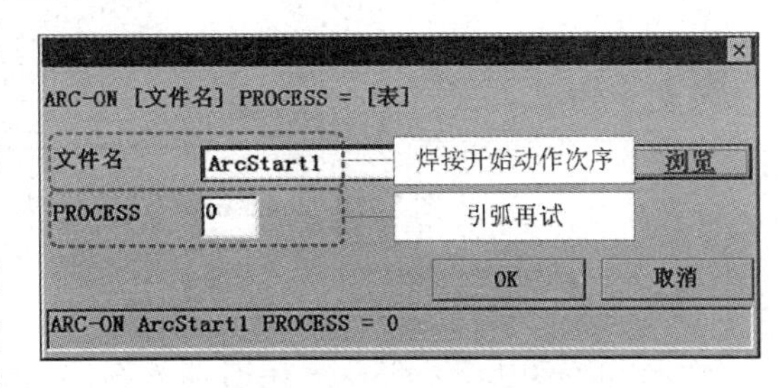

图 5-10 Panasonic GⅢ机器人焊接开始动作次序配置界面

③ 确认参数无误后，点按【**确认键**】或单击界面【**OK**】按钮结束焊接开始动作次序配置。

Panasonic CO_2/MAG 焊接机器人在出厂时，制造商已预设 5 套焊接开始动作次序（见表 5-8），编程员可以通过文件方式配置焊接开始动作次序（【**扩展选项**】→【**示教设置**】）。

表 5-8 Panasonic CO_2/MAG 机器人预设的焊接开始动作次序指令集

行号码	文件名				
	ArcStart1	ArcStart2	ArcStart3	ArcStart4	ArcStart5
0001	GASVALVE ON	GASVALVE ON	GASVALVE ON	DELAY 0.10s	DELAY 0.10s
0002	TORCHSW ON	DELAY 0.10s	DELAY 0.20s	GASVALVE ON	GASVALVE ON
0003	WAIT－ARC	TORCHSW ON	TORCHSW ON	DELAY 0.20s	DELAY 0.20s
0004	—	WAIT－ARC	WAIT－ARC	TORCHSW ON	TORCHSW ON
0005	—	—	—	WAIT－ARC	WAIT－ARC
0006	—	—	—	—	DELAY 0.20s

（2）通过 ARC－OFF 指令配置焊接结束动作次序

① 在程序编辑模式下，移动光标至 ARC－OFF 指令语句，侧击【**拨动按钮**】，弹出焊接结束动作次序配置界面，如图 5-11 所示。

② 单击【**浏览**】按钮，选择预先配置的焊接结束动作次序文件。编程员可以自定义

“粘丝解除”功能参数，并通过编号形式选择自定义配置，调用方法请参考【**拓展阅读**】。

③ 确认参数无误后，点按【**确认键**】或单击界面【**OK**】按钮完成焊接结束动作次序配置。

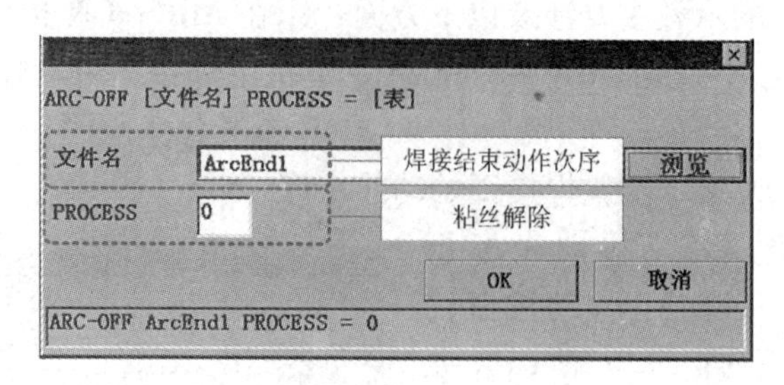

图 5-11　Panasonic GⅢ机器人焊接结束动作次序配置界面

Panasonic CO_2/MAG 焊接机器人在出厂时，制造商已预设 5 套焊接结束动作次序（见表 5-9），编程员可以通过文件形式配置焊接结束动作次序（【**扩展选项**】→【**示教设置**】）。

表 5-9　Panasonic CO_2/MAG 机器人预设的焊接结束动作次序指令集

行号码	文件名				
	ArcEnd1	ArcEnd2	ArcEnd3	ArcEnd4	ArcEnd5
0001	TORCHSW OFF	DELAY 0.10s	DELAY 0.20s	TORCHSW OFF	TORCHSW OFF
0002	STICKCHK ON	TORCHSW OFF	TORCHSW OFF	DELAY 0.20s	DELAY 0.20s
0003	STICKCHK OFF	STICKCHK ON	STICKCHK ON	AMP 150	GASVALVE OFF
0004	GASVALVE OFF	STICKCHK OFF	STICKCHK OFF	WIRERWD ON	—
0005	—	GASVALVE OFF	GASVALVE OFF	DELAY 0.10s	—
0006	—	—	—	WIRERWD OFF	—
0007	—	—	—	STICKCHK ON	—
0008	—	—	—	STICKCHK OFF	—
0009	—	—	—	GASVALVE OFF	—

5.1.4　机器人任务程序验证

机器人运动轨迹、工艺条件和动作次序示教完成后，可以通过执行单条指令（正向/反向单步程序验证）或连续指令序列（测试运转），确认机器人 TCP 路径和工艺性能。Panasonic GⅢ机器人任务程序验证功能图标见表 5-10。程序测试时，因不执行焊接引弧、收弧操作，即机器人不输出焊接开始和焊接结束动作次序指令信号，使得机器人“空跑”任务程序。具体的单步程序验证及测试运转操作见表 5-11。

表 5-10 Panasonic GⅢ机器人任务程序验证功能图标

图标	图标名称	图标功能	图 标	图标名称	图标功能
	程序验证 ON	灯亮表示单步程序验证功能启用。按此键禁用程序验证功能		程序验证 OFF	灯灭表示单步程序验证功能禁用。按此键激活程序验证功能
	正向单步程序验证	在程序验证模式下，自上而下单步测试任务程序，确认机器人路径准确度		反向单步程序验证	在程序验证模式下，自下而上单步测试任务程序，确认机器人路径准确度
	测试运转 ON	灯亮表示程序测试运转功能启用。按此键禁用测试运转功能		测试运转 OFF	灯灭表示程序测试运转功能禁用。按此键激活测试运转功能
	测试运转中	在程序验证模式下，自上而下连续测试任务程序，确认机器人路径和循环时间		程序单位	程序验证模式的默认选项，以任务程序为执行单位，每执行一套程序停止测试
	运动指令单位	以每条运动指令语句为执行单位，每执行一条运动指令停止测试。在程序验证模式下，按【**动作功能键Ⅰ**】一次，切换至此状态		次序指令单位	以每条次序指令语句为执行单位，每执行一条次序指令就停止测试。在程序验证模式下，按【**动作功能键Ⅰ**】两次，切换至此状态

注：次序指令包含除运动指令外的编程指令，如焊接指令、信号处理指令、流程控制指令等。

表 5-11 Panasonic GⅢ机器人任务程序验证及测试运转操作

单步程序验证	程序测试运转
① 在编辑模式下，移动光标至程序首行 ② 激活程序验证功能。依次点按【**动作功能键Ⅷ**】和【**用户功能键F1**】，激活机器人动作功能（→）和程序验证功能（→） ③ 按住【**动作功能键Ⅳ**】的同时，持续按住【**拨动按钮**】或【**+键**】，程序执行至光标所在行或下一行。若执行运动指令，机器人TCP将从当前所在位置移至光标所在行或下一行示教点位置后停止运动；同理，按住【**动作功能键Ⅴ**】的同时，持续按住【**拨动按钮**】或【**-键**】，程序执行至光标所在行或上一行。若执行运动指令，机器人TCP将从当前所在位置移至光标所在行或上一行示教点位置后停止运动 ④ 重复步骤③，直至执行全部任务程序	① 在编辑模式下，移动光标至程序首行 ② 点按【**窗口键**】，移动光标至菜单栏，单击辅助菜单【**测试运转**】（→），激活程序测试运转功能 ③ 按住【**动作功能键Ⅳ**】的同时，持续按住【**拨动按钮**】或【**+键**】，任务程序将从首行连续执行，期间机器人TCP将从当前所在位置移至任务程序中记忆的首个示教点位置（如HOME），然后依次到达其他示教点位置，直至最后一个示教点（如返回HOME）

【任务分析】

板-板对接接头机器人平焊作业的示教较为容易，与任务3.2机器人平板堆焊的示教类似。使用机器人完成两块 200mm × 50mm × 1. 5mm 碳钢试板的平焊对接需要示教 6 个目标位置点，其运动路径和焊枪姿态规划如图 5-12 所示。各示教点用途见表 5-12。实际示教时，可以按照图 3-18 所示的流程进行示教编程。

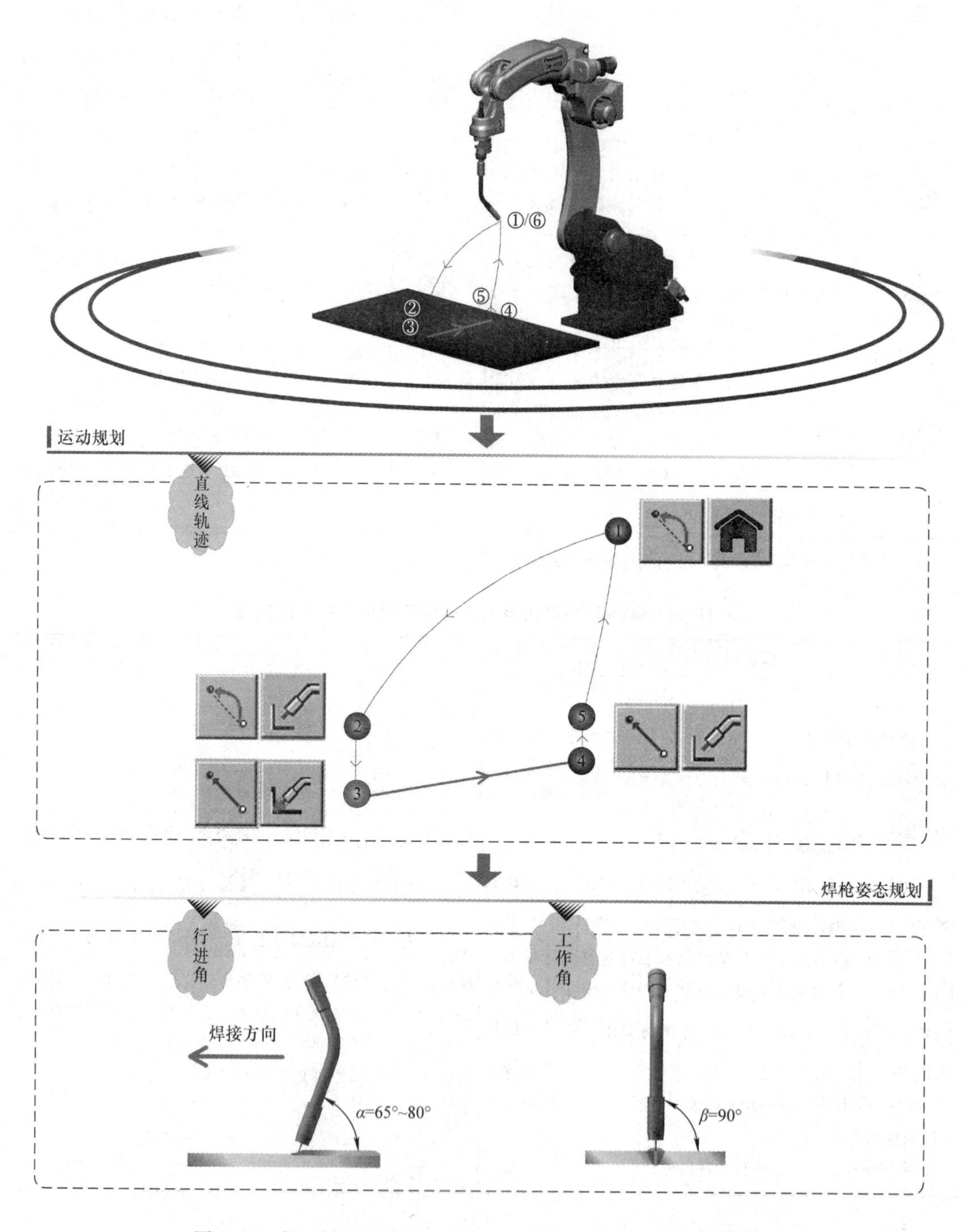

图 5-12　板 – 板对接接头机器人平焊的运动路径和焊枪姿态规划

表 5-12 机器人平板对焊任务的示教点

示教点	备 注	示教点	备 注	示教点	备 注
①	原点（HOME）	③	焊接起始点	⑤	焊接回退点
②	焊接临近点	④	焊接结束点	⑥	原点（HOME）

【任务实施】

1. 示教前的准备

开始任务示教前，请做如下准备。

① 试板表面清理。核实试板厚度后，将钢板待焊区域表面铁锈、油污等杂质清理干净。

② 坡口组对点固。使用手工电弧焊方法（如 TIG）沿焊接线两端将两块组对好的待焊试板定位焊点固。

③ 试板装夹固定。选择合适的夹具将待焊试板固定在焊接工作台上。

④ 机器人原点确认。执行机器人控制器内存储的原点程序，让机器人返回原点（如 BW = −90°、RT = UA = FA = RW = TW = 0°）。

⑤ 机器人坐标系设置。设置正确的机器人工具坐标系和工件（用户）坐标系编号。

⑥ 新建任务程序。创建一个文件名为“Butt_ weld”的焊接程序文件。

2. 运动轨迹示教

参照第 3 章中 3.2 节的示教方法，点动机器人依次通过机器人原点 P001、焊接临近点 P002、焊接起始点 P003、焊接结束点 P004、焊接回退点 P005 等 6 个目标位置点，并记忆示教点的位姿信息。其中，机器人原点 P001 应设置在远离作业对象（待焊工件）的可动区域的安全位置；焊接临近点 P002 和焊接回退点 P005 应设置在临近焊接作业区间、便于调整焊枪姿态的安全位置。具体示教步骤见表 5-13。编制完成的任务程序见表 5-14。

表 5-13 机器人平板对焊示教点的记忆

示教点	示教方法
机器人原点 P001	① 接通伺服电源。在“TEACH”模式下，轻握【**安全开关**】至【伺服接通按钮】指示灯闪烁，此时按下【伺服接通按钮】，指示灯亮，机器人运动轴伺服电源接通 ② 打开机器人动作模式。点按【**动作功能键Ⅷ**】，（灯灭）→（灯亮），激活机器人动作功能 ③ 变更示教点属性。按住【**右切换键**】，切换至示教点记忆画面，点按【**动作功能键**】、【**动作功能键Ⅲ**】，变更示教点 P001 的动作类型为（MOVEP），空走点 ④ 记忆示教点。点按【**确认键**】，记忆示教点 P001 为机器人原点

（续）

示教点	示教方法
焊接临近点 P002	① 调整机器人焊枪姿态。保持默认关节坐标系，使用【**动作功能键** 】~【**动作功能键Ⅲ**】与【**拨动按钮**】组合键，调整机器人末端焊枪至作业姿态（焊枪行进角 $\alpha=65°\sim80°$、工作角 $\beta=90°$） ② 切换机器人点动坐标系。按住【**右切换键**】的同时，点按【**动作功能键Ⅳ**】或者依次单击辅助菜单【**点动坐标系**】→【**工件坐标系**】，切换机器人点动坐标系为系统默认的工件（用户）坐标系，即与【**机座坐标系**】重合 ③ 移至焊接临近点。在工件（用户）坐标系中，使用【**动作功能键Ⅳ**】、【**动作功能键Ⅵ**】与【**拨动按钮**】组合键，点动机器人线性移至作业开始位置附近（见图 5-13） ④ 变更示教点属性。按住【**右切换键**】，切换至示教点记忆画面，点按【**动作功能键**】、【**动作功能键Ⅲ**】，变更示教点 P001 的动作类型为（MOVEP），空走点 ⑤ 记忆示教点。点按【**确认键**】，记忆示教点 P002 为焊接临近点
焊接起始点 P003	① 移至焊接起始点。在工件（用户）坐标系中，保持焊枪姿态，点动机器人线性移至焊接开始位置（见图 5-14） ② 变更示教点属性。按住【**右切换键**】，切换至示教点记忆画面，点按【**动作功能键**】、【**动作功能键Ⅲ**】，变更示教点 P003 的动作类型为（MOVEL）或（MOVEP），焊接点 ③ 记忆示教点。点按【**确认键**】，记忆示教点 P003 为焊接起始点，焊接开始指令被同步记忆
焊接结束点 P004	① 移至焊接结束点。在工件（用户）坐标系中，继续保持焊枪姿态，沿 $-X$ 轴方向点动机器人线性移至焊接结束位置（见图 5-15） ② 变更示教点属性。按住【**右切换键**】，切换至示教点记忆画面，点按【**动作功能键Ⅰ**】、【**动作功能键Ⅲ**】，变更示教点 P004 的动作类型为（MOVEL），空走点 ③ 记忆示教点。点按【**确认键**】，记忆示教点 P004 为焊接结束点，焊接结束指令被同步记忆
焊接回退点 P005	① 切换机器人点动坐标系。按住【**右切换键**】的同时，点按【**动作功能键Ⅳ**】，或者依次单击辅助菜单【**点动坐标系**】→【**工具坐标系**】，切换机器人点动坐标系为工具坐标系 ② 移至焊接回退点。在工具坐标系中，继续保持焊枪姿态，沿 $-X$ 轴方向点动机器人移向远离焊接结束点的安全位置（见图 5-16） ③ 变更示教点属性。按住【**右切换键**】，切换至示教点记忆画面，点按【**动作功能键Ⅰ**】、【**动作功能键Ⅲ**】变更示教点 P005 的动作类型为（MOVEL）或（MOVEP），空走点 ④ 记忆示教点。点按【**确认键**】，记忆示教点 P005 为焊接回退点

示教点	示教方法
机器人原点 P006	① 打开机器人编辑模式。松开【**安全开关**】，点按【**动作功能键Ⅷ**】，（灯亮）→（灯灭），关闭机器人动作功能，进入编辑模式。按【**用户功能键 F6**】切换用户功能图标至复制、粘贴功能 ② 复制机器人运动指令。使用【**拨动按钮**】移动光标至示教点 P001 所在指令语句行，点按【**用户功能键 F3**】（复制），然后侧击【**拨动按钮**】，弹出“复制”确认界面，点按【**确认键**】，完成指令语句的复制操作 ③ 粘贴机器人运动指令。移动光标至示教点 P005 所在指令语句行，点按【**用户功能键 F4**】（粘贴），完成指令语句的粘贴操作

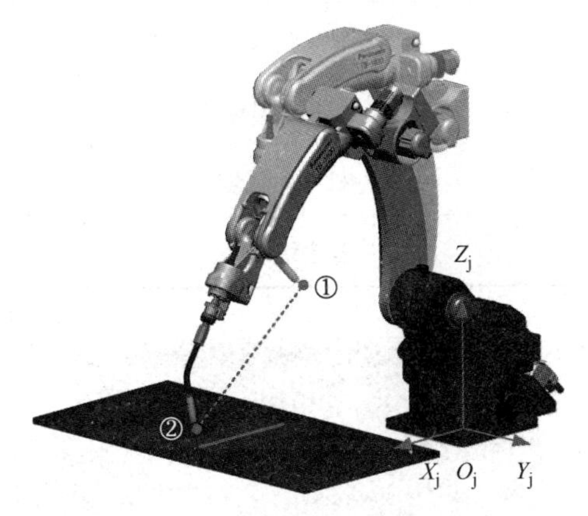

图 5-13　点动机器人至焊接临近点 P002

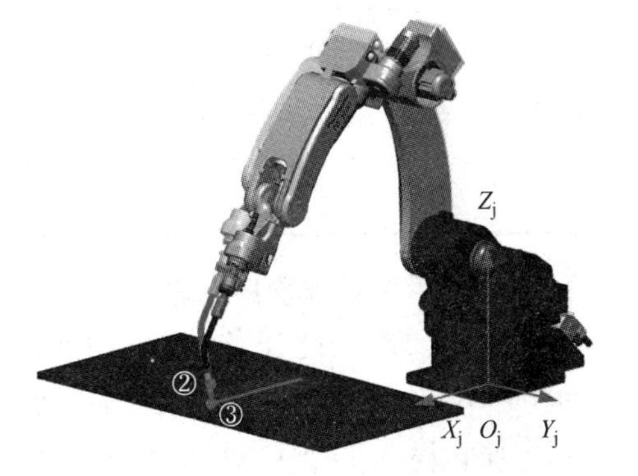

图 5-14　点动机器人至焊接起始点 P003

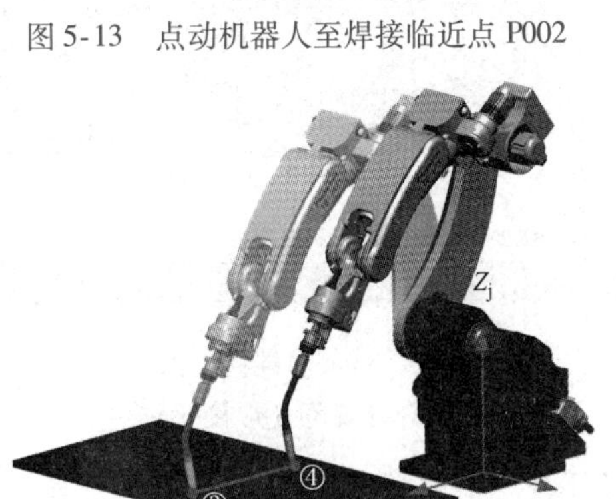

图 5-15　点动机器人至焊接结束点 P004

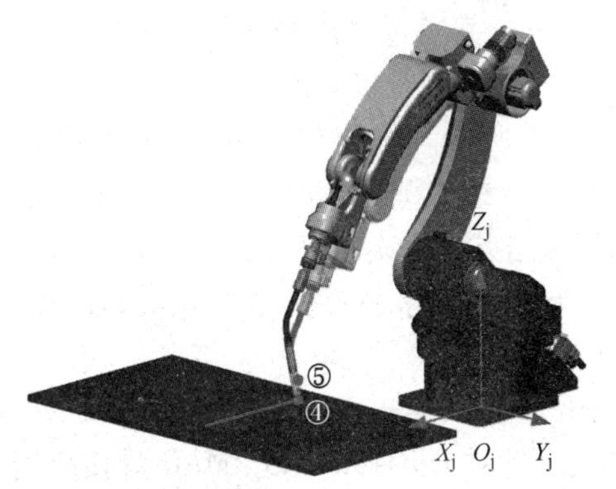

图 5-16　点动机器人至焊接回退点 P005

表 5-14　板－板对接接头机器人平焊任务程序

行号码	行标识	指令语句	备注
		Begin Of Program	程序开始
0001		TOOL　=　1　:　TOOL01	工具坐标系（焊枪）选择
0002		MOVEP　P001，　10.00m/min	机器人原点（HOME）

（续）

行号码	行标识	指令语句	备注
0003		MOVEP P002, 10.00m/min	焊接临近点
0004		MOVEL P003, 5.00m/min	焊接起始点
0005		ARC－SET AMP＝120 VOLT＝16.4 S＝0.50	焊接开始规范
0006		ARC－ON ArcStart1 PROCESS＝0	开始焊接
0007		MOVEL P004, 5.00m/min	焊接结束点
0008		CRATER AMP＝100 VOLT＝16.2 T＝0.00	焊接结束规范
0009		ARC－OFF ArcEnd1 PROCESS＝0	结束焊接
0010		MOVEL P005, 5.00m/min	焊接回退点
0011		MOVEP P006, 10.00m/min	机器人原点（HOME）
		End Of Program	程序结束

3. 工艺条件和动作次序示教

根据任务要求，此任务选用直径为1.0mm的ER50－6实心焊丝，较为合理的焊丝干伸长度为12～15mm，富氩保护气体（80% Ar＋20% CO_2）流量为15～20L/min，并通过“焊接导航功能”生成1.5mm厚碳钢对接焊缝的参考规范，如图5-17所示。焊接结束规范（收弧电流）为参考规范的80%左右，焊接开始和焊接结束动作次序保持默认。关于焊接条件和动作次序的示教请参考4.1.2节、4.1.3节。

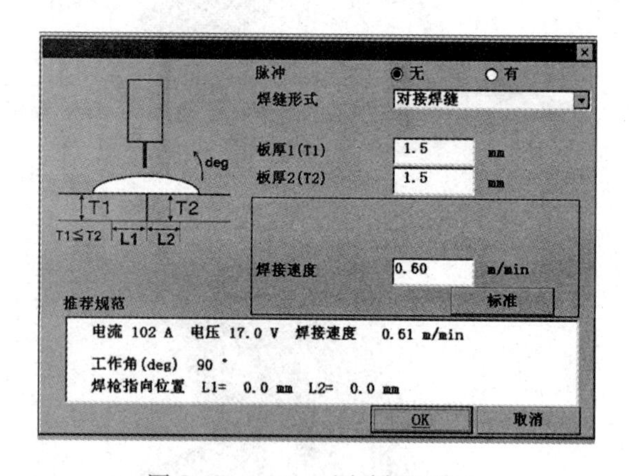

图5-17 1.5mm厚碳钢机器人平板对接焊缝规范（焊接导航）

针对Panasonic CO_2/MAG焊接机器人，焊接导航功能所生成的参考规范与焊接电源配置、焊接软件包版本以及系统弧焊设置等密切关联。依次单击主菜单【设置】→【弧焊】，在弹出界面中依次选择“特性1：TAWERS1（通常使用特性）”→“焊丝/材质/焊接方法”，可以查阅或变更材质、焊丝直径、保护气体种类、脉冲模式等默认设置。

4. 程序验证与再现施焊

为确认机器人TCP路径，需要依次进行单步程序验证和连续测试运转，具体实施步骤见表5-11。任务程序验证无误后，方可再现施焊。自动模式下，机器人执行任务步骤如下：

① 移动光标至首行。在编辑模式下，将光标移至程序开始指令（Begin of Program）。

② 选择自动模式。切换**【模式旋钮】**至“AUTO”位置（自动模式），禁用电弧锁定功能（灯灭）。

③ 接通伺服电源。点按**【伺服接通按钮】**，接通机器人伺服电源。

④ 自动运转程序。点按**【启动按钮】**，系统自动运转执行任务程序，机器人开始焊接。

待焊接结束、试板冷却至室温后，目测焊缝与母材圆滑过渡，外观检查也无表面裂纹、气孔等焊接缺陷。经测量，焊缝宽度为4.8mm，正面余高为0.9mm，背面余高1.1mm。同时，由于焊接电弧的局部加热和焊缝金属的收缩，焊后试板发生较为明显的弯曲变形（见图5-18）。

板对板焊接优化视频

a) 焊前准备

b) 焊接过程

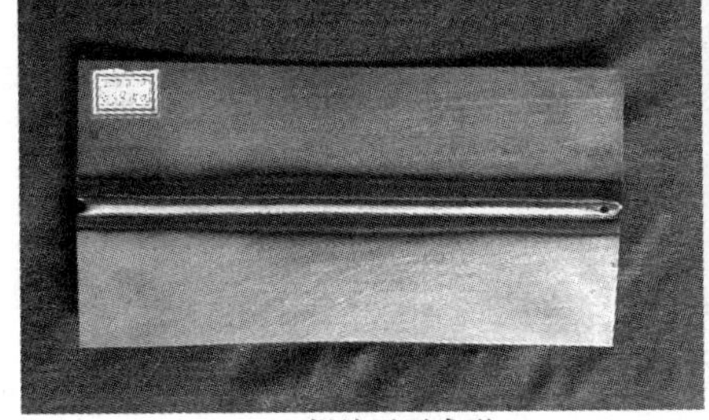

c) 焊缝正面成形

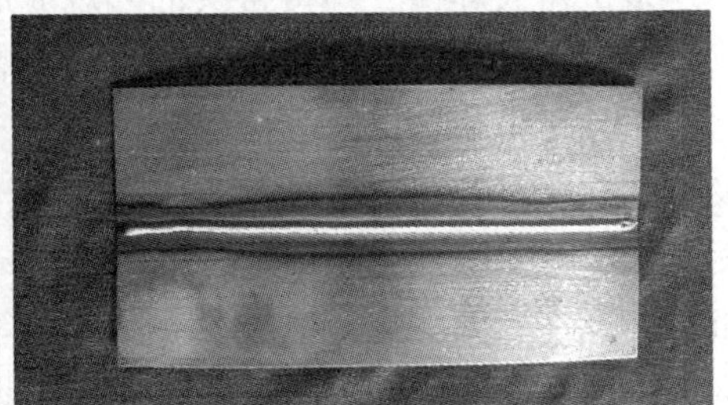

d) 焊缝背面成形

图5-18　1.5mm厚碳钢试板对接接头机器人平焊

采用焊接导航生成的参考规范，2.0mm和3.0mm厚碳钢试板对接接头机器人平焊效果分别如图5-19、图5-20所示。显然，随着板厚增加，焊缝宽度均匀性和背面余高一致性（或熔透连续性）等指标有待进一步优化，即焊接规范参数调控。

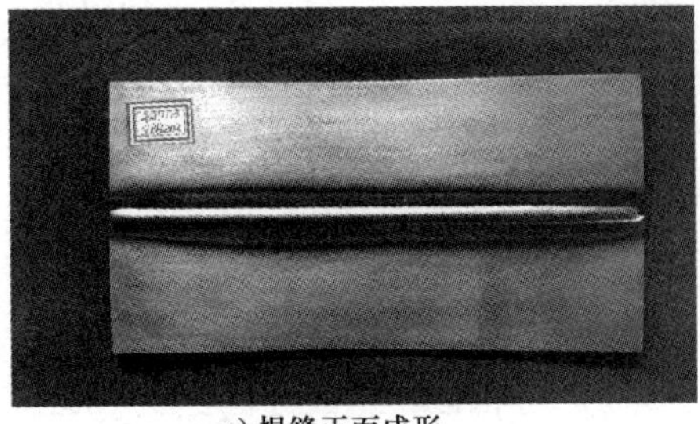

a) 焊缝正面成形

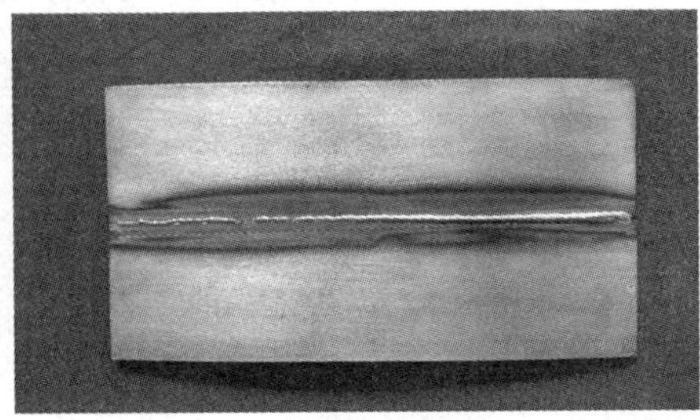

b) 焊缝背面成形

图5-19　2.0mm厚碳钢试板对接接头机器人平焊效果（焊接导航）

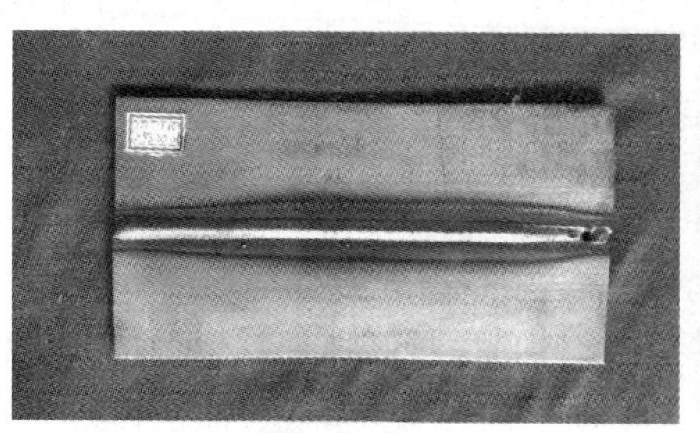
a) 焊缝正面成形

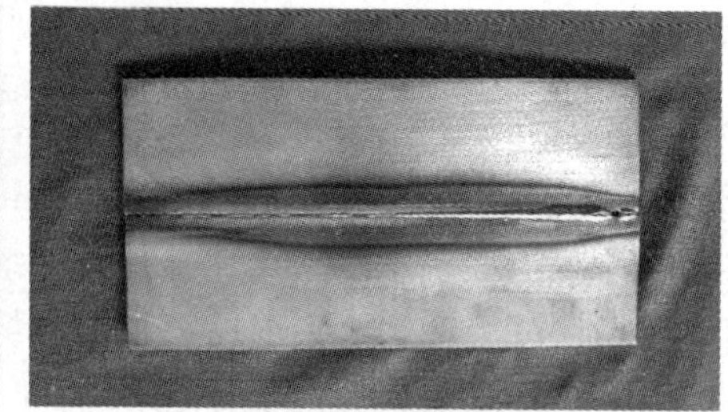
b) 焊缝背面成形

图 5-20　3.0mm 厚碳钢试板对接接头机器人平焊效果（焊接导航）

任务 5.2　机器人直线轨迹任务程序编辑

【任务提出】

无论手工焊接还是机器人焊接，焊接接头的外观成形和力学性能均需达标，这样才能称之为焊接质量合格。换言之，机器人焊接质量的调控包含两个维度，控形和控性。前者主要面向焊缝外观成形而调控焊接参数；后者除成形要求外，还以接头力学性能（如抗拉强度、冲击韧性等）为参数优化的目标，焊接质量要求明显高于前者。

此任务针对任务 5.1 中焊缝成形美观、余高≤1.5mm 且焊接变形控制合理的控形质量要求，调整优化机器人焊枪姿态、焊接电流、焊接速度等作业条件，适度减小焊缝背面余高和降低焊件弯曲变形，加深焊接机器人系统关键参数对焊缝成形质量的影响规律的理解。

【知识准备】

5.2.1　对接焊缝的成形质量

针对焊接接头的控形质量要求，板－板对接接头的焊缝成形质量指标主要包括焊缝宽度、余高、熔深等，见表 5-15。

表 5-15　对接焊缝的成形质量指标

指 标	指标说明	指标示例
焊缝宽度	焊缝表面两焊趾之间的距离，建议控制在坡口上表面宽度的 105% ~120%	焊趾 焊缝宽度 焊接衬垫 坡口

（续）

指标	指标说明	指标示例
余高	超出母材表面连线上面的那部分焊缝金属的最大高度，建议单面焊正面余高控制在3mm以内、背面余高控制在1.5mm以内	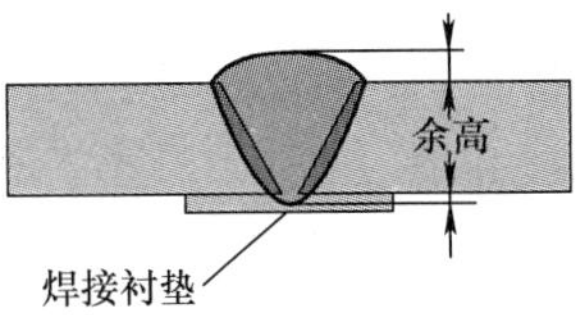 余高 焊接衬垫
熔深	在焊接接头横截面上，母材或前道焊缝熔化的深度，建议母材熔深控制在0.5～1.0mm、焊道层间熔深控制在3.0～4.0mm	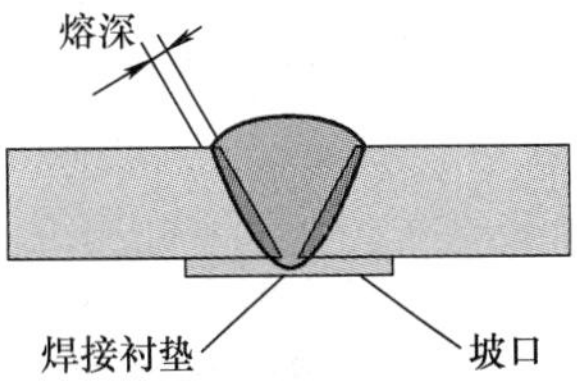 熔深 焊接衬垫 坡口

说明：焊趾是焊缝表面与母材交界处。

虽然机器人焊接具有质量稳定、一致性好等优点，但是若机器人路径准确度和焊接条件配置不合理时，将会出现气孔、咬边、焊瘤、烧穿等外观缺陷，这也正是经常需要编辑新创建的机器人任务程序的原因。表5-16是常见的机器人焊接（弧焊）外观缺陷原因分析及调整方法。

表5-16　常见的对接焊缝外观缺陷及调整方法

类别	外观特征	产生原因	调整方法	缺陷示例
成形差	焊缝两侧附着大量焊接飞溅，焊缝宽度及余高的一致性差，焊道断续	①导电嘴磨损严重，焊丝指向弯曲，焊接过程中电弧跳动 ②焊丝干伸长度过长，焊接电弧燃烧不稳定 ③焊接参数选择不当，导致焊接过程飞溅量大，熔深大小不一等	①更换新的导电嘴和送丝压轮，校直焊丝 ②调整至合适的干伸长度 ③选择合适的焊接电流、电弧电压和焊接速度	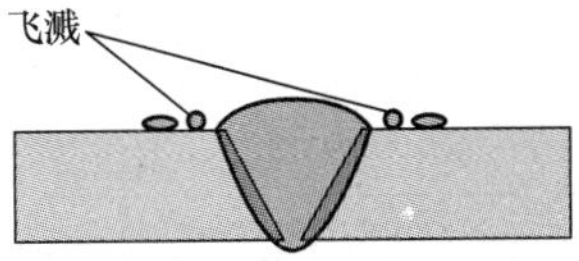 飞溅
未焊透	接头根部未完全熔透	①焊接电流过小，焊接速度太快，焊接热输入偏小，导致坡口根部无法受热熔化 ②坡口间隙偏小，钝边偏厚，导致接头根部很难熔透	①调整至合适的焊接电流（送丝速度）和焊接速度 ②选择合适的坡口角度及钝边	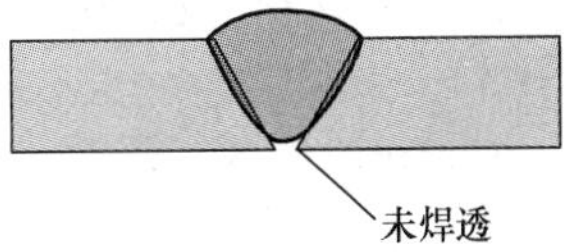 未焊透

（续）

类别	外观特征	产生原因	调整方法	缺陷示例
未熔合	焊道与母材之间或焊道与焊道之间，未完全熔化结合	① 焊接电流过小，焊接速度太快，焊接热输入偏小，导致坡口或焊道受热熔化不足 ② 焊接电弧作用位置不当，母材未熔化时已被液态熔敷金属覆盖	① 调整至合适的焊接电流（送丝速度）和焊接速度 ② 调整至合适的焊枪倾角和电弧作用位置	未熔合
咬边	沿焊趾的母材部位产生沟槽或凹陷，呈撕咬状	① 焊接电流太大，焊缝边缘的母材熔化后未得到熔敷金属的充分填充 ② 焊接电弧过长 ③ 坡口两侧停留时间太长或太短	① 调整至合适的焊接电流（送丝速度）和焊接速度 ② 调整至合适的焊丝干伸长度 ③ 调整至合适的坡口两侧停留时间	咬边
气孔	焊缝表面有密集或分散的小孔，大小、分布不等	① 母材表面污染，受热分解产生的气体未及时排出 ② 保护气体覆盖不足，导致焊接熔池与空气接触发生反应 ③ 焊缝金属冷却过快，导致气体来不及逸出	① 焊前清理焊接区域的油污、油漆、铁锈、水或镀锌层等 ② 调整保护气体流量、焊丝干伸长度和焊枪倾角 ③ 调整至合适的焊接速度	气孔
焊瘤	熔化金属流淌到焊缝外的母材上形成的金属瘤	熔池温度过高，冷却凝固较慢，液态金属因自重产生下坠	调整至合适的焊接电流（送丝速度）	焊瘤
凹坑	焊后在焊缝表面或背面，形成低于母材表面的局部低洼	① 接头根部间隙偏大，钝边偏薄，熔池体积较大，液态金属因自重产生下坠 ② 焊接电流偏大，熔池温度高、冷却慢，导致熔池金属重力增加而表面张力减小	① 选择合适的接头根部间隙和坡口钝边 ② 调整至合适的焊接电流（送丝速度）	凹坑

（续）

类别	外观特征	产生原因	调整方法	缺陷示例
下塌	单面熔化焊时，焊缝正面塌陷、背面凸起	① 焊接电流偏大，焊缝金属过量透过背面 ② 焊接速度偏慢，热量在小区域聚集，熔敷金属过多而下坠	① 调整至合适的焊接电流（送丝速度） ② 调整至合适的焊接速度或适度减小焊枪行进角	下塌
烧穿	熔化金属自坡口背面流出，形成穿孔	① 焊接电流过大，热量过高，熔深超过板厚 ② 焊接速度过慢，热量小区域聚集，烧穿母材	① 调整至合适的焊接电流（送丝速度） ② 调整至合适的焊接速度	烧穿
热裂纹	焊接过程中在焊缝和热影响区产生焊接裂纹	① 焊丝含硫量较高，焊接时形成低熔点杂质 ② 焊接头拘束不当，冷却凝固的焊缝金属沿晶粒边界拉开 ③ 收弧电流不合理，产生弧坑裂纹	① 选择含硫量较低的焊丝 ② 采用合适的接头工装卡具及拘束力 ③ 优化收弧电流，必要时采取预热和缓冷措施	热裂纹
焊接变形	焊件由焊接而产生的角变形、弯曲变形等	①工件固定不牢，受焊接残余应力作用而变形 ② 焊接顺序不当，导致焊接应力集中而变形 ③ 焊接接头设计不合理	① 采用反变形法或工装卡具刚性固定 ② 选择合理的焊接顺序 ③ 优化接头设计及焊接参数	焊接变形

5.2.2　工业机器人编程指令

基于示教－再现原理的工业机器人，其完成作业所执行的运动轨迹、工艺条件和动作次序均是通过执行用户编制的任务程序获得的。机器人任务程序的文件结构可以分为两部分，数据声明和指令集合。数据声明是机器人示教编程过程中形成的相关数据（如示教点位姿数据），以规定的格式予以保存；指令集合是机器人完成具体操作的编程指令程序，一般由行号码、行标识、程序结构记号和指令语句等构成，如图 5-21 所示。熟知工业机器人的任务程序构成及指令基本格式，是编辑机器人任务程序的基础。

① 行号码是机器人制造商为提高任务程序的阅读性，以及便于编程员快速定位任务程序指令语句而自行开发的一种数字助记符号。行号码会自动插入到指令语句的最左侧。当删除或移动指令语句至程序的其他位置时，程序将自动重新赋予新的行号码，使得首行始终为

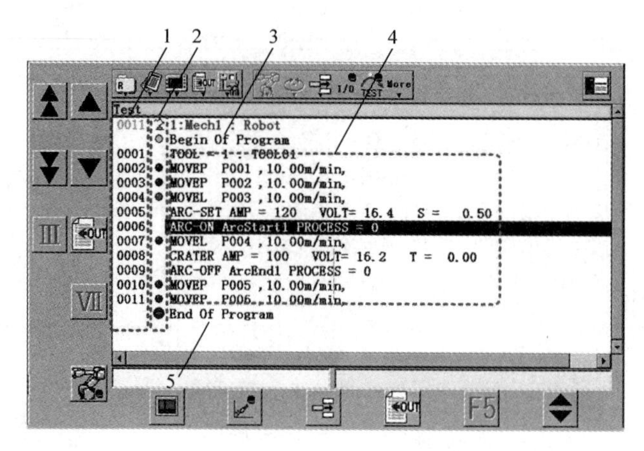

图 5-21　工业机器人任务程序的构成

1—行号码　2—行标识　3—程序开始记号　4—指令语句　5—程序结束记号

0001，第 2 行为 0002……

② 行标识是机器人制造商为提高任务程序的阅读性，以及警示编程员关键示教点用途或机器人 TCP 运动状态而自行开发的一种图形助记符号。行标识会自动插入到指令语句的左侧。Panasonic 机器人任务程序的行标识见表 5-17。

表 5-17　Panasonic 机器人任务程序的行标识

行标识	备　注	行标识	备　注	行标识	备　注
	程序开始		到达指令位姿		标签指令
	空走点		离开指令位姿		调用指令
	焊接点		沿指令路径运动		机构运动组
	摆焊振幅点		沿点动路径运动		程序结束

③ 程序结构记号是机器人制造商为提高任务程序的阅读性而自行开发的一种文本助记符号，包括程序开始记号（如 Begin of Program）和程序结束记号（如 End of Program）。程序结构记号会自动插入到程序的开头和尾部。当插入指令时，程序结束记号自动下移。程序执行至结束记号时，通常会自动返回至第 1 行并结束执行。

④ 指令语句是机器人制造商为让机器人执行特定功能而自行开发的专用编程语言，指令及其参数构成指令语句。工业机器人编程指令包含运动类、工艺类、信号处理类、流程控制类、数据运算类等。表 5-18 是 Panasonic 机器人焊接作业常用的编程指令。

表 5-18　Panasonic 机器人焊接作业常用的编程指令

序号	指令类别	指令描述	执行对象	Panasonic 机器人指令示例
1	运动指令	对焊接机器人系统各关节运动轴（含附加轴）转动、移动进行控制的相关指令，用于机器人运动轨迹示教	焊接机器人系统	MOVEP、MOVEL、MOVEC、MOVELW、MOVECW、WEAVEP 等

（续）

序号	指令类别	指令描述	执行对象	Panasonic 机器人指令示例
2	焊接指令	对机器人焊接引弧、收弧等进行控制以及焊接工艺条件设置的相关指令，用于机器人作业条件示教	焊接系统	ARC - ON、ARC - OFF、ARC - SET、CRATER、WAIT - ARC、WIREFWD 等
3	信号处理指令	对焊接机器人信号输入、输出通道进行操作的相关指令，包括对单个信号通道和多个信号通道的设置、读取等，用于机器人动作次序示教	工艺辅助设备	IN、OUT、PULSE 等
4	流程控制指令	对机器人操作指令执行顺序产生影响的相关指令，用于机器人动作次序示教	焊接机器人系统	CALL、DELAY、IF、JUMP、LABEL、WAIT - VAL 等
5	数据运算指令	对程序中相关变量进行数学或布尔运算的指令，用于机器人动作次序示教	焊接机器人系统	ADD、INC、DEC、CLEAR 等

1. 运动指令

运动指令是指以指定的运动速度和动作类型控制机器人 TCP 向工作空间内的目标位置运动的指令，包含关节动作指令（MOVEP）、直线动作指令（MOVEL）和圆弧动作指令（MOVEC）等。以图 5-21 为例，第 2 行的程序指令语句功能是：在保持焊枪姿态自由的前提下，机器人所有关节运动轴同时加速（TCP 线性速度为 10.00m/min）移向指令位姿 P001，待 TCP 到达 P001 位置时，所有关节运动轴同时减速后停止。归纳起来，焊接机器人运动指令主要由动作类型、位置坐标、运动速度、定位方式和附加选项等五大要素构成，不同品牌机器人的运动指令要素呈现形式有所不同，如图 5-22 所示。以 Panasonic 机器人为例，其运动指令语句默认配置为简略显示，定位方式和附加选项等要素可以通过交互式弹出界面（隐性）配置。当然，修改默认配置（单击辅助菜单 More【扩展选项】→【编辑设置】），可以完整显示运动指令要素。各运动指令要素的内涵见表 5-19。

MOVEP (1)　P001, (2)　10.00m/min (3)

a) 简略显示

MOVEL (1)　P001, (2)　10.00m/min, (3)　SL=d(10), (4)　CL=0 (5)

b) 完整显示

图 5-22 工业机器人的运动指令要素

1—动作类型 2—位置坐标 3—运动速度 4—定位方式 5—附加选项（可选项）

表 5-19 工业机器人运动指令要素

序号	指令要素	指令要素内涵	Panasonic 机器人指令示例
1	动作类型	指定机器人从当前位置向指令位姿的运动轨迹，包含不进行轨迹/姿势控制的关节动作和进行轨迹/姿势控制的直线、圆弧动作	关节动作 MOVEP：将机器人移至目标位置的基本移动方法，机器人全部运动轴同时加/减速，TCP 的运动轨迹通常为非线性，且移动过程中焊枪姿态不受控制。例如： MOVEP　P001，　10.00m/min　//机器人原点（HOME） MOVEP　P002，　10.00m/min　//焊接临近点 直线动作 MOVEL：以线性插补方式对从运动起始点到目标点的 TCP 运动轨迹和焊枪姿态进行连续路径控制的一种运动形式，在对目标结束点进行示教时记忆动作类型即可。例如： MOVEL　P003，　5.00m/min　//直线焊缝起始点 MOVEL　P004，　5.00m/min　//直线焊缝结束点

（续）

序号	指令要素	指令要素内涵	Panasonic 机器人指令示例
2	位置坐标	记忆焊接运动路径上规划的关键位置点坐标数据，默认情况下采用基于直角坐标的位置数据记忆，即以所选工具坐标相对工件（用户）坐标或机座坐标的机器人 TCP 空间位姿，包括工具的空间位置 X、Y、Z 和空间姿态 U、V、W	记忆对象：P［i］为局部变量；GA［i］为全部变量 基于直角坐标的位置数据： 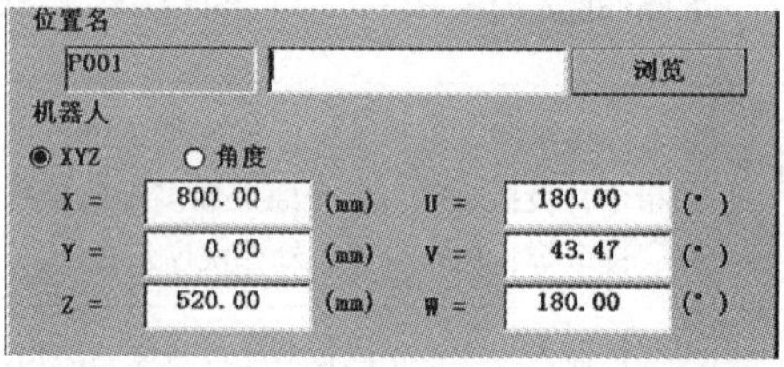 位置名 P001 浏览 机器人 ◉ XYZ ○ 角度 X = 800.00 (mm) U = 180.00 (°) Y = 0.00 (mm) V = 43.47 (°) Z = 520.00 (mm) W = 180.00 (°) 基于关节坐标的位置数据： 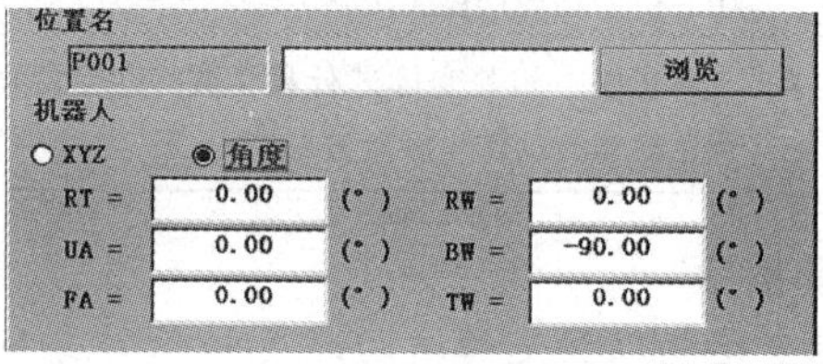 位置名 P001 浏览 机器人 ○ XYZ ◉ 角度 RT = 0.00 (°) RW = 0.00 (°) UA = 0.00 (°) BW = -90.00 (°) FA = 0.00 (°) TW = 0.00 (°)
3	运动速度	指定机器人从当前位置向指令位姿的运动快慢，其速度单位根据动作类型变化而不同。在程序执行过程中，运动速度受到速度倍率的限制	关节动作：单位为%时，在1%～100%的范围内指定相对最大运动速度的比率；单位为 m/min 时，在1～180m/min 之间指定（视本体型号而定） 直线动作和圆弧动作：单位为 m/min 时，在1～180m/min 之间指定（视本体型号而定）
4	定位方式	指定机器人在目标位置的定位准确度和运动结束方式，分为精确定位和平滑过渡两种	精确定位：机器人在目标位置减速停止（定位）后，再加速向下一个目标位置运动。例如： MOVEP　P003，　5.00m/min，SL＝d（0）　//焊接起始点 MOVEL　P004，　5.00m/min，SL＝d（0）　//焊接结束点 平滑过渡：机器人靠近目标位置，但不在目标位置停止而向下一个目标位置运动。机器人靠近目标位置到什么程度，由0～10之间的值来定义。指定1时，机器人在最靠近目标位置处动作，但不在目标位置定位而开始下一个动作；指定10时，机器人在目标位置附近不减速而马上向下一个目标位置运动，偏离目标位置最大。例如： MOVEP　P002，　5.00m/min，SL＝d（6）　//焊接临近点
5	附加选项	在机器人运动过程中，控制其执行特定动作的指令，如腕关节指令（CL）、加/减速倍率指令（ACCEL）等	腕关节指令 CL：指定不在轨迹控制动作中对手腕的姿势进行控制，由此，虽然手腕的姿势在移动中发生变化，但不会引起因腕部轴奇异点而造成的腕部轴反转动作，从而使 TCP 沿着编程轨迹动作。用于直线动作和圆弧动作场合，例如： MOVEL P001，　10.00m/min，SL＝d（6），CL＝0 加/减速倍率指令 ACCEL：指定机器人运动中的加/减速所需时间的比率，是一种从根本上延缓机器人运动的功能。减小加/减速倍率时，加/减速时间将会延长（慢慢地进行加/减速）；增大加/减速倍率时，加/减速时间将会缩短（快速进行加/减速）。通过加/减速倍率，可以使机器人从开始位置到目标位置的运动时间缩短或者延长。例如： MOVEP　P001，　10.00m/min，SL＝d（6）， ACCEL　A50%　B50%　//加/减速倍率50%

2. 焊接指令

焊接指令是指定机器人何时、如何进行焊接的指令，包含焊接开始指令（ARC－ON）、焊接结束指令（ARC－OFF）和焊接条件指令（ARC－SET、CRATER）等。在执行焊接开始指令和焊接结束指令之间所示教的运动指令语句序列时，机器人进行焊接作业。以图5-21为例，指令位置P003为焊接起始点、P004为焊接结束点，第4～9行程序指令语句序列的功能是：机器人携带焊枪采用ARC－SET指令指定的焊接开始规范（焊接电流为120A、电弧电压为16.4V），从指令位置P003成功引弧后，按照0.50m/min的焊接速度线性移向目标点P004，并在此位置点减速收弧停止，收弧规范由CRATER指令指定（收弧电流为100A、收弧电压为16.2V）。机器人焊接（弧焊）指令的功能见表5-20。

表5-20　机器人焊接指令

序号	焊接指令	指令功能	Panasonic机器人指令示例
1	焊接开始规范	指定机器人执行正常焊接（弧焊）时的作业规范，有两种指令格式：一是基于焊接条件编号的间接记忆；二是焊接规范在焊接指令中直接记忆	ARC－SET　AMP＝120　VOLT＝16.4　S＝0.50//焊接电流为120A，电弧电压为16.4V，焊接速度为0.50m/min
2	焊接开始	指定机器人按照一定的动作次序开始执行焊接（弧焊）作业，并通过引弧再试功能尽可能保证成功引弧	ARC－ON　ArcStart1　PROCESS＝0//按照ArcStart1程序文件中记忆的动作次序开始引弧焊接，未启用引弧再试功能
3	焊接结束规范	指定机器人结束焊接（弧焊）时的作业规范，有两种指令格式：一是基于焊接条件编号的间接记忆；二是焊接规范在焊接指令中直接记忆	CRATER　AMP＝100　VOLT＝16.2　T＝0.00//收弧电流为100A，收弧电压为16.2V，弧坑不做处理
4	焊接结束	指定机器人按照一定的动作次序结束焊接（弧焊）作业，并通过粘丝解除功能尽可能避免焊丝与工件、导电嘴粘在一起	ARC－OFF　ArcEnd1 PROCESS＝0//按照ArcEnd1程序文件中记忆的动作次序结束焊接作业，未启用粘丝解除功能
5	保护气体阀门	打开或关闭机器人机座位置处的保护气体电磁阀门	GASVALVE ON　//打开保护气体阀门 DELAY 2.00s　//吹气2.00s GASVALVE OFF　//关闭保护气体阀门
6	焊枪开关	打开或关闭焊枪开关	TORCHSW ON　//打开焊枪开关 WAIT－ARC　//等待引弧成功 TORCHSW OFF　//关闭焊枪开关
7	电弧检测	监测焊接电流，使机器人在成功引弧后可移动	TORCHSW ON　//打开焊枪开关 WAIT－ARC　//等待引弧成功 MOVEL　P004，　5.00m/min　//移向焊接中间点或焊接结束点

(续)

序号	焊接指令	指令功能	Panasonic 机器人指令示例
8	送丝启停	开始或停止送丝	WIREFWD ON //开始送丝 DELAY 0.10s //等待 0.10s WIRERWD OFF //停止送丝
9	粘丝检测	开启或关闭粘丝检测功能	STICKCHK ON //打开粘丝检测功能 DELAY 0.30s //等待 0.30s STICKCHK OFF //关闭粘丝检测功能

焊接点的机器人运动速度由焊接开始规范指令（如 ARC - SET）设置；空走点的机器人运动速度由运动指令的运动速度要素来指定。

5.2.3 机器人任务程序编辑

熟知机器人焊接的常见缺陷和编程指令后，编程员需要根据机器人焊接的实际效果，合理调整焊枪姿态和焊接条件，即机器人任务程序编辑。常见的任务程序编辑主要涉及示教点和指令语句的变更操作。

1. 编辑功能图标

同办公软件编辑类似，任务程序指令语句的剪切、复制、粘贴、查找、替换等编辑操作，可以通过主菜单【编辑】和辅助菜单【编辑选项】来实现。Panasonic GⅢ机器人程序编辑操作中常用的功能图标见表 5-21。

表 5-21 Panasonic GⅢ机器人编辑功能图标

图标	图标名称	图标功能	图标	图标名称	图标功能
	编辑选项	编辑模式下程序编辑状态的切换，如插入、修改和删除等		粘贴（逆）	编辑模式下选择逆序粘贴操作
	修改	编辑模式下切换至修改状态		查找	编辑模式下选择查找操作
	剪切	编辑模式下选择剪切操作		动作类型	动作模式下机器人动作类型的选择，如关节、直线和圆弧等动作
	粘贴（顺）	编辑模式下选择顺序粘贴操作		直线动作	动作模式下选择机器人直线动作
	插入	编辑模式下切换至插入状态		直线摆动	动作模式下选择机器人直线摆动动作
	删除	编辑模式下切换至删除状态		空走点	动作模式下将示教点设置为空走点
	复制	编辑模式下选择复制操作		替换	编辑模式下选择替换操作

（续）

图标	图标名称	图标功能	图标	图标名称	图标功能
	PTP	动作模式下选择机器人关节动作		圆弧摆动	动作模式下选择机器人圆弧摆动动作
	圆弧动作	动作模式下选择机器人圆弧动作		焊接点	动作模式下将示教点设置为焊接点

2. 示教点编辑

在实际任务编程过程中，焊接机器人的路径规划和轨迹示教基本不可能一蹴而就，需要经常插入新的示教点、变更或删除已有示教点，编辑方法见表5-22。

表5-22 Panasonic GⅢ机器人示教点的插入、变更或删除

编辑类别	编辑步骤
插入示教点	① 在编辑模式下，移动光标至待插入示教点的上一行 ② 点按【窗口键】，移动光标至菜单栏，依次单击辅助菜单【编辑选项】→【插入】，切换程序编辑至插入状态 ③ 点按【动作功能键Ⅷ】，（灯灭）→（灯亮），激活机器人动作功能，点动机器人至目标位置（见图5-23） ④ 点按【确认键】，新的指令位姿被插入到光标所在行的下一行
变更示教点	① 在编辑模式下，移动光标至待变更示教点所在行 ② 点按【窗口键】，移动光标至菜单栏，依次单击辅助菜单【编辑选项】→【修改】，切换程序编辑至修改状态 ③ 点按【动作功能键Ⅷ】，（灯灭）→（灯亮），激活机器人动作功能，点动机器人至新的目标位置（见图5-24） ④ 点按【确认键】，新的指令位姿被记忆且覆盖光标所在示教点
删除示教点	① 在编辑模式下，移动光标至待删除示教点所在行 ② 点按【窗口键】，移动光标至菜单栏，依次单击辅助菜单【编辑选项】→【删除】，切换程序编辑至删除状态 ③ 点按【确认键】，弹出示教点删除确认界面，再次点按【确认键】，示教点被删除

对于Panasonic机器人而言，程序编辑处于不同模式状态时，其示教盒标题栏的底色随之改变（与编辑状态功能图标颜色保持一致）。处于插入状态时，标题栏的底色显示为“青色”；切换至修改状态时，标题栏的底色显示为“蓝色”；而当切换至删除状态时，标题栏的底色显示为“牡丹色”。

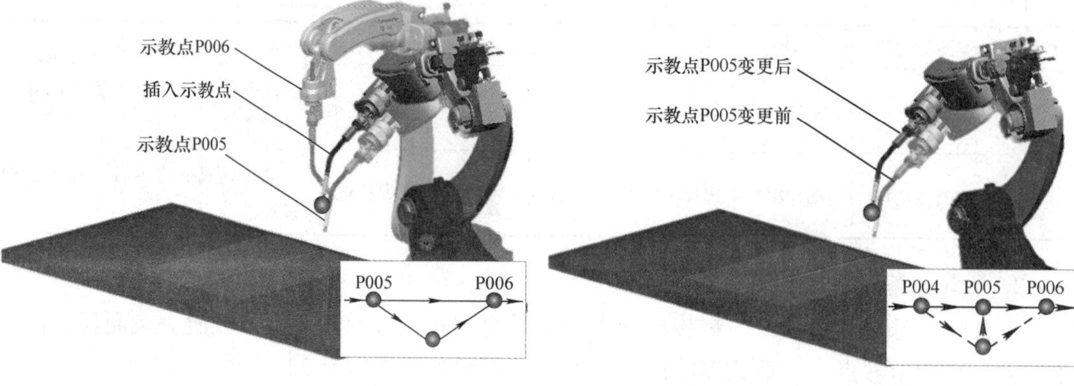

图 5-23　示教点的插入示意　　　　图 5-24　示教点的变更示意

3. 指令语句编辑

除示教点的变更操作外，焊接机器人任务程序编辑主要包括指令语句的剪切、复制和粘贴等。Panasonic GⅢ机器人指令语句的编辑方法见表 5-23。

表 5-23　Panasonic GⅢ机器人编程指令的剪切、复制和粘贴

编辑类别	编辑步骤
剪切	① 在编辑模式下，移动光标至要开始剪切的指令语句行 ② 点按【窗口键】，移动光标至菜单栏，依次单击主菜单【编辑】→【剪切】 ③ 转动【拨动旋钮】，选中要剪切的指令语句序列（示教盒程序编辑区反显选中的指令语句序列），点击【拨动旋钮】，确认剪切操作 ④ 点按【确认键】，所选指令语句序列从任务程序文件中删除，并被暂存在剪贴板中
复制	① 在编辑模式下，移动光标至要开始复制的指令语句行 ② 点按【窗口键】，移动光标至菜单栏，依次单击主菜单【编辑】→【复制】 ③ 转动【拨动旋钮】，选中要复制的指令语句序列（示教盒程序编辑区反显选中的指令语句序列），点击【拨动旋钮】，确认复制操作 ④ 点按【确认键】，所选指令语句序列被暂存在剪贴板中
粘贴	① 在编辑模式下，移动光标至待插入指令语句的上一行 ② 点按【窗口键】，移动光标至菜单栏，依次单击主菜单【编辑】→【粘贴（顺）】，暂存在剪贴板中的指令语句序列被顺序插入到光标所在行的下一行；依次单击【编辑】→【粘贴（逆）】，暂存在剪贴板中的指令语句序列被倒序插入到光标所在行的下一行

当进行往返动作示教时，使用【复制】和【粘贴（逆）】组合操作非常方便。此时，仅需示教前行轨迹，将其复制并倒序粘贴，即可完成返回轨迹。

【任务分析】

实现厚度为 1.5mm 碳钢薄板的平焊对接，要求焊缝成形美观、余高≤1.5mm 且焊接变形控制合理，焊件的控形质量要求较高。由于焊接过程是一个准稳态过程，所以达到此状态需要一个热积累的过程。由图 5-18 ~ 图 5-20 可以发现，当无引弧板和引出板时，预获得宽度（熔透）均匀、余高平整的高质量焊缝，常常需要分段（区）优化调整焊接条件。同时，基于焊接导航功能所生成的参考焊接规范，也需要结合焊接电源的性能和功能配置，合理调整并优化工艺参数。此任务将重点从焊枪姿态（行进角）、焊接速度和焊接电流三方面入手，逐一调整焊接参数，直至焊缝成形质量达标。

【任务实施】

1. 示教前的准备

开始任务程序编辑前，请做如下准备。

① 工件换装清理。更换新的试板，将其表面铁锈、油污等杂质清理干净。

② 工件组对点固。使用手工电弧焊设备将两块新的待焊试板定位焊组对起来。

③ 工件装夹固定。选择合适的夹具将新的试板固定在焊接工作台上。

④ 示教模式确认。切换**【模式旋钮】**对准“TEACH”，选择手动模式。

⑤ 加载任务程序。通过**【文件】**菜单加载任务 5.1 中创建的“Butt_ weld”程序。

2. 任务程序编辑

为获得成形美观的高质量焊缝，焊接过程中可以适度渐进减小焊枪的行进角；为获得合适的焊接熔深和变形控制，可以适度增加焊接速度或降低焊接电流。当单因素改变焊枪姿态、焊接速度或焊接电流时，均可参照图 2-14 所示的示教流程测试验证程序和再现施焊。具体的焊接接头质量优化实施过程见表 5-24。综合优化后的焊缝宽度为 4.1mm，正面余高为 1.1mm，背面余高为 0.4mm，焊件的弯曲变形程度降低，整体成形效果如图 5-25 所示。

表 5-24　板－板对接接头机器人平焊任务程序编辑

编辑类别	编辑步骤
焊枪姿态调整	① 选择指令语句。在编辑模式下，移动光标至待变更示教点 P003 所在行 ② 切换编辑至修改状态。点按**【窗口键】**，移动光标至菜单栏，依次单击辅助菜单**【编辑选项】**→**【修改】**，切换程序编辑至修改状态 ③ 打开机器人动作模式。点按**【动作功能键Ⅷ】**，（灯灭）→（灯亮），激活机器人动作功能 ④ 切换机器人点动坐标系。按住**【右切换键】**的同时，点按**【动作功能键Ⅳ】**或者依次单击辅助菜单**【点动坐标系】**→**【工件坐标系】**，切换机器人点动坐标系为系统默认的工件（用户）坐标系，即与**【机座坐标系】**重合 ⑤ 调整机器人焊枪姿态。在工件（用户）坐标系中，绕点动机器人，适度减小焊枪行进角，如 $\alpha = 70°$ ⑥ 记忆示教点。点按**【确认键】**，新的焊枪姿态被记忆覆盖示教点 P003 ⑦ 移至焊接结束点。在工件（用户）坐标系中，使用**【动作功能键Ⅳ】**、**【动作功能键Ⅴ】**和**【拨动按钮】**组合键，点动机器人沿、线性移至焊接结束点 P004 ⑧ 记忆示教点。再次点按**【确认键】**，新的焊枪姿态被记忆覆盖示教点 P004

（续）

编辑类别	编辑步骤
焊接速度变更	① 选择指令语句。在编辑模式下，移动光标至 ARC－SET 指令语句所在行，点击【**拨动按钮**】，弹出焊接开始规范配置界面 ② 变更指令参数。向下转动【**拨动按钮**】，移动光标至“焊接速度”编辑框，点击【**拨动按钮**】，弹出焊接速度配置界面，适度增加焊接速度，如 0.65～0.70m/min ③ 记忆指令语句。待参数确认后，连续两次点按 ⇨【**确认键**】，结束焊接速度变更
焊接电流微调	① 选择指令语句。在编辑模式下，移动光标至 ARC－SET 指令语句所在行，点击【**拨动按钮**】，弹出焊接开始规范配置界面 ② 变更指令参数。点击【**拨动按钮**】，弹出焊接电流配置界面，适度降低焊接电流（如 80A）后，单击【**标准**】按钮，一元化适配电弧电压 ③ 记忆指令语句。确认参数无误，点按 ⇨【**确认键**】，结束焊接电流变更

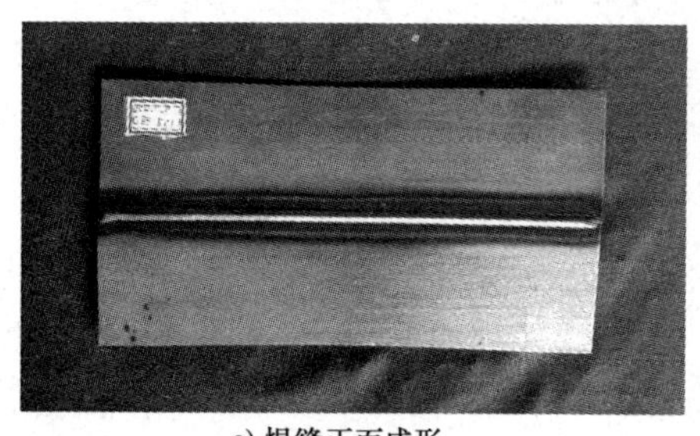

a) 焊缝正面成形

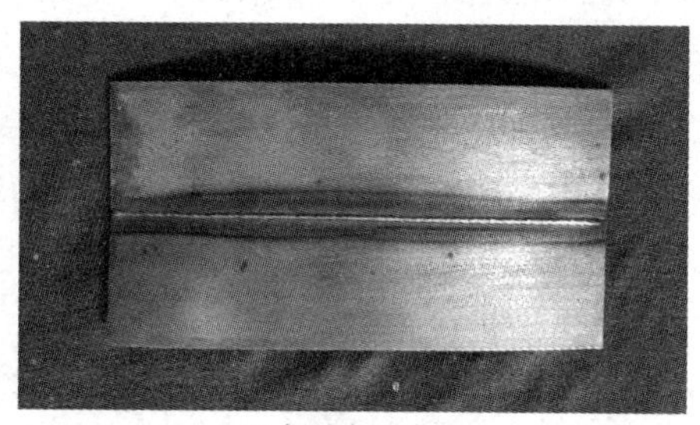

b) 焊缝背面成形

图 5-25　1.5mm 厚碳钢试板机器人平焊焊缝成形优化

【拓展阅读】

Panasonic 机器人的示教设置

为提高机器人示教编程的效率，预先配置好运动指令和焊接指令的默认参数，当记忆（焊接）作业起始点和（焊接）作业结束点等指令位姿时，上述预先配置的焊接条件被同步记忆保存。编程员可以通过依次单击辅助菜单 More 【扩展选项】→ 【示教设置】，弹出示教设置界面，如图 5-26 所示。

（1）用户坐标系　用户坐标系也称工件坐标系，是用户自定义的直角坐标系。在使用工件坐标系前，首先需要设置工件坐标系，并指定工件坐标系的编号（0～2）。默认为 0，表示使用机器人机座坐标系。

（2）运动速度　机器人运动轨迹示教时，决定示教点间的运动快慢，分为高、中、低三个档次，默认为中档。

（3）手腕插补方式　指定机器人末端工具（焊枪）变换位姿时腕部轴的插补算法，以编号形式设置（0~4），默认为0（自动计算）。

（4）摆动方式　指定机器人在振幅点之间一边沿焊缝宽度方向横向摆动、一边沿焊缝长度方向线性前移的动作类型，以编号形式设置（1~6），默认为1（低速单摆）。

（5）焊接开始规范　配置正常焊接作业时的规范参数（焊接电流、电弧电压和焊接速度），以编号形式设置（1~5），默认为1。依次单击主菜单【设置】→【弧焊】，在弹出界面中依次选择【特性1：TAWERS1（通常使用特性）】→【焊接条件数据】，可以查阅机器人制造商预设的5套焊接开始规范。

（6）焊接开始动作次序　配置机器人开始焊接的动作次序，以文件形式设置。焊接开始动作次序文件共有5套（ArcStart1~ArcStart5），默认为ArcStart1。依次单击主菜单【设置】→【弧焊】，在弹出界面中依次选择【特性1：TAWERS1（通常使用特性）】→【焊接开始设置】，可以查阅机器人制造商预设的5套焊接开始动作次序。

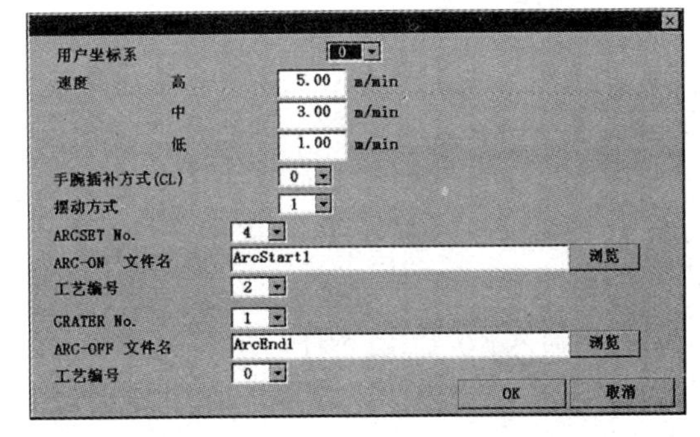

图5-26　Panasonic机器人的示教设置界面

（7）引弧再试　开始焊接时，一旦未能成功引弧，机器人将自动移动一段距离，再次接触引弧（见图5-27）。以编号形式设置（0~5），默认为0（引弧再试功能无效）。

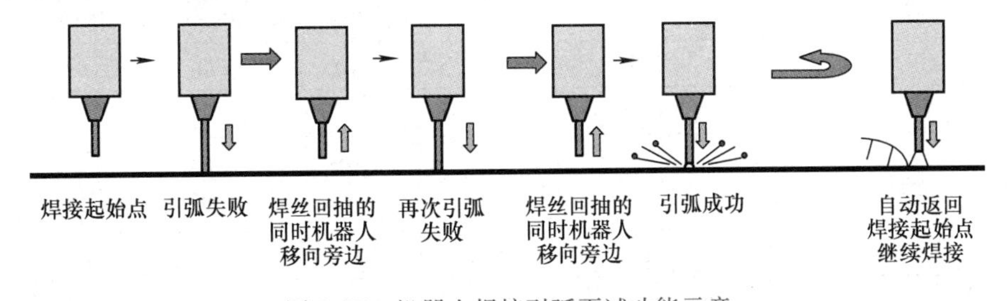

图5-27　机器人焊接引弧再试功能示意

（8）焊接结束规范　配置焊接收弧时的规范参数（收弧电流、收弧电压和弧坑处理时间），以编号形式设置（1~5），默认为1。依次单击主菜单【设置】→【弧焊】，在弹出界面中依次选择【特性1：TAWERS1（通常使用特性）】→【焊接条件数据】，可以查阅机器人制造商预设的5套焊接结束规范。

（9）焊接结束动作次序　配置机器人结束焊接的动作次序，以文件形式设置。焊接结束动作次序文件共有5套（ArcEnd1~ArcEnd5），默认为ArcEnd1。依次单击主菜单【设置】→【弧焊】，在弹出界面中依次选择【特性1：TAWERS1（通常使用特性）】→【焊接结束设置】，可以查阅机器人制造商预设的5套焊接结束动作次序。

（10）粘丝解除　在结束焊接时，为防止焊丝与工件粘在一起，焊接电源会输出瞬时高电压进行防粘丝处理，若仍无法解除粘丝，将输出“已粘丝”信号，机器人停止运行（见图5-28）。以编号形式设置（0～5），默认为0（禁用粘丝解除功能）。

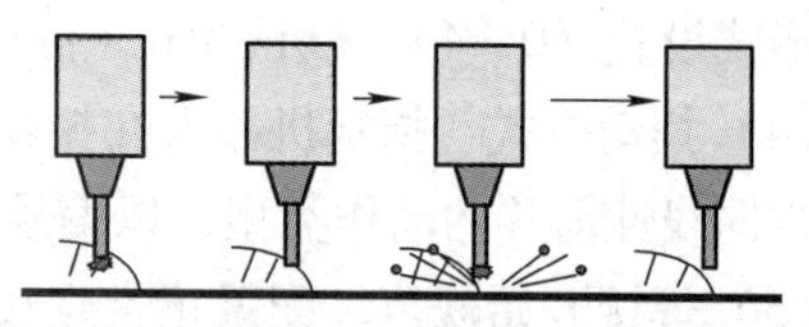

图5-28　机器人焊接粘丝解除功能示意

【知识测评】

一、填空

1. 机器人完成直线焊缝的焊接需示教________个特征点（直线的________点），插补方式选________。

2. Panasonic机器人程序内容界面主要由________、________、________及________等几部分组成，其中●（蓝色）表示________点、●（红色）表示________点、●（黄色）表示________点。

3. 机器人弧焊工艺条件的示教主要涉及以下几个方面：①在________指令中设定焊接开始规范；②在________指令中设定焊接结束规范；③手动调节焊丝干伸长度和保护气体流量。

4. 请在下表中填入各图标的名称或定义，然后选取以下图标中的一个或几个按照一定的组合填入空中，完成所指定的操作。

(1)	(2)	(3)	(4)	(5)	(6)	(7)	(8)	
(9)	(10)	(11)	(12)	(13)	(14)	(15)	(16)	(17)
(18)	(19)	(20)	(21)	(22)	(23)	(24)	(25)	(26)

① 关闭机器人动作功能，复制光标当前所在行指令。________→________→________

② 关闭机器人动作功能，删除光标当前所在行指令。________→________→________

③ 伺服电源接通的状态下，从光标当前所在行进行程序测试操作。________→________→________ + ________

④ 激活送丝·吹气功能，手动送丝。________→________→________

二、选择

1. 直线焊缝的机器人焊接（弧焊）关键参数包括（　　）等。

①焊接电流；②焊接速度；③电弧电压；④送丝速度；⑤焊丝干伸长度；⑥保护气体流量

A. ①②③④⑤　　B. ①②④⑤⑥　　C. ①②③④⑤⑥　　D. ①②③④⑥

2. 焊接机器人常见的插补方式有（　　）。

①PTP；②直线插补；③圆弧插补；④直线摆动；⑤圆弧摆动

A. ①②③④⑤　　B. ①②⑤　　C. ①②④　　D. ①②③④

3. 机器人完成具体操作的编程指令程序，一般由（　　）等构成。

①程序结构记号；②行标识；③行号码；④指令语句

A. ②③④　　B. ①②③　　C. ①②④　　D. ①②③④

三、判断

1. 机器人完成直线焊缝焊接一般仅需示教两个关键位置点（直线的两端点），且直线结束点的动作类型（或插补方式）为直线动作。（　　）

2. 工业机器人运动指令主要由动作类型、位置坐标、运动速度、定位方式和附加选项等五大要素构成，不同品牌的机器人指令要素呈现形式相同。（　　）

3. 运动指令是指以指定的运动速度和动作类型控制机器人 TCP 向工作空间内的目标位置运动的指令。（　　）

4. 相同的焊接热量条件下，存在两种可选择的焊接规范，一种是大电流、短时间，另一种是小电流、长时间，实际生产中偏向小电流、长时间的选择。（　　）

5. 干伸长度是指焊丝从喷嘴端部到工件的距离。（　　）

四、综合实践

尝试使用富氩气体（如 80% Ar + 20% CO_2）、直径为 1.2mm 的 ER50－6 实心焊丝和 Panasonic GⅢ焊接机器人，通过合理规划机器人运动路径和焊枪姿态，完成中厚板碳钢 T 形接头角焊缝的机器人平角焊作业（见图 5-29，I 形坡口，对称焊接），要求焊缝饱满，焊脚对称、焊缝宽度为 6mm，无咬边、气孔等表面缺陷。

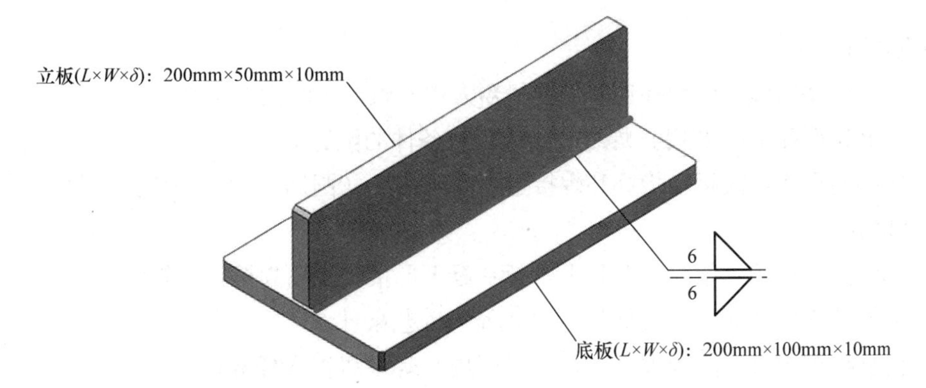

图 5-29　中厚板碳钢 T 形接头机器人平角焊

工业机器人的圆弧轨迹编程

弧形（圆周）焊缝是管－板 T 形接头、管－管对接接头和管－管角接接头的主流焊缝形式，很多复杂的焊接结构都是由直线和弧形焊缝组合连接而成，如锅炉、压力容器及其关键部件焊接。圆弧轨迹是工业机器人连续路径运动的另一典型，同时也是工业机器人任务编程的又一常见运动轨迹。

同第 5 章类似，本章将以 Panasonic GⅢ系列机器人为例，通过尝试骑坐式管－板平角焊的任务示教编程，掌握机器人圆弧轨迹焊缝的示教要领，完成圆弧轨迹任务程序的调试。根据工业机器人编程员的岗位工作内容，本章一共设置两项任务：一是骑坐式管－板 T 形接头机器人平角焊任务编程；二是机器人圆弧轨迹任务程序编辑。

【学习目标】

知识学习

1）能够列举圆弧、圆周和连弧焊缝机器人焊接轨迹示教的差异性。

2）能够说明弧形（圆周）焊缝机器人工艺条件的配置原则。

3）能够使用机器人运动指令和焊接指令完成弧形（圆周）焊缝的任务编程。

能力培养

1）能够灵活使用示教盒调整骑坐式管－板 T 形接头平角焊机器人焊枪姿态。

2）能够熟练配置弧形（圆周）焊缝机器人工艺条件。

3）能够根据焊接缺陷合理编辑弧形（圆周）焊缝机器人任务程序。

素养提升

1）培养学员分析和解决圆弧轨迹机器人焊接问题的基本能力，为后续专业学习及应用打下坚实基础。

2）将专业知识与国家发展战略相结合，塑造学员专业化的职业精神。

【学习导图】

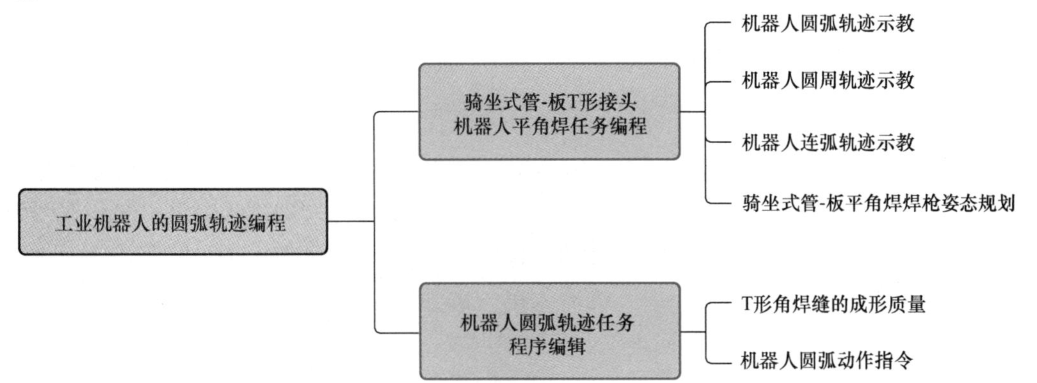

任务6.1　骑坐式管－板T形接头机器人平角焊任务编程

【任务提出】

管－板T形接头可以看成为板－板T形接头的延伸，不同之处在于管－板角焊缝位于圆管的端头，属于弧形（圆周）焊缝。根据接头结构形式，管－板T形接头可分为插入式和骑坐式管－板T形接头两类；根据空间位置不同，每类管－板T形接头又可分为垂直固定俯焊（平角焊）、垂直固定仰焊（仰角焊）和水平固定全位置焊三种。

此任务要求使用富氩气体（如80% Ar＋20% CO_2）、直径为1.2mm的ER50－6实心焊丝和Panasonic GⅢ焊接机器人，完成骑坐式管－板（无缝钢管6mm×60mm×60mm，底板100mm×100mm×10mm，材质均为Q235，见图6-1）T形接头机器人平角焊作业，焊脚对称、尺寸为6mm，焊缝呈凹形圆滑过渡，无咬边、气孔等焊接缺陷。

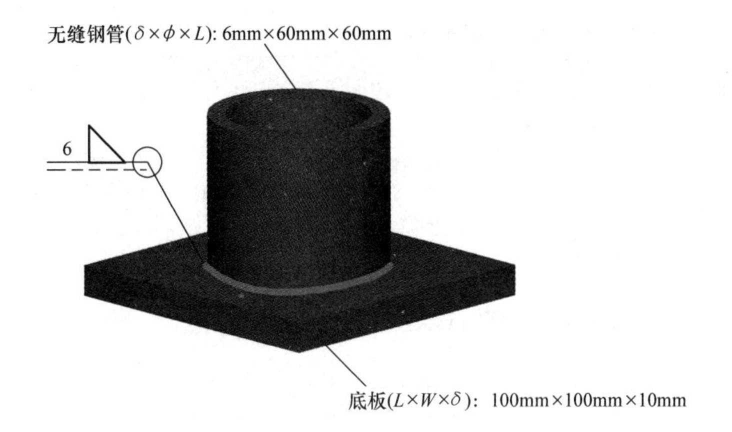

图6-1　骑坐式管－板T形接头示意

骑坐式管－板T形接头机器人平角焊任务编程视频

【知识准备】

6.1.1 机器人圆弧轨迹示教

工业机器人完成单一圆弧轨迹的作业至少需要示教3个关键位置点（圆弧起始点、圆弧中间点和圆弧结束点），且每个关键位置点的动作类型（或插补方式）均为圆弧动作。以图6-2所示的焊接轨迹为例，示教点P002至P006分别是圆弧轨迹的临近点、起始点、中间点、结束点和回退点。其中，P002→P003为焊前区间段，P003→P005为焊接区间段，P005→P006为焊后区间段。Panasonic机器人单一圆弧轨迹焊接区间示教要领见表6-1，机器人任务程序示例如图6-3所示。

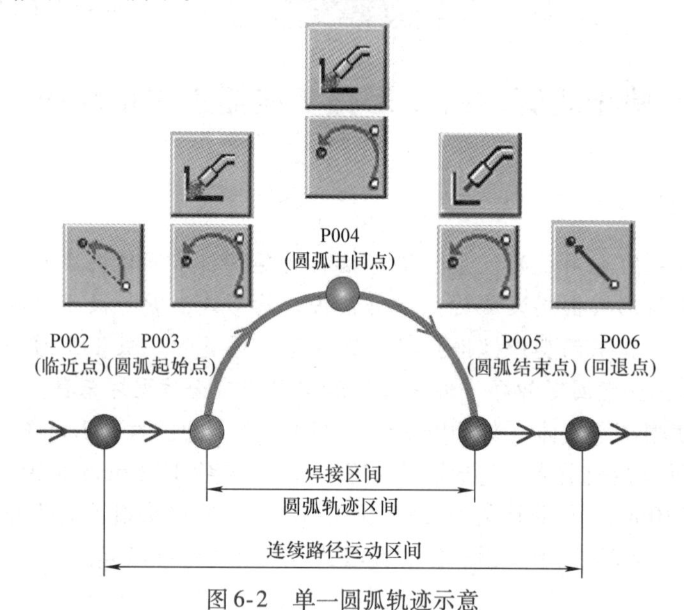

图6-2 单一圆弧轨迹示意

表6-1 Panasonic机器人单一圆弧轨迹示教

序号	示教点	示教方法
1	P002 圆弧轨迹临近点 （焊接临近点）	① 点动机器人至圆弧轨迹临近点 ② 变更示教点的动作类型为 （MOVEP）或 （MOVEL），空走点 ③ 点按 **【确认键】**，记忆示教点P002
2	P003 圆弧轨迹起始点 （焊接起始点）	① 点动机器人至圆弧轨迹起始点 ② 变更示教点的动作类型为 （MOVEC），焊接点 ③ 点按 **【确认键】**，记忆示教点P003
3	P004 圆弧轨迹中间点 （焊接路径点）	① 点动机器人至圆弧轨迹中间点 ② 变更示教点的动作类型为 （MOVEC），焊接点 ③ 点按 **【确认键】**，记忆示教点P004

（续）

序 号	示教点	示教方法
4	P005 圆弧轨迹结束点 （焊接结束点）	① 点动机器人至圆弧轨迹结束点 ② 变更示教点的动作类型为（MOVEC），空走点 ③ 点按【确认键】，记忆示教点 P005
5	P006 圆弧轨迹回退点 （焊接回退点）	① 点动机器人至圆弧轨迹回退点 ② 变更示教点的动作类型为（MOVEL），空走点 ③ 点按【确认键】，记忆示教点 P006

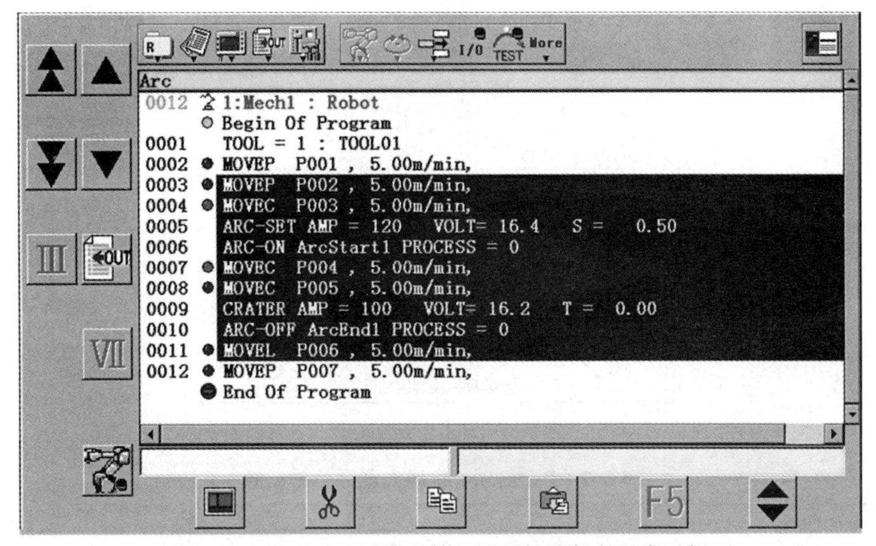

图 6-3　Panasonic 机器人单一圆弧轨迹任务程序示例

- 无论圆弧临近点采用关节动作还是直线动作，圆弧临近点至圆弧起始点区段机器人系统自动按直线路径规划运动轨迹。
- 圆弧轨迹示教时，若示教点数量少于 3 点或任务程序中紧邻圆弧运动指令少于 3 条，机器人系统无法计算圆弧中心及轨迹，将发出报警信息或按直线路径规划运动轨迹。

6.1.2　机器人圆周轨迹示教

工业机器人完成圆周轨迹的作业至少需要示教 4 个关键位置点（1 个圆周起始点/圆周结束点和 3 个圆周中间点），且每个关键位置点的动作类型（或插补方式）均为圆弧动作。以图 6-4 所示的焊接轨迹为例，示教点 P002 至 P008 分别是圆周轨迹的临近点、起始点、中间点、结束点和回退点。其中，P002→P003 为焊前区间段，P003→P007 为焊接区间段，P007→P008 为焊后区间段。Panasonic 机器人圆周轨迹焊接区间示教要领见表 6-2，机器人任务程序示例如图6-5所示。

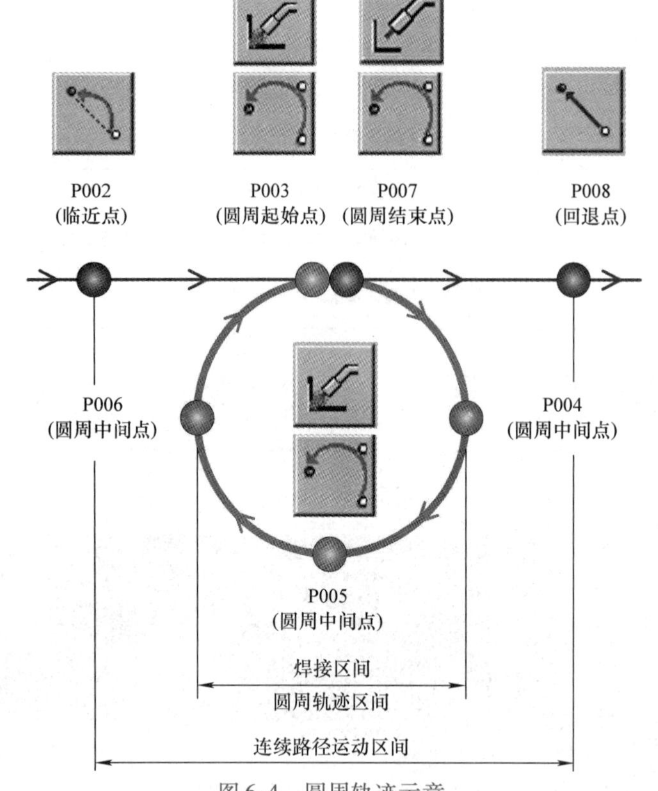

图6-4 圆周轨迹示意

表6-2 Panasonic 机器人圆周轨迹示教

序号	示教点	示教方法
1	P002 圆周轨迹临近点 （焊接临近点）	① 点动机器人至圆周轨迹临近点 ② 变更示教点的动作类型为（MOVEP）或（MOVEL），空走点 ③ 点按【**确认键**】，记忆示教点P002
2	P003 圆周轨迹起始点 （焊接起始点）	① 点动机器人至圆周轨迹起始点 ② 变更示教点的动作类型为（MOVEC），焊接点 ③ 点按【**确认键**】，记忆示教点P003
3	P004 圆周轨迹中间点 （焊接路径点）	① 点动机器人至圆周轨迹中间点 ② 变更示教点的动作类型为（MOVEC），焊接点 ③ 点按【**确认键**】，记忆示教点P004
4	P005 圆周轨迹中间点 （焊接路径点）	① 点动机器人至圆周轨迹中间点 ② 变更示教点的动作类型为（MOVEC），焊接点 ③ 点按【**确认键**】，记忆示教点P005

（续）

序 号	示教点	示教方法
5	P006 圆周轨迹中间点 （焊接路径点）	① 点动机器人至圆周轨迹中间点 ② 变更示教点的动作类型为（MOVEC），焊接点 ③ 点按【确认键】，记忆示教点 P006
6	P007 圆周轨迹结束点 （焊接结束点）	① 点动机器人至圆周轨迹结束点 ② 变更示教点的动作类型为（MOVEC），空走点 ③ 点按【确认键】，记忆示教点 P007
7	P008 圆周轨迹回退点 （焊接回退点）	① 点动机器人至圆周轨迹回退点 ② 变更示教点的动作类型为（MOVEL），空走点 ③ 点按【确认键】，记忆示教点 P008

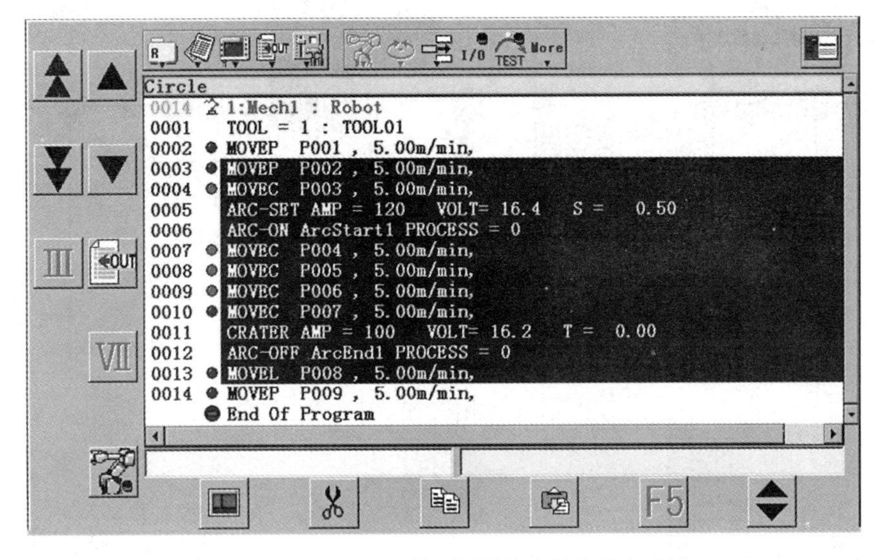

图 6-5　Panasonic 机器人圆周轨迹任务程序示例

• 鉴于无缝钢管加工制造存在圆度误差，建议采用 6 个及以上均匀分布的关键位置点（约每转 60°记忆一个示教点）示教圆周焊缝，利于保证焊接路径准确度和焊缝质量。

• 当机器人任务程序包含 3 条以上紧邻的圆弧运动指令（或者存在多个圆弧中间点）时，焊接机器人系统将至上而下、逐次取出 3 条圆弧运动指令进行圆弧插补运算，如图 6-4 所示的圆周焊缝，将依次按照 P003→P005、P004→P006、P005→P007 三个圆弧分段计算圆弧运动轨迹。

6.1.3 机器人连弧轨迹示教

工业机器人完成两个及以上连续圆弧轨迹的作业至少需要示教 2 +X 个关键位置点（1 个圆弧起始点、1 个圆弧结束点和若干圆弧中间点），且每个关键位置点的动作类型（或插补方式）均为圆弧动作。以图 6-6 所示的两种焊接轨迹为例，示教点 P002 ~ P008 分别是连弧轨迹的临近点、起始点、中间点、结束点和回退点。其中，示教点 P005 既是前段圆弧的结束点，又是后段圆弧的起始点。P002→P003 为焊前区间段，P003→P007 为焊接区间段，P007→P008 为焊后区间段。

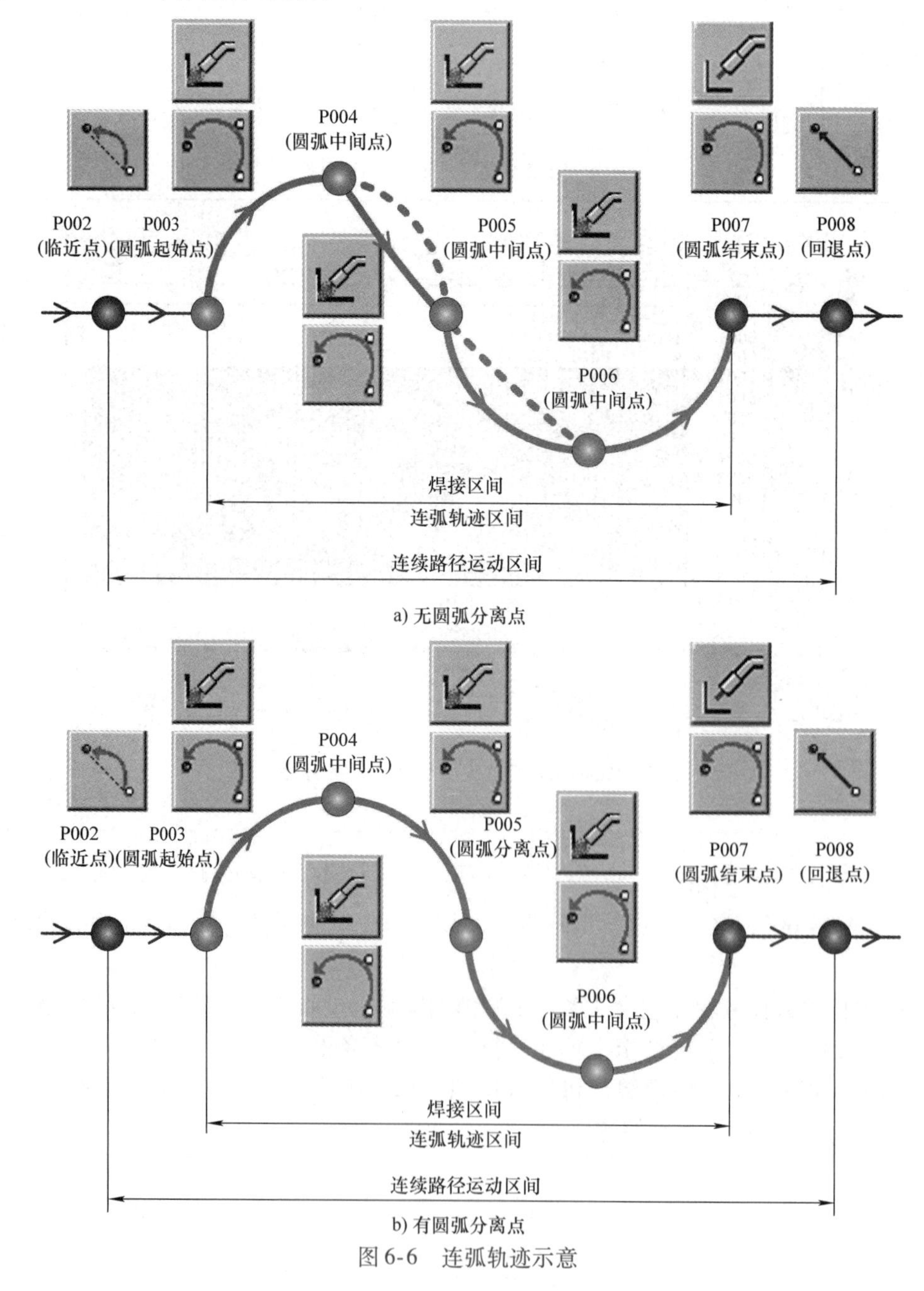

a) 无圆弧分离点

b) 有圆弧分离点

图 6-6 连弧轨迹示意

按照机器人系统“至上而下、逐块插补”的圆弧动作原则，图6-6a所示的P003→P007连弧轨迹区间的运动又分为P003→P005、P004→P006、P005→P007三个圆弧分段。需要强调的是，P003→P005分段的运动是由P003~P005三个示教点计算生成，P004→P006分段的运动则由P004~P006三个示教点计算生成，P005→P007分段的运动由P005~P007三个示教点计算生成。同为连弧轨迹区间，但若要实现图6-6b所示的P003→P005和P005→P007两个圆弧分段的焊接，则需要在两个圆弧分段连接点处设置一个圆弧分离点（SO，见图6-7）。对于Panasonic机器人而言，连弧轨迹焊接区间的示教要领与圆周轨迹极为相似，可以见表6-3，机器人任务程序如图6-7所示。

表6-3 Panasonic机器人连弧轨迹示教

序号	示教点	示教方法
1	P002 连弧轨迹临近点 （焊接临近点）	① 点动机器人至连弧轨迹临近点 ② 变更示教点的动作类型为（MOVEP）或（MOVEL），空走点 ③ 点按【确认键】，记忆示教点P002
2	P003 连弧轨迹起始点 （焊接起始点）	① 点动机器人至连弧轨迹起始点 ② 变更示教点的动作类型为（MOVEC），焊接点 ③ 点按【确认键】，记忆示教点P003
3	P004 连弧轨迹中间点 （焊接路径点）	① 点动机器人至连弧轨迹中间点 ② 变更示教点的动作类型为（MOVEC），焊接点 ③ 点按【确认键】，记忆示教点P004
4	P005 连弧轨迹中间点/分离点 （焊接路径点）	① 点动机器人至连弧轨迹中间点（或分离点） ② 若为中间点，仅变更示教点的动作类型为（MOVEC），焊接点；若为分离点，需要同时勾选“圆弧分离点”选项 ③ 点按【确认键】，记忆示教点P005
5	P006 连弧轨迹中间点 （焊接路径点）	① 点动机器人至连弧轨迹中间点 ② 变更示教点的动作类型为（MOVEC），焊接点 ③ 点按【确认键】，记忆示教点P006
6	P007 连弧轨迹结束点 （焊接结束点）	① 点动机器人至连弧轨迹结束点 ② 变更示教点的动作类型为（MOVEC），空走点 ③ 点按【确认键】，记忆示教点P007
7	P008 连弧轨迹回退点 （焊接回退点）	① 点动机器人至连弧轨迹回退点 ② 变更示教点的动作类型为（MOVEL），空走点 ③ 点按【确认键】，记忆示教点P008

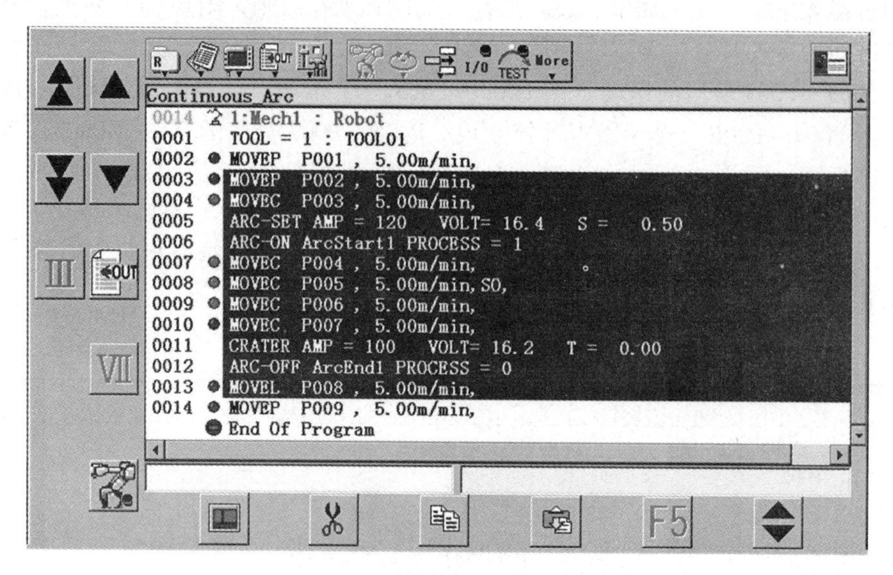

图 6-7 Panasonic 机器人连弧轨迹任务示教（圆弧分离点）

圆弧分离点（SO）的设置本质上可以视为“一点多用”，即同一示教点既是上一段圆弧的结束点，又是下一段圆弧的起始点，同时还是动作类型的转换点（相当于在两条紧邻的圆弧运动指令之间插入一条直线动作指令）。

6.1.4 骑坐式管-板平角焊焊枪姿态规划

除携带末端执行器完成空间定位外，工业机器人的另一项重要任务就是在指定空间位置完成工具指向的调整。作为板-板 T 形角焊缝的延伸，管-板 T 形角焊缝的机器人焊枪姿态（行进角 α 和工作角 β）规划与板-板 T 形角焊缝极为相似，如图 6-8 所示。针对（I 形坡口）T 形角焊缝，当焊脚 S_1、$S_2 \leqslant 7$mm 时，通常采用单层（道）焊，焊枪行进角 $\alpha=65° \sim 80°$、工作角 $\beta=45°$；当焊脚 S_1、$S_2>7$mm 时，则需要横向摆动焊枪（摆焊）或多层多道焊工艺。此外，焊枪的指向位置（焊丝端头与接头根部的距离 L_1、L_2）与钢管壁厚 δ 关联。若钢管壁厚 $\delta \leqslant T_1$，则 $L_1=0$mm、$L_2=(1.0 \sim 1.5)\phi$mm；反之，$\delta>T_1$，则 $L_1=(1.0 \sim 1.5)\phi$mm、$L_2=0$mm。式中，ϕ 为焊丝直径，单位为 mm。需要引起注意的是，管-板角焊缝为弧形（圆周）焊缝，焊枪姿态随管-板角焊缝的弧度变化而动态调整。同时，管状试件与板类试件的散热、熔化情况不同，当焊枪姿态规划不合理时，焊接过程中易产生咬边、焊偏、气孔等缺陷。

在实际调整机器人焊枪姿态过程中，为便于精准调控机器人焊枪指向（TCP 姿态），编程员可以依次单击选择主菜单【视图】→【状态显示】→【位置信息】→ XYZ【直角】，打开机器人位姿信息显示界面。

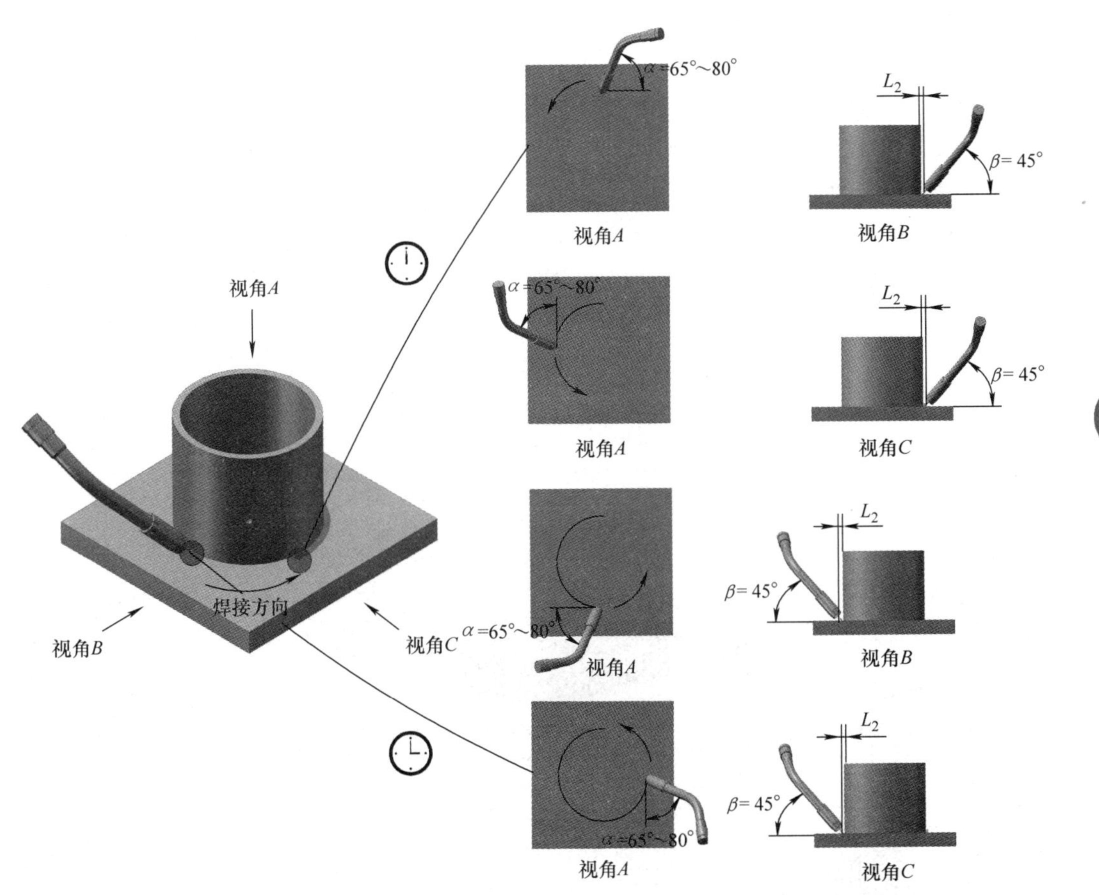

图 6-8 骑坐式管－板 T 形接头平角焊姿态示意

【任务分析】

同直线焊缝轨迹示教相比较，管－板 T 形焊缝机器人焊接的任务示教相对复杂一些。使用机器人完成骑坐式管－板（无缝钢管：($\delta \times \phi \times L$)：6mm × 60mm × 60mm，底板（$L \times W \times \delta$)：100mm × 100mm × 10mm）T 形接头平角焊作业需要示教 9 个目标位置点，其运动路径、焊枪姿态和焊丝端头（电弧对中）位置规划如图 6-9 所示。各示教点用途见表 6-4。实际示教时，可以按照图 3-18 所示的流程进行示教编程。

【任务实施】

1. 示教前的准备

开始任务示教前，请做如下准备：

① 工件表面清理。核实钢管和试板的几何尺寸后，将待焊区域表面铁锈、油污等杂质清理干净。

② 接头组对点固。采用手工电弧焊方法（如 TIG）沿钢管内壁（或外壁）将组对好的管－板接头定位焊点固。

③ 工件装夹固定。选择合适的夹具将组对好的试件固定在焊接工作台上。

④ 机器人原点确认。执行机器人控制器内存储的原点程序，让机器人返回原点（如BW = −90°、RT = UA = FA = RW = TW = 0°）。

⑤ 机器人坐标系设置。设置正确的机器人工具坐标系和工件（用户）坐标系编号。

⑥ 新建任务程序。创建一个文件名为“Fillet_weld”的焊接程序文件。

2. 运动轨迹示教

针对图 6-9 所示的圆周运动路径和焊枪姿态规划，点动机器人依次通过机器人原点 P001、焊接临近点 P002、圆周焊接起始点 P003、圆周焊接路径点 P004 ~ P006、圆周焊接结

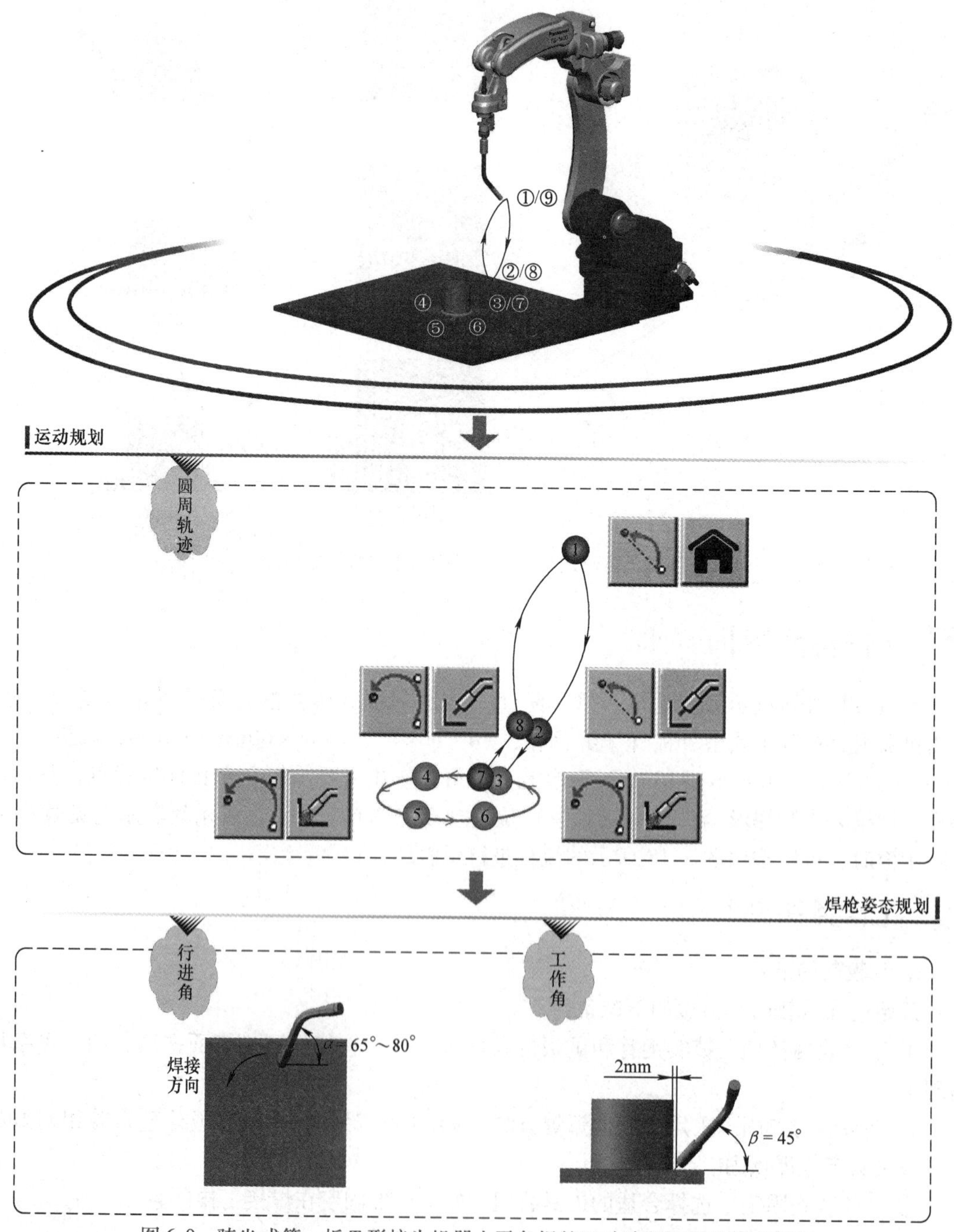

图 6-9　骑坐式管 − 板 T 形接头机器人平角焊的运动路径和焊枪姿态规划

束点 P007、焊接回退点 P008 等 9 个目标位置点，并记忆示教点的位姿信息。其中，机器人原点 P001 应设置在远离作业对象（待焊工件）的可动区域的安全位置；焊接临近点 P002 和焊接回退点 P008 应设置在临近焊接作业区间、便于调整焊枪姿态的安全位置。具体示教步骤见表 6-5。编制完成的任务程序见表 6-6。

表 6-4　骑坐式管－板 T 形接头机器人平角焊任务的示教点

示教点	备　注	示教点	备　注	示教点	备　注
①	原点（HOME）	④	圆周焊接路径点	⑦	圆周焊接结束点
②	焊接临近点	⑤	圆周焊接路径点	⑧	焊接回退点
③	圆周焊接起始点	⑥	圆周焊接路径点	⑨	原点（HOME）

表 6-5　骑坐式管－板 T 形接头机器人平角焊示教点的记忆

示教点	示教方法
机器人原点 P001	① 在“TEACH”模式下，轻握【安全开关】至【伺服接通按钮】指示灯闪烁，此时按下，指示灯亮，机器人运动轴伺服电源接通 ② 点按【动作功能键Ⅷ】，（灯灭）→（灯亮），激活机器人动作功能 ③ 按住【右切换键】，切换至示教点记忆界面，点按【动作功能键Ⅰ】、【动作功能键Ⅲ】，变更示教点 P001 的动作类型为（MOVEP），空走点 ④ 点按【确认键】，记忆示教点 P001 为机器人原点
焊接临近点 P002	① 按住【右切换键】的同时，点按【动作功能键Ⅳ】或者依次单击辅助菜单【点动坐标系】→【工件坐标系】，切换机器人点动坐标系为系统默认的工件（用户）坐标系，即与【机座坐标系】重合 ② 在工件坐标系中，使用【动作功能键Ⅳ】～【动作功能键Ⅵ】与【拨动按钮】组合键，点动机器人沿 User X、User Y、User Z 线性贴近焊接起始点附近的参考点，如钢管端头外沿 ③ 依次单击主菜单【视图】→【状态显示】→【位置信息】→ XYZ【直角】，将示教盒右侧界面切换至“XYZ（直角）”显示机器人 TCP 的当前位姿 ④ 在工件（用户）坐标系中，使用【动作功能键Ⅱ】、【动作功能键Ⅲ】与【拨动按钮】组合键，点动机器人先后绕 $-Z$ 轴 User、$+Y$ 轴（或 $-Y$ 轴）User 定点转动，实时查看示教盒右侧界面显示的机器人 TCP 姿态，精确调整焊枪工作角 $\beta = 45°$ ⑤ 在工件（用户）坐标系中，使用【动作功能键Ⅴ】、【动作功能键Ⅵ】与【拨动按钮】组合键，点动机器人沿 $-Z$ 轴 User Z 和 $-X$ 轴 User X 线性缓慢移至焊接起始点 ⑥ 在工件（用户）坐标系中，使用【动作功能键Ⅰ】与【拨动按钮】组合键，点动机器人绕 $-X$ 轴 User 定点转动，实时查看示教盒右侧界面显示的机器人 TCP 姿态，精确调整焊枪行进角 $\alpha = 65° \sim 80°$

（续）

示教点	示教方法
焊接临近点 P002	⑦ 按住【右切换键】的同时，点按【动作功能键Ⅳ】或者依次单击辅助菜单【点动坐标系】→【工具坐标系】，切换机器人点动坐标系为工具坐标系 ⑧ 在工具坐标系中，保持焊枪姿态不变，沿 $-X$ 轴点动机器人线性移向远离焊接起始点的安全位置，如距离起始点 30～50mm，如图 6-10 所示 ⑨ 按住【右切换键】，切换至示教点记忆画面，点按【动作功能键Ⅰ】、【动作功能键Ⅲ】，变更示教点 P002 的动作类型为（MOVEP），空走点 ⑩ 点按【确认键】，记忆示教点 P002 为焊接临近点
（圆周）焊接起始点 P003	① 在工具坐标系中，保持焊枪姿态不变，沿 $+X$ 轴点动机器人线性移至圆弧焊接起始点（见图 6-11） ② 按住【右切换键】，切换至示教点记忆界面，点按【动作功能键Ⅰ】、【动作功能键Ⅲ】变更示教点 P003 的动作类型为（MOVEC），焊接点 ③ 点按【确认键】，记忆示教点 P003 为圆周焊接起始点，焊接开始指令被同步记忆
（圆周）焊接路径点 P004	① 按住【右切换键】的同时，点按【动作功能键Ⅳ】或者依次单击辅助菜单【点动坐标系】→【工件坐标系】，切换机器人点动坐标系为系统默认的工件（用户）坐标系 ② 在工件（用户）坐标系中，使用【动作功能键Ⅲ】与【拨动按钮】组合键，点动机器人绕 $+Z$ 轴定点转动 90°，实时查看示教盒右侧界面显示的机器人 TCP 姿态，精确调整焊枪行进角 $\alpha=65°\sim80°$、工作角 $\beta=45°$ ③ 在工件坐标系中，使用【动作功能键Ⅳ】～【动作功能键Ⅵ】与【拨动按钮】组合键，点动机器人沿 User X、User Y、User Z 线性移至圆弧焊接路径点（见图 6-12） ④ 按住【右切换键】，切换至示教点记忆界面，点按【动作功能键Ⅰ】、【动作功能键Ⅲ】变更示教点 P004 的动作类型为（MOVEC），焊接点 ⑤ 点按【确认键】，记忆示教点 P004 为圆周焊接路径点
（圆周）焊接路径点 P005	① 在工件（用户）坐标系中，使用【动作功能键Ⅲ】与【拨动按钮】组合键，点动机器人绕 $+Z$ 轴定点转动 90°，实时查看示教盒右侧界面显示的机器人 TCP 姿态，精确调整焊枪行进角 $\alpha=65°\sim80°$、工作角 $\beta=45°$ ② 在工件坐标系中，使用【动作功能键Ⅳ】～【动作功能键Ⅵ】与【拨动按钮】组合键，点动机器人沿 User X、User Y、User Z 线性移至圆弧焊接路径点（见图 6-13） ③ 按住【右切换键】，切换至示教点记忆界面，点按【动作功能键Ⅰ】、【动作功能键Ⅲ】变更示教点 P005 的动作类型为（MOVEC），焊接点 ④ 点按【确认键】，记忆示教点 P005 为圆周焊接路径点

（续）

示教点	示教方法
(圆周)焊接路径点 P006	① 在工件（用户）坐标系中，使用**【动作功能键Ⅲ】**与**【拨动按钮】**组合键，点动机器人绕 + Z 轴定点转动 90°，实时查看示教盒右侧界面显示的机器人 TCP 姿态，精确调整焊枪行进角 α = 65° ~80°、工作角 β =45° ② 在工件坐标系中，使用**【动作功能键Ⅳ】** ~ **【动作功能键Ⅵ】**与**【拨动按钮】**组合键，点动机器人沿、、线性移至圆弧焊接路径点（见图 6-14） ③ 按住**【右切换键】**，切换至示教点记忆界面，点按**【动作功能键Ⅰ】**、**【动作功能键Ⅲ】**变更示教点 P006 的动作类型为（MOVEC），焊接点 ④ 点按**【确认键】**，记忆示教点 P006 为圆周焊接路径点
(圆周)焊接结束点 P007	① 在工件（用户）坐标系中，使用**【动作功能键Ⅲ】**与**【拨动按钮】**组合键，点动机器人绕 + Z 轴定点转动 90°，实时查看示教盒右侧界面显示的机器人 TCP 姿态，精确调整焊枪行进角 α = 65° ~80°、工作角 β =45° ② 在工件坐标系中，使用**【动作功能键Ⅳ】** ~ **【动作功能键Ⅵ】**与**【拨动按钮】**组合键，点动机器人沿、、线性移至圆弧焊接结束点（见图 6-15） ③ 按住**【右切换键】**，切换至示教点记忆界面，点按**【动作功能键Ⅰ】**、**【动作功能键Ⅲ】**变更示教点 P007 的动作类型为（MOVEC），空走点 ④ 点按**【确认键】**，记忆示教点 P007 为圆周焊接结束点
焊接回退点 P008	① 按住**【右切换键】**的同时，点按**【动作功能键Ⅳ】**，或者依次单击辅助菜单**【点动坐标系】**→**【工具坐标系】**，切换机器人点动坐标系为工具坐标系 ② 在工具坐标系中，继续保持焊枪姿态，沿 − X 轴，点动机器人移向远离焊接结束点的安全位置 ③ 按住**【右切换键】**，切换至示教点记忆界面，点按**【动作功能键Ⅰ】**、**【动作功能键Ⅲ】**变更示教点 P008 的动作类型为（MOVEL），空走点 ④ 点按**【确认键】**，记忆示教点 P008 为焊接回退点
机器人原点 P009	① 松开**【安全开关】**，点按**【动作功能键Ⅷ】**，（灯亮）→（灯灭），关闭机器人动作功能，进入编辑模式。按**【用户功能键 F6】**切换用户功能图标至复制、粘贴功能 ② 使用**【拨动按钮】**移动光标至示教点 P001 所在指令语句行，点按**【用户功能键 F3】**（复制），然后侧击**【拨动按钮】**，弹出“复制”确认界面，点按**【确认键】**，完成指令语句的复制操作 ③ 移动光标至示教点 P008 所在指令语句行，点按**【用户功能键 F4】**（粘贴），完成指令语句的粘贴操作

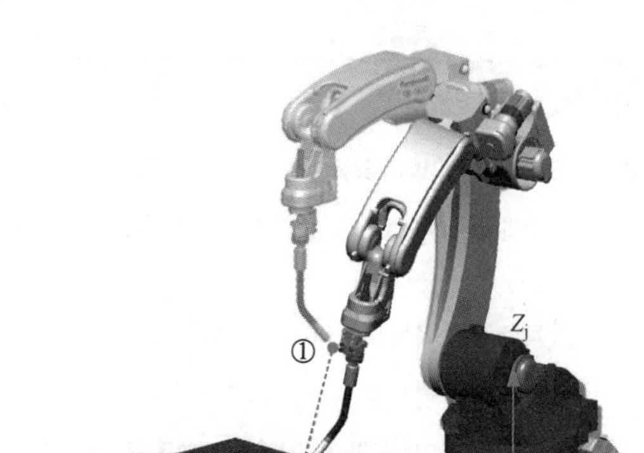

图 6-10　点动机器人至焊接临近点 P002

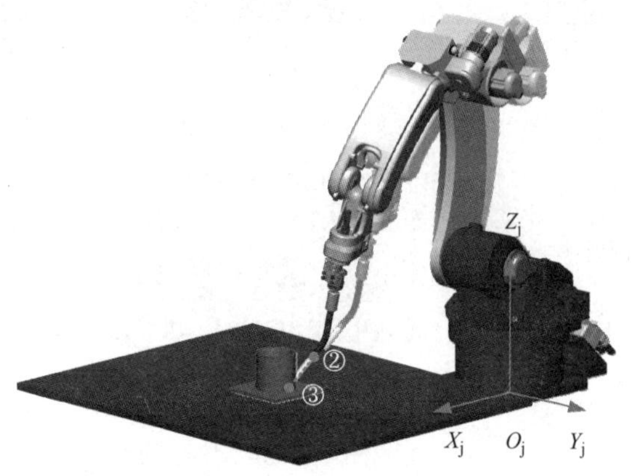

图 6-11　点动机器人至圆弧焊接起始点 P003

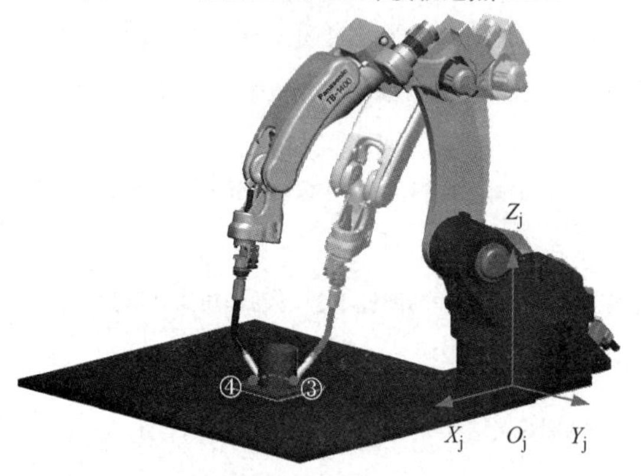

图 6-12　点动机器人至圆弧焊接路径点 P004

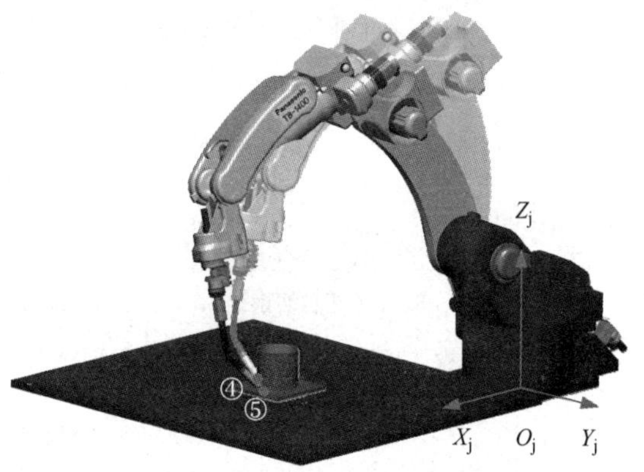

图 6-13　点动机器人至圆弧焊接路径点 P005

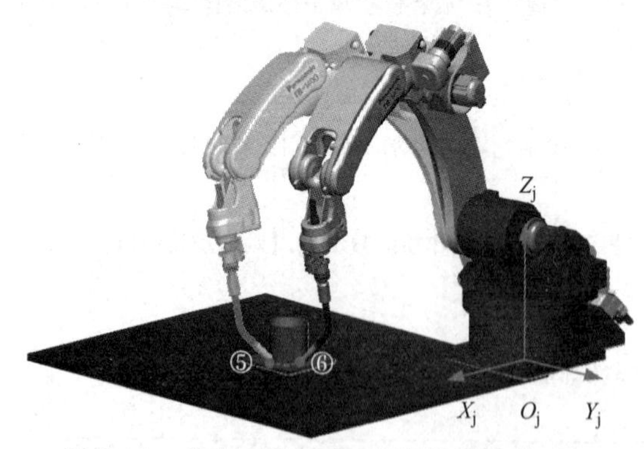

图 6-14　点动机器人至圆弧焊接路径点 P006

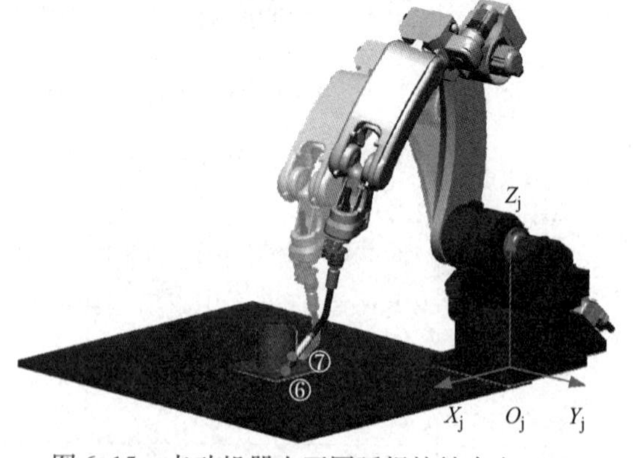

图 6-15　点动机器人至圆弧焊接结束点 P007

表 6-6　骑坐式管－板 T 形接头机器人平角焊的任务程序

行号码	行标识	指令语句	备 注
	●	Begin Of Program	程序开始
0001		TOOL　=　1　:　TOOL01	工具坐标系（焊枪）选择
0002	●	MOVEP　P001,　10.00m/min	机器人原点（HOME）

（续）

行号码	行标识	指令语句	备注
0003	●	MOVEP　P002，　10.00m/min	焊接临近点
0004	●	MOVEC　P003，　5.00m/min	（圆弧）焊接起始点
0005		ARC－SET　AMP＝120　VOLT＝16.4　S＝0.50	焊接开始规范
0006		ARC－ON　ArcStart1 PROCESS＝0	开始焊接
0007	●	MOVEC　P004，　5.00m/min	（圆弧）焊接路径点
0008	●	MOVEC　P005，　5.00m/min	（圆弧）焊接路径点
0009	●	MOVEC　P006，　5.00m/min	（圆弧）焊接路径点
0010	●	MOVEC　P007，　5.00m/min	（圆弧）焊接结束点
0011		CRATER　AMP＝100　VOLT＝16.2　T＝0.00	焊接结束规范
0012		ARC－OFF　ArcEnd1　PROCESS＝0	结束焊接
0013	●	MOVEL　P008，　5.00m/min	焊接回退点
0014	●	MOVEP　P009，　10.00m/min	机器人原点（HOME）
	●	End Of Program	程序结束

3. 工艺条件和动作次序示教

根据任务要求，此任务选用直径为1.2mm的ER50－6实心焊丝，合理的焊丝干伸长度为12～18mm，富氩保护气体（80% Ar＋20% CO_2）流量为20～25L/min，并通过“焊接导航功能”生成骑坐式管－板T形接头机器人平角焊的参考规范，如图6-16所示。焊接结束规范（收弧电流）为参考规范的80%左右，焊接开始和焊接结束动作次序保持默认。关于工艺条件和动作次序的示教可以参考4.1.2节和4.1.3节，不再赘述。

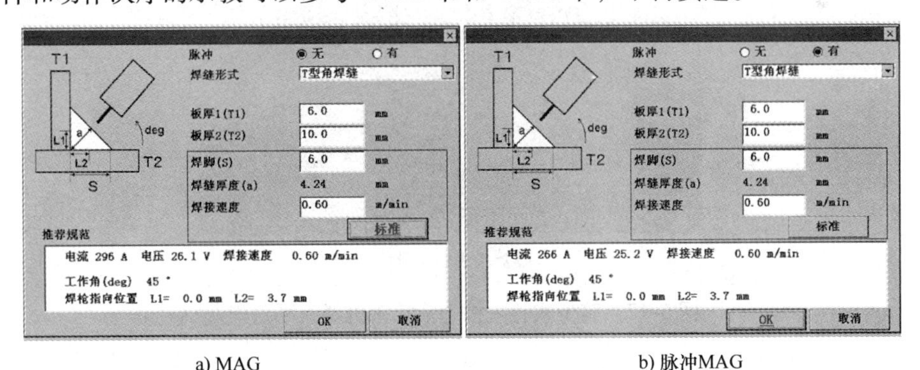

a) MAG　　b) 脉冲MAG

图6-16　骑坐式管－板T形接头机器人平角焊规范（焊接导航）

针对Panasonic CO_2/MAG焊接机器人，焊接导航功能所生成的参考规范与焊接电源配置、焊接软件包版本以及系统弧焊设置等密切关联。依次单击主菜单 **【设置】**→ **【弧焊】**，弹出界面依次选择“特性1：TAWERS1（通常使用特性）”→“焊丝/材质/焊接方法”，可以查阅或变更材质、焊丝直径、保护气体种类、脉冲模式等默认设置。

4. 程序验证与再现施焊

参照第 5 章中表 5-11 中的 Panasonic 机器人任务程序验证及测试运转操作，依次通过单步程序验证和连续测试运转确认机器人 TCP 运动轨迹的合理性和精确度。待任务程序验证无误后，方可再现施焊，如图 6-17 所示。自动模式下，机器人自动运转任务步骤如下：

① 移动光标至首行。在编辑模式下，将光标移至程序开始记号（Begin Of Program）。

② 选择自动模式。切换【**模式旋钮**】至“AUTO”位置（自动模式），禁用电弧锁定功能（灯灭）。

③ 接通伺服电源。点按【**伺服接通按钮**】，接通机器人伺服电源。

④ 自动运转程序。点按【**启动按钮**】，系统自动运转执行任务程序，机器人开始焊接。

待焊接结束、焊件冷却至室温后，目测焊缝微凸且成形美观，无咬边、气孔等焊接缺陷。经测量，钢管侧焊脚尺寸为 5.1mm，底板侧焊脚尺寸为 5.4mm，未能达到焊脚尺寸要求。

a) 焊前准备

b) 焊接过程

c) 焊缝表面成形

图 6-17　骑坐式管 - 板 T 形接头机器人平角焊

任务 6.2　机器人圆弧轨迹任务程序编辑

【任务提出】

无论板 - 板 T 形角焊缝还是管 - 板 T 形角焊缝，它们均为非全焊透焊缝。当利用机器人实现上述角焊缝的自动化焊接时，机器人焊枪姿态、焊接速度、焊接电流等关键参数的调控主要是以角焊缝的成形质量（如焊脚尺寸、熔深等）为依据。

骑坐式管 - 板 T 形接头机器人平角焊及其优化视频

此任务针对上一任务——骑坐式管 - 板 T 形接头机器人平角焊，焊缝成形美观、凹形圆滑过渡，焊脚对称、尺寸为 6mm，无咬边、气孔等焊接质量要求，调整优化机器人焊枪姿态、焊接速度、焊接电流等工艺条件，旨在加深机器人系统关键参数对 T 形角焊缝成形质量的影响规律理解。

【知识准备】

6.2.1　T 形角焊缝的成形质量

根据焊缝表面平整情况，角焊缝可以分为凸形角焊缝和凹形角焊缝两种。在其他条件一定时，凹形角焊缝比凸形角焊缝应力集中小，承受动力荷载的性能好，所以关键部位角焊缝的外形应采用凹形圆滑过渡。T 形角焊缝的成形质量指标主要包括焊脚尺寸、焊缝厚度、焊缝凹（凸）度等，见表 6-7。

表 6-7　T 形角焊缝的成形质量指标

指　标	指标说明	指标示例
焊脚尺寸	焊脚指的是在角焊缝横截面中，从一个直角面上的焊趾到另一个直角面表面的最小距离；焊脚尺寸指的是在角焊缝横截面内画出的最大等腰直角三角形的直角边的长度。凸形角焊缝的焊脚和焊脚尺寸相等；凹形角焊缝的焊脚尺寸略小于焊脚。当母材厚度 $\delta \leqslant 6$mm 时，最小焊脚尺寸为 3mm；母材厚度 $6\text{mm} < \delta \leqslant 12$mm 时，最小焊脚尺寸为 5mm；母材厚度 $12\text{mm} < \delta \leqslant 20$mm 时，最小焊脚尺寸为 6mm；母材厚度 $\delta > 20$mm 时，最小焊脚尺寸为 8mm	焊脚 焊脚尺寸 焊脚 焊脚尺寸
焊缝（计算）厚度	焊缝厚度指的是在焊接接头横截面上，从焊缝正面到焊缝背面的距离；焊缝计算厚度（喉厚）指的是设计焊缝时使用的焊缝厚度，它等于在角焊缝横截面内画出的最大等腰直角三角形中，从直角顶点到斜边的垂线长度。单道（层）焊缝厚度不宜超过 5mm	焊缝厚度 焊缝计算厚度 焊缝计算厚度 焊缝厚度
焊缝凹（凸）度	焊缝凹（凸）度指在角焊缝横截面上，焊趾连线与焊缝表面之间的最大距离。建议焊缝凸度控制在 3mm 以内、焊缝凹度控制在 1.5mm 以内	焊趾 焊缝凹度 焊趾 焊缝凸度

（续）

指 标	指标说明	指标示例
熔深	熔深指在焊接接头横截面上，母材或前道焊缝熔化的深度。建议母材熔深控制在0.5～1.0mm	熔深

注：焊趾是焊缝表面与母材交界处。

机器人焊接具有质量稳定、一致性好等优点。但是，当机器人路径准确度和焊接参数配置不合理时，焊接接头将出现未熔合、未焊透、咬边、气孔、裂纹等外观缺陷。表6-8是常见的T形角焊缝机器人焊接（弧焊）外观缺陷的原因分析及调控方法。

表6-8　常见的T形角焊缝外观缺陷及调控对策

类别	外观特征	产生原因	调整方法	缺陷示例
成形差	焊缝两侧附着大量焊接飞溅，焊道断续	① 导电嘴磨损严重，焊丝指向弯曲，焊接电弧跳动 ② 焊丝干伸长度过长，焊接电弧燃烧不稳定 ③ 焊接参数选择不当，导致焊接过程飞溅大	① 更换新的导电嘴和送丝压轮，校直焊丝 ② 调整至合适的干伸长度 ③ 选择合适的焊接电流、电弧电压和焊接速度	飞溅
未焊透	接头根部未完全熔透	① 焊接电流过小，焊接速度太快，焊接热输入偏小，导致接头根部无法受热熔化 ② 焊丝端头偏离接头根部较远，导致根部很难熔透	① 调整至合适的焊接电流（送丝速度）和焊接速度 ② 选择合适的焊丝端头与接头根部距离	未焊透
未熔合	焊道与母材之间或焊道与焊道之间，未完全熔化结合	① 焊接电流过小，焊接速度太快，导致母材或焊道受热熔化不足 ② 焊接电弧作用位置不当，母材未熔化时已被液态熔敷金属覆盖	① 调整至合适的焊接电流（送丝速度）和焊接速度 ② 调整至合适的焊枪倾角和电弧作用位置	未熔合
咬边	沿焊趾的母材部位产生沟槽或凹陷，呈撕咬状	① 焊接电流太大，焊缝边缘的母材熔化后未得到熔敷金属的充分填充 ② 焊接电弧过长，母材被熔化区域过大 ③ 坡口两侧停留时间太长或太短	① 调整至合适的焊接电流（送丝速度）和焊接速度 ② 调整至合适的焊丝干伸长度 ③ 调整至合适的坡口两侧停留时间	咬边

（续）

类别	外观特征	产生原因	调整方法	缺陷示例
气孔	焊缝表面有密集或分散的小孔，大小、分布不等	① 母材表面污染，受热分解产生的气体未及时排出 ② 保护气体覆盖不足，导致焊接熔池与空气接触发生反应 ③ 焊缝金属冷却过快，导致气体来不及逸出	① 焊前清理焊接区域的油污、油漆、铁锈、水或镀锌层等 ② 调整保护气体流量、焊丝干伸长度和焊枪倾角 ③ 调整至合适的焊接速度	气孔
焊瘤	熔化金属流淌到焊缝外的母材上形成的金属瘤	熔池温度过高，冷却凝固较慢，液态金属因自重产生下坠	调整至合适的送丝速度或焊接电流	焊瘤
热裂纹	焊接过程中在焊缝和热影响区产生焊接裂纹	① 焊丝含硫量较高，焊接时形成低熔点杂质 ② 焊接头拘束不当，凝固的焊缝金属沿晶粒边界拉开 ③ 收弧电流不合理，产生弧坑裂纹	① 选择含硫量较低的焊丝 ②采用合适的接头工装夹具及拘束力 ③ 优化收弧电流，必要时采取预热和缓冷措施	热裂纹

6.2.2　机器人圆弧动作指令

由于坡口形式、焊接位置、焊接材料等焊接环境的多样性，新创建的机器人焊接任务程序往往需要不断编辑优化机器人运动轨迹和工艺条件。圆弧动作是以圆弧插补方式对从圆弧起始点，经由圆弧中间点，移向圆弧结束点的TCP运动轨迹和焊枪姿态进行连续路径控制的一种运动形式。作为典型运动指令之一，机器人圆弧动作指令也包含动作类型、位置坐标、运动速度、定位方式和附加选项等五大要素。表6-9是直线动作指令与圆弧动作指令要素的差异性比较。

表6-9　Panasonic机器人直线动作指令与圆弧动作指令

指令要素	运动指令	
	直线动作（MOVEL）	圆弧动作（MOVEC）
动作类型	仅记忆线性运动目标结束点，即1条直线动作指令	连续记忆圆弧运动起始点、中间点和结束点，即3条连续圆弧动作指令
位置坐标	通常仅机器人TCP空间位置发生改变，运动过程中空间指向保持不变	机器人TCP空间位置和空间指向在运动过程中均动态变化
运动速度	线性路径上机器人TCP以匀速运动为主	弧形路径上机器人TCP以匀速运动为主
定位方式	精确定位，平滑等级默认为SL=d（6）	平滑过渡，平滑等级默认为SL=d（10）
附加选项	手腕插补方式，默认为CL=0（自动计算）	手腕插补方式，默认为CL=0（自动计算）；连弧轨迹需要设置圆弧分离点（SO）

此外，T 形角焊缝机器人平角焊的工艺条件优化重点是焊接电流、电弧电压和焊接速度之间的匹配度，即编辑焊接开始规范和焊接结束规范指令语句。对于 Panasonic 焊接机器人而言，引弧规范可以通过 ARC－SET 指令设置，收弧规范可以通过 CRATER 指令设置。

【任务分析】

实现骑坐式管－板 T 形接头机器人平角焊，要求焊缝成形美观、凹形圆滑过渡，焊脚对称、尺寸为6mm，无咬边、气孔等表面缺陷，焊缝成形质量要求较高。由图 6-17 可以发现，基于焊接导航功能所生成的参考焊接规范，实际获得的角焊缝焊脚尺寸偏小，而且由于焊丝端头与接头根部的距离（电弧作用位置）较远，电弧热量输入至底板较多，使得角焊缝的两个焊脚尺寸存在偏差。此外，焊接收弧处亦存在较为明显的弧坑。此任务将重点从机器人焊枪位姿、焊接速度和焊接电流三方面入手，逐一调整焊接参数，直至焊缝成形质量达标。

【任务实施】

1. 示教前的准备

开始任务程序编辑前，请做如下准备：

① 工件换装清理。更换新的钢管和试板，将其表面铁锈、油污等杂质清理干净。

② 工件组对点固。使用手工电弧焊设备将新的待焊钢管和试板组对定位焊点固。

③ 工件装夹固定。选择合适的夹具将新的管－板接头固定在焊接工作台上。

④ 示教模式确认。切换**【模式旋钮】**对准“TEACH”，选择手动模式。

⑤ 加载任务程序。通过 **【文件】**菜单加载任务 6.1 中创建的“Fillet_weld”程序。

2. 任务程序编辑

为获得成形美观、凹形圆滑过渡的角焊缝，焊接过程中可以适度渐进降低焊接速度或增加焊接电流；为获得大小一致的焊脚尺寸，可以适度减小焊丝端头与接头根部的距离和机器人焊枪的行进角。当单因素改变机器人焊枪位姿、焊接速度和焊接电流时，均可参照图 2-14所示的示教流程测试验证程序和再现施焊。具体的焊接接头质量优化实施过程见表 6-10。综合优化后的角焊缝呈凹形圆滑过渡，焊脚对称、尺寸为 6.3～6.8mm，无咬边、气孔等焊接缺陷，整体成形效果如图 6-18 所示。

表 6-10　骑坐式管－板 T 形接头机器人平角焊任务程序编辑

编辑类别	编辑步骤
焊枪位姿调整	① 选择指令语句。在编辑模式下，移动光标至待变更示教点 P003 所在行 ② 切换编辑至修改状态。点按 **【窗口键】**，移动光标至菜单栏，依次单击辅助菜单 **【编辑选项】**→ **【修改】**，切换程序编辑至修改状态 ③ 激活程序验证功能。依次点按**【动作功能键Ⅷ】**和**【用户功能键 F1】**，激活机器人动作功能（→）和程序验证功能（→） ④ 移至焊接起始点。按住**【动作功能键Ⅳ】** 的同时，持续按住**【拨动按钮】**或**【＋键】**，程序执行至光标所在行，机器人移至示教点 P003 ⑤ 禁用程序验证功能。再次点按**【用户功能键 F1】**，禁用程序验证功能（→）

（续）

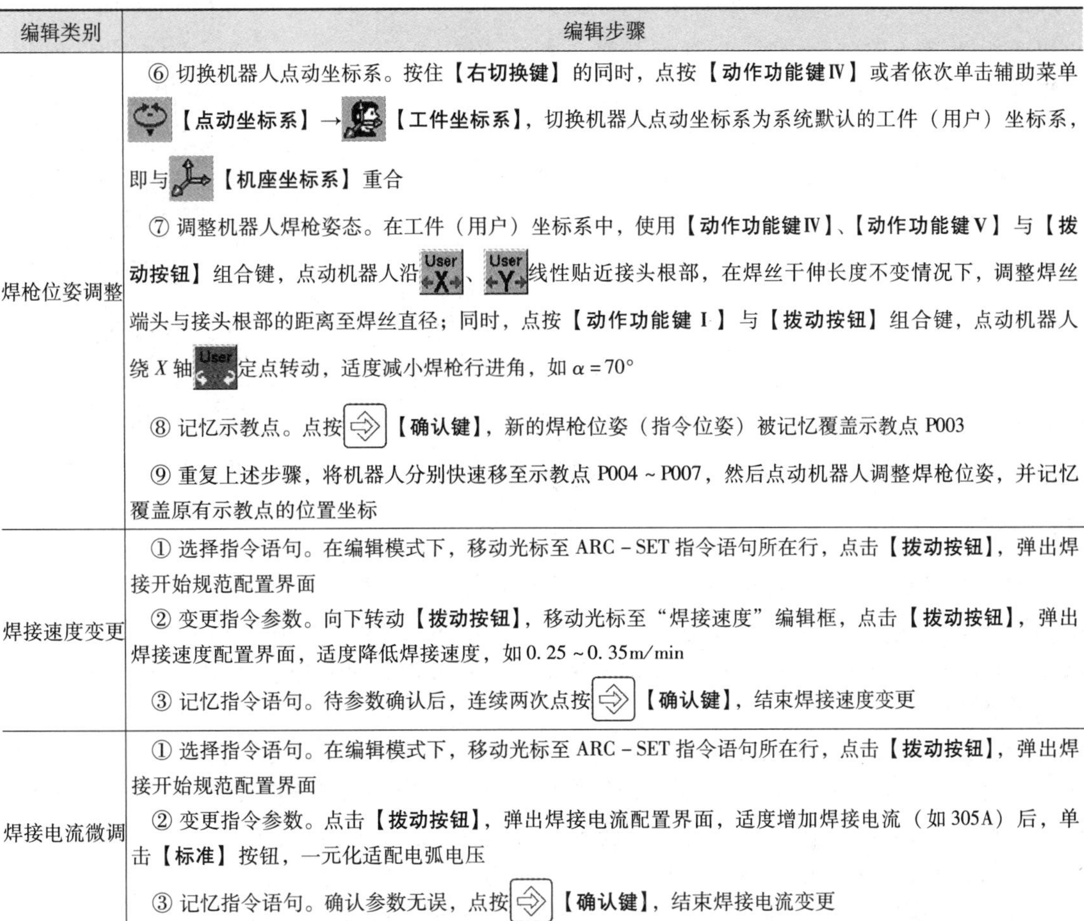

编辑类别	编辑步骤
焊枪位姿调整	⑥ 切换机器人点动坐标系。按住【右切换键】的同时，点按【动作功能键Ⅳ】或者依次单击辅助菜单【点动坐标系】→【工件坐标系】，切换机器人点动坐标系为系统默认的工件（用户）坐标系，即与【机座坐标系】重合 ⑦ 调整机器人焊枪姿态。在工件（用户）坐标系中，使用【动作功能键Ⅳ】、【动作功能键Ⅴ】与【拨动按钮】组合键，点动机器人沿、线性贴近接头根部，在焊丝干伸长度不变情况下，调整焊丝端头与接头根部的距离至焊丝直径；同时，点按【动作功能键Ⅰ】与【拨动按钮】组合键，点动机器人绕 X 轴定点转动，适度减小焊枪行进角，如 $\alpha=70°$ ⑧ 记忆示教点。点按【确认键】，新的焊枪位姿（指令位姿）被记忆覆盖示教点 P003 ⑨ 重复上述步骤，将机器人分别快速移至示教点 P004～P007，然后点动机器人调整焊枪位姿，并记忆覆盖原有示教点的位置坐标
焊接速度变更	① 选择指令语句。在编辑模式下，移动光标至 ARC－SET 指令语句所在行，点击【拨动按钮】，弹出焊接开始规范配置界面 ② 变更指令参数。向下转动【拨动按钮】，移动光标至“焊接速度”编辑框，点击【拨动按钮】，弹出焊接速度配置界面，适度降低焊接速度，如 0.25～0.35m/min ③ 记忆指令语句。待参数确认后，连续两次点按【确认键】，结束焊接速度变更
焊接电流微调	① 选择指令语句。在编辑模式下，移动光标至 ARC－SET 指令语句所在行，点击【拨动按钮】，弹出焊接开始规范配置界面 ② 变更指令参数。点击【拨动按钮】，弹出焊接电流配置界面，适度增加焊接电流（如 305A）后，单击【标准】按钮，一元化适配电弧电压 ③ 记忆指令语句。确认参数无误，点按【确认键】，结束焊接电流变更

a) MAG

b) 脉冲MAG

图 6-18　骑坐式管－板 T 形接头机器人平角焊焊缝成形优化

【拓展阅读】

Panasonic 机器人的编辑设置

当示教圆弧、圆周和连弧机器人运动轨迹时，为完整显示机器人运动指令的定位方式、附加选项等核心要素，需要预先配置运动指令的默认参数。编程员可以通过依次单击辅助菜

单 More【扩展选项】→【编辑设置】，在弹出界面中选择“编辑设定”，打开运动指令参数设置界面（见图6-19）。

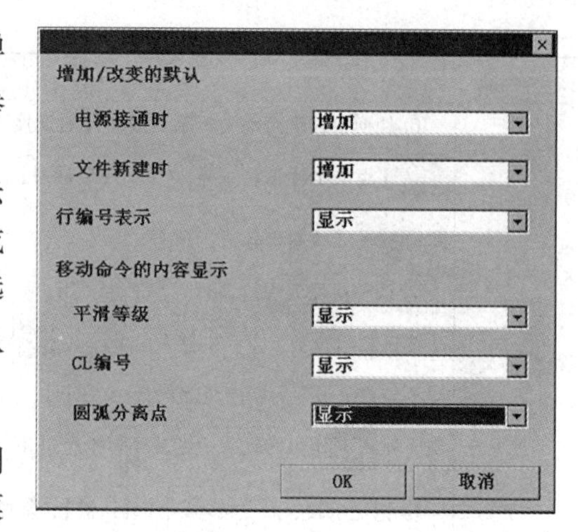

图6-19 Panasonic GⅢ焊接机器人的编辑设置界面

（1）电源接通时 设置机器人任务程序示教过程时，当机器人运动轴伺服电源接通（或机器人动作功能激活），示教点记忆的模式选项为“【插入】”或“【修改】”。默认为【插入】。

（2）文件新建时 设置机器人任务程序创建或机器人动作功能关闭时，示教点记忆的模式选项为“【插入】”或“【修改】”。默认为【插入】。

（3）行编号表示 指定机器人任务程序中是否显示“行编号（0001…）”。当选择“显示”时，示教所记忆的编程指令显示为“0008 MOVEC P005，5.00m/min，…，CL=0”；反之，若选择“不显示”，示教所记忆的编程指令显示为“MOVEC P005，5.00m/min”，行编号被隐藏。

（4）平滑等级 设置机器人任务程序中运动指令是否显示“平滑等级（SL=…）”。当选择“显示”时，示教点记忆的运动指令显示为“MOVEP/MOVEL/MOVEC P001，5.00m/min，SL=d（10）”；反之，若选择“不显示”，示教点记忆的运动指令显示为“MOVEP/MOVEL/MOVEC P001，5.00m/min”，SL=d（10）被隐藏。

（5）CL编号 指定机器人任务程序中非关节动作指令是否显示“手腕插补方式（CL=…）”。当选择“显示”时，连续路径示教点记忆的运动指令显示为“MOVEL/MOVEC P001，5.00m/min，…，CL=0”；反之，若选择“不显示”，连续路径示教点记忆的运动指令显示为“MOVEL/MOVEC P001，5.00m/min”，CL=0被隐藏。

（6）圆弧分离点 设置连弧焊缝任务程序中运动指令是否显示“圆弧分离点（SO）”。当选择“显示”时，圆弧分离点记忆的运动指令显示为“MOVEC P005，5.00m/min，…，SO”；反之，若选择“不显示”，圆弧分离点记忆的运动指令显示为“MOVEC P005，5.00m/min”，SO被隐藏。

【知识测评】

一、填空

1. 工业机器人完成单一圆弧轨迹的作业至少需要示教________个关键位置点（圆弧________、圆弧________和圆弧________），且每个关键位置点的动作类型（或插补方式）均为________。

2. 根据焊缝表面平整情况，角焊缝可以分为________角焊缝和________角焊缝两种。

3. 根据接头结构形式，管－板T形接头可分为________和________管－板接头两类；根据空间位置不同，每类管－板T形接头又可分为________、________和________三种。

4. 机器人完成两个及以上连续圆弧轨迹的作业至少需要示教________个关键位置点。

二、选择

1. 作为典型运动指令之一，机器人圆弧动作指令也包含（　　）等要素。

①动作类型；②位置坐标；③运动速度；④定位形式；⑤附加选项

A. ①②③④　　B. ①②④⑤　　C. ①②③④⑤　　D. ①②③⑤

2. T形角焊缝的成形质量指标主要包括（　　）等。

①焊脚尺寸；②焊缝厚度；③焊缝凹（凸）度；④熔深

A. ①③④　　B. ①②③　　C. ②③④　　D. ①②③④

3. 当利用机器人实现角焊缝的自动化焊接时，机器人关键参数（　　）等的调控主要是以角焊缝的成形质量（如焊脚尺寸、熔深等）为依据。

①焊枪姿态；②焊接速度；③焊接电流

A. ①③　　B. ①②③　　C. ②③　　D. ①②

三、判断

1. 机器人完成圆周焊缝的焊接至少需要示教3个关键位置点，且每个关键位置点的动作类型（或插补方式）均为圆弧动作。（　　）

2. 管－板角焊缝为弧形（圆周）焊缝，焊枪姿态需要随管－板角焊缝的弧度变化而进行动态调整。（　　）

3. 在其他条件一定时，凸形角焊缝比凹形角焊缝应力集中小，承受动力荷载的性能好，所以关键部位角焊缝的外形应凸形圆滑过渡。（　　）

4. 圆弧动作是以圆弧插补方式对从圆弧起始点，经由圆弧中间点，移向圆弧结束点的TCP运动轨迹和焊枪姿态进行连续路径控制的一种运动形式。（　　）

5. 对于Panasonic机器人而言，起弧规范可以通过ARC－SET指令设置，收弧规范可以通过CRATER指令设置。（　　）

四、综合实践

尝试使用富氩气体（如80% Ar＋20% CO_2）、直径为1.2mm的ER50－6实心焊丝和Panasonic GⅢ焊接机器人，通过合理规划机器人运动路径和焊枪姿态，完成组合式碳钢T形角焊缝的机器人平角焊作业（见图6-20，I形坡口，对称焊接），要求单侧连续焊接，焊缝饱满，焊脚对称、尺寸为6mm，无咬边、气孔等表面缺陷。

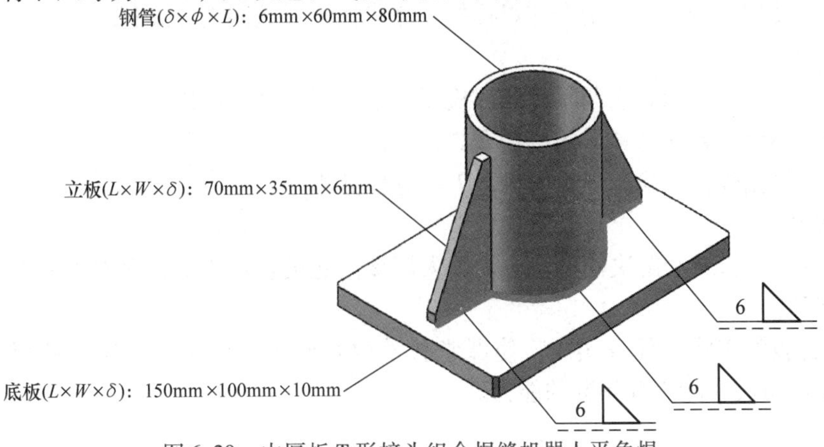

图6-20　中厚板T形接头组合焊缝机器人平角焊

工业机器人的摆动轨迹编程

在机器人焊接、涂装等作业过程中，为完成制造工艺要求，经常需要工业机器人携带末端执行器摆动作业。例如，熔焊时熔池的几何形态和大小直接决定着焊缝成形质量，为避免立焊、横焊、全位置焊时熔池因重力而向下流淌，合理控制焊接电弧对母材和熔池的动态热作用，即机器人焊枪摆动轨迹的控制至关重要。摆动轨迹是工业机器人连续路径运动的高阶体现，同时也是工业机器人任务编程的常见运动轨迹之一。

同第 5 章和第 6 章类似，本章将以 Panasonic GⅢ系列机器人为例，通过尝试板 - 板立角焊任务编程，掌握机器人摆动轨迹的示教要领，完成摆焊任务程序的编辑与调试。根据工业机器人编程员的岗位工作内容，本章一共设置两项任务：一是板 - 板 T 形接头机器人立角焊任务编程；二是机器人摆动轨迹任务程序编辑。

【学习目标】

知识学习

1）能够列举线状焊道和摆动焊道机器人运动轨迹示教的差异性。

2）能够说明机器人焊枪摆动参数的配置原则。

3）能够使用机器人运动指令和焊接指令完成摆动焊道的任务编程。

能力培养

1）能够灵活使用示教盒调整和测试机器人立角焊的摆动轨迹及焊枪姿态。

2）能够熟练配置摆动焊道的机器人焊接工艺条件。

3）能够根据焊接缺陷合理编辑机器人摆焊任务程序。

素养提升

1）培养学员分析和解决摆动轨迹机器人焊接问题的基本能力，为今后从事相关工作提供坚实的保障。

2）结合教学实践和任务实施，使课堂教学内容服务实际项目，实际项目促进课堂学习，培养学员解决实际工程问题的能力。

【学习导图】

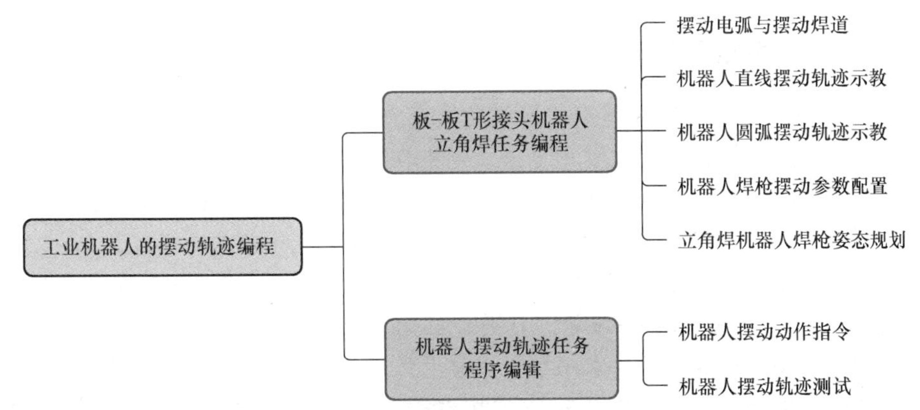

任务7.1 板-板T形接头机器人立角焊任务编程

【任务提出】

在大型钢结构制造领域，由于无法灵活调整焊缝位置，板-板T形接头立角焊缝成为箱体等焊接结构的常见焊缝形式。根据热源（焊接电弧）移动方向不同，立角焊可以分为向上立角焊和向下立角焊两种。目前，生产中应用更为广泛的是向上立角焊。顾名思义，向上立角焊的热源自下而上运动，熔深较大，但熔池容易下淌，形成凸形角焊缝，采用摆动焊道利于改善焊缝成形；向下立角焊的热源自上而下运动，大多采用较快的焊接速度，熔深浅，适用于薄板和非重要结构的焊接，且需选择表面张力系数较大的向下立角焊专用焊接材料。

板-板T形接头机器人立角焊任务视频

此任务要求使用富氩气体（如80% Ar + 20% CO_2）、直径为1.0mm的ER50-6实心焊丝和Panasonic GⅢ焊接机器人，完成厚度10mm的板-板T形接头（材质均为Q235，见图7-1）机器人向上立角焊作业，焊脚对称、尺寸为6mm，焊缝饱满微凸，无咬边、气孔等焊接缺陷。

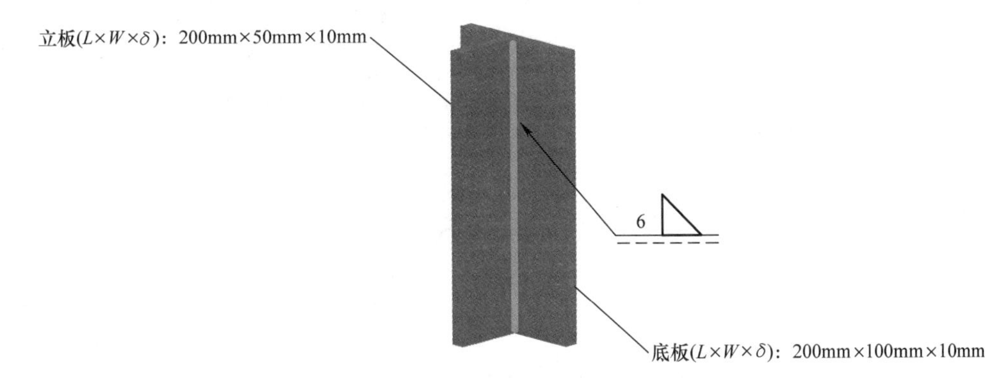

图7-1 板-板T形接头立角焊示意

【知识准备】

7.1.1 摆动电弧与摆动焊道

对于电弧焊而言，焊接电弧是熔化母材和填充金属的最重要热源，通常一次熔敷形成一条单道焊缝（焊道）。根据焊接过程中电弧或电极摆动与否，可以将焊道分为线状焊道和摆动焊道两类，如图7-2所示。线状焊道是指焊接时，电弧不摆动，呈线状前进所完成的窄焊道，如向下立角焊；摆动焊道是指焊接时，电弧做横向摆动所完成的焊道，如向上立角焊。显然，摆动焊道的焊缝更宽、余高更小、焊波美观，且通过调整摆动电弧在坡口两侧的停留时间，利于保证坡口侧壁的熔合质量。目前，摆动电弧或摆动焊道在非平（角）焊位置、焊脚尺寸为8~9mm、焊缝表面要求平整、焊接电弧跟踪等场合得到广泛应用。

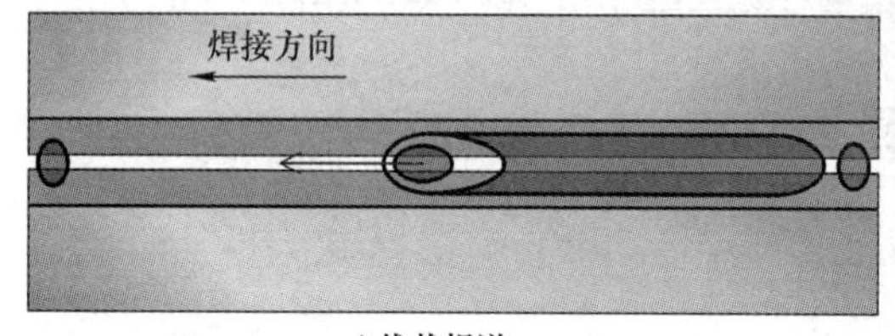

a) 线状焊道

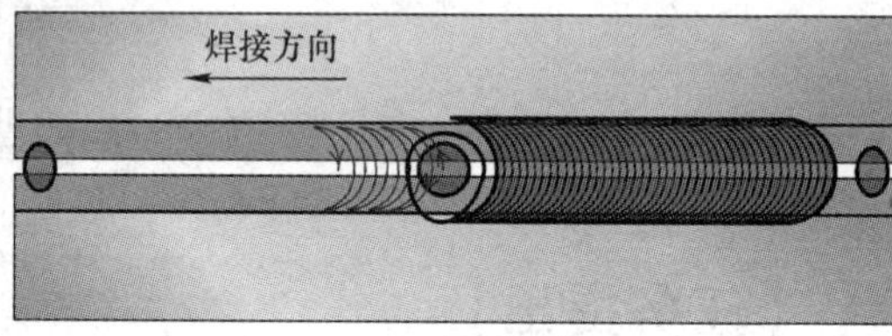

b) 摆动焊道

图7-2 线状焊道与摆动焊道

7.1.2 机器人直线摆动轨迹示教

工业机器人的直线摆动是以线性内插摆动方式对从运动起始点到目标点的TCP运动轨迹和焊枪姿态进行连续路径控制的一种运动形式。机器人完成直线轨迹的摆动作业至少需要示教4个关键位置点（1个摆动起始点、2个摆动振幅点和1个摆动结束点），且摆动起始点和摆动结束点的动作类型（或插补方式）均为直线摆动。以图7-3所示的焊接轨迹为例，示教点P002~P007分别是直线摆动轨迹的临近点、起始点、振幅点、结束点和回退点。其中，P002→P003为焊前区间段，P003→P006为焊接区间段，P006→P007为焊后区间段。Panasonic机器人线性低速摆焊轨迹的示教要领见表7-1，机器人任务程序示例如图7-4所示。

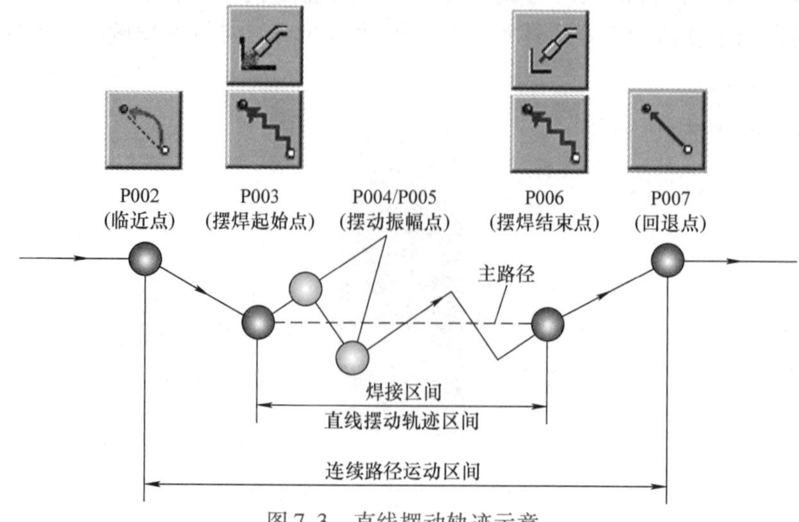

图7-3 直线摆动轨迹示意

表 7-1　Panasonic 机器人直线摆焊轨迹示教

序 号	示教点	示教要领
1	P002 直线摆动轨迹临近点 （焊接临近点）	① 点动机器人至直线摆动轨迹临近点 ② 变更示教点的动作类型为（MOVEP），空走点 ③ 点按【确认键】，记忆示教点 P002
2	P003 直线摆动轨迹起始点 （焊接起始点）	① 点动机器人至直线摆动轨迹起始点 ② 变更示教点的动作类型为（MOVELW），焊接点 ③ 点按【确认键】，记忆示教点 P003
3	P004 摆动振幅点	① 当弹出“将下一示教点作为振幅点记忆吗？”对话框时，点按【确认键】，将随后的 2 个示教点定义为摆动振幅点（WEAVEP） ② 点动机器人至焊接主路径一侧的摆动振幅点 ③ 点按【确认键】，记忆示教点 P004
4	P005 摆动振幅点	① 当弹出“将下一示教点作为振幅点记忆吗？”对话框时，点按【确认键】，将随后的示教点定义为摆动振幅点（WEAVEP） ② 点动机器人至焊接主路径另一侧的摆动振幅点 ③ 点按【确认键】，记忆示教点 P005
5	P006 直线摆动轨迹结束点 （焊接结束点）	① 点动机器人至直线摆动轨迹结束点 ② 变更示教点的动作类型为（MOVELW），空走点 ③ 点按【确认键】，记忆示教点 P006
6	P007 直线摆动轨迹回退点 （焊接回退点）	① 点动机器人至直线摆动轨迹回退点 ② 变更示教点的动作类型为（MOVEL），空走点 ③ 点按【确认键】，记忆示教点 P007

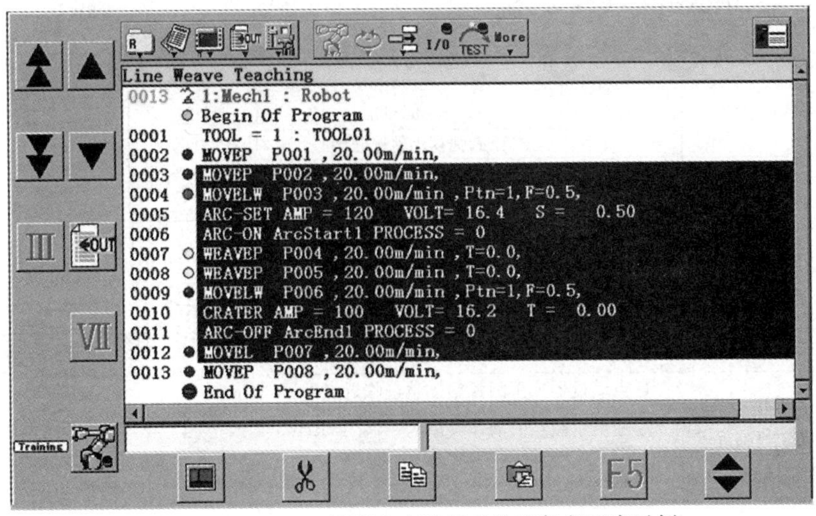

图 7-4　Panasonic 机器人直线摆动轨迹任务程序示例

- 摆动振幅点的示教数量视摆动方式而定，一般为2~4个，且行标识为○。
- 直线摆动轨迹示教时，若示教点数量少于4点，即使示教点的动作类型记忆为直线摆动，机器人系统仍将发出报警信息或按直线路径规划运动轨迹。
- 在摆动结束点后继续插入直线摆动示教点，机器人摆动动作将延续执行，且摆动参数保持不变。若想变更摆动参数（如摆动幅度），则需再次示教摆动振幅点。

7.1.3　机器人圆弧摆动轨迹示教

工业机器人的圆弧摆动是以圆弧内插摆动方式对从圆弧起始点，经由圆弧中间点，移向圆弧结束点的TCP运动轨迹和焊枪姿态进行连续路径控制的一种运动形式。机器人完成单一圆弧轨迹的摆动作业至少需要示教5个关键位置点（1个摆动起始点、2个摆动振幅点、1个摆动中间点和1个摆动结束点），且摆动起始点、中间点和结束点的动作类型（或插补方式）均为圆弧摆动。以图7-5所示的焊接轨迹为例，示教点P002~P008分别是圆弧摆动轨迹的临近点、起始点、振幅点、中间点、结束点和回退点。其中，P002→P003为焊前区间段，P003→P007为焊接区间段，P007→P008为焊后区间段。Panasonic机器人单一圆弧低速摆动轨迹的示教要领见表7-2，机器人任务程序示例如图7-6所示。

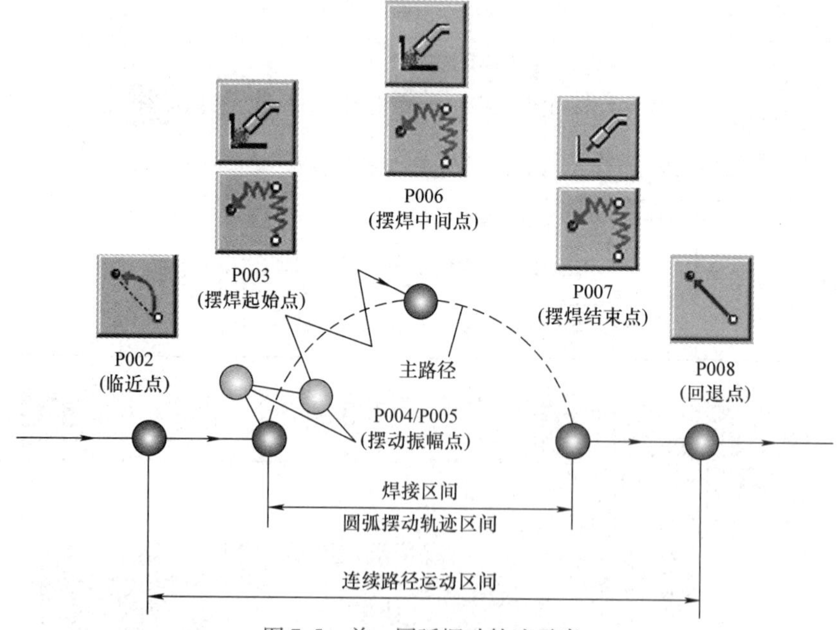

图7-5　单一圆弧摆动轨迹示意

表7-2　Panasonic机器人单一圆弧摆动轨迹示教

序号	示教点	示教方法
1	P002 圆弧摆动轨迹临近点 （焊接临近点）	① 点动机器人至圆弧摆动轨迹临近点 ② 变更示教点的动作类型为（MOVEP）或（MOVEL），空走点 ③ 点按【确认键】，记忆示教点P002

（续）

序 号	示教点	示教方法
2	P003 圆弧摆动轨迹起始点 （焊接起始点）	① 点动机器人至圆弧摆动轨迹起始点 ② 变更示教点的动作类型为（MOVECW），焊接点 ③ 点按【确认键】，记忆示教点 P003
3	P004 摆动振幅点	① 当弹出“将下一示教点作为振幅点记忆吗?”对话框时，点按【确认键】，将随后的 2 个示教点定义为摆动振幅点（WEAVEP） ② 点动机器人至焊接主路径一侧的摆动振幅点 ③ 点按【确认键】，记忆示教点 P004
4	P005 摆动振幅点	① 当弹出“将下一示教点作为振幅点记忆吗?”对话框时，点按【确认键】，将随后的示教点定义为摆动振幅点（WEAVEP） ② 点动机器人至焊接主路径另一侧的摆动振幅点 ③ 点按【确认键】，记忆示教点 P005
5	P006 圆弧摆动轨迹中间点 （焊接路径点）	① 点动机器人至圆弧摆动轨迹中间点 ② 变更示教点的动作类型为（MOVECW），焊接点 ③ 点按【确认键】，记忆示教点 P006
6	P007 圆弧摆动轨迹结束点 （焊接结束点）	① 点动机器人至圆弧摆动轨迹结束点 ② 变更示教点的动作类型为（MOVECW），空走点 ③ 点按【确认键】，记忆示教点 P007
7	P008 圆弧摆动轨迹回退点 （焊接回退点）	① 点动机器人至圆弧摆动轨迹回退点 ② 变更示教点的动作类型为（MOVEL），空走点 ③ 点按【确认键】，记忆示教点 P008

- 无论圆弧摆动临近点采用关节动作还是直线动作，圆弧摆动临近点至圆弧摆动起始点区段机器人系统自动按直线路径规划运动轨迹。
- 圆弧摆动轨迹示教时，若示教点数量少于 5 点，即使示教点的动作类型记忆为圆弧摆动，但机器人系统将发出报警信息或按直线摆动路径规划运动轨迹。
- 圆周和连弧轨迹的摆焊示教点数量较常规焊接多 2 ~ 4 点，即摆动振幅点（取决于摆动方式）。

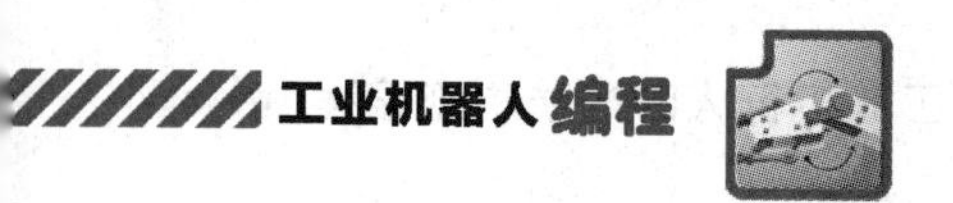

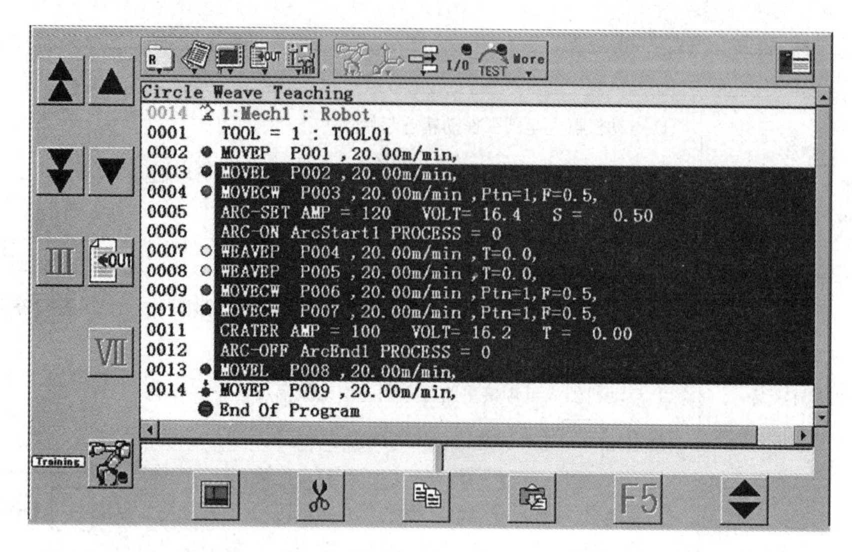

图 7-6 Panasonic 机器人单一圆弧摆动轨迹任务程序示例

7.1.4 机器人焊枪摆动参数配置

如上所述，熔焊机器人的焊缝质量控制关键在于焊接电弧和熔池，摆动焊道自然也不例外。针对不同的焊接位置和接头形式，机器人焊枪的摆动参数配置既要符合焊接机器人本体的运动特性，又要满足一定条件下的焊接电弧和熔池控制要求，方能获得质量优良的摆动焊道。归纳起来，弧焊机器人焊枪的关键摆动参数主要包括摆动方式、摆动频率、摆动宽度、左（右）停留时间等。表 7-3 列出的是 Panasonic 机器人焊枪关键摆动参数的配置说明。不同品牌的机器人摆动参数的配置略有差异，但基本逻辑是相通的。

表 7-3 Panasonic 机器人焊枪的关键摆动参数

摆动参数		参数配置说明	摆动示例
摆动方式	锯齿形摆动（低速单摆）	机器人焊枪在振幅点之间一边沿着“Z”形路径横向往返摆动、一边沿着焊缝长度方向纵向行进，弧焊机器人的默认摆动方式，适用于对接焊缝和角焊缝填充层、盖面层的平角焊及立角焊	焊接方向 S 1 2 E
	L 形摆动	机器人焊枪在振幅点之间一边沿着“L”形路径横向往返摆动、一边沿着焊缝长度方向纵向行进，适用于角焊缝平角焊	焊接方向 S 1 2 E

（续）

摆动参数		参数配置说明	摆动示例
摆动方式	三角形摆动	机器人焊枪在振幅点之间一边沿着“三角形”路径横向往返摆动、一边沿着焊缝长度方向纵向行进，适用于角焊缝不开坡口时根部焊道立角焊	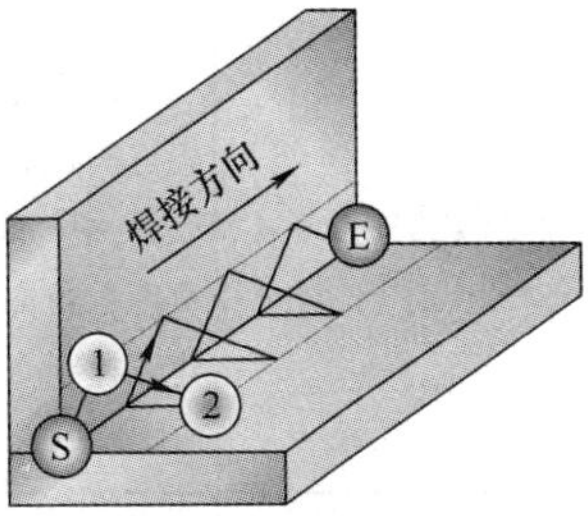 焊接方向 E 1 2 S
	U形摆动	机器人焊枪在振幅点之间一边沿着“U”形路径横向往返摆动、一边沿着焊缝长度方向纵向行进，适用于角焊缝开单侧坡口、预留根部间隙时根部焊道以及填充层立角焊	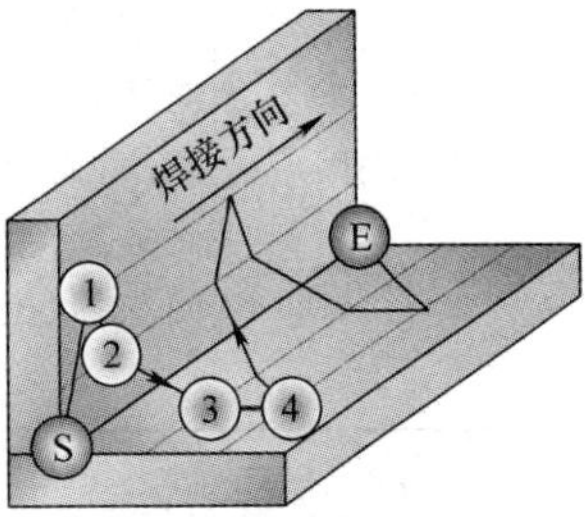 焊接方向 E 1 2 3 4 S
	梯形摆动	机器人焊枪在振幅点之间一边沿着“梯形”路径横向往返摆动、一边沿着焊缝长度方向纵向行进，适用于角焊缝开单侧坡口、预留根部间隙时根部焊道以及填充层立角焊	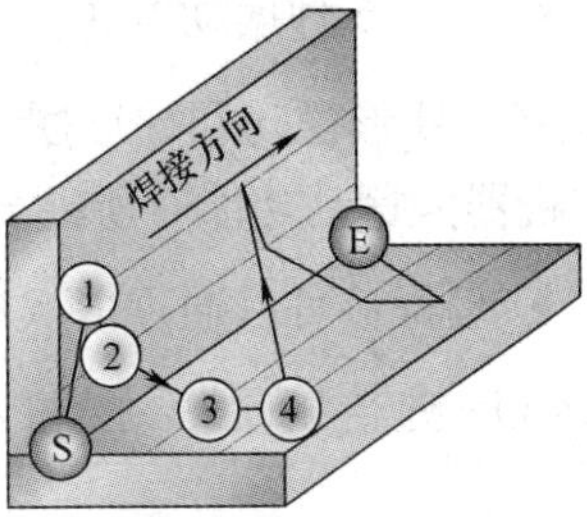 焊接方向 E 1 2 3 4 S
	月牙形摆动（高速单摆）	机器人焊枪在振幅点之间一边沿着“月牙”形路径横向往返摆动、一边沿着焊缝长度方向纵向行进，适用于对接焊缝和角焊缝立角焊	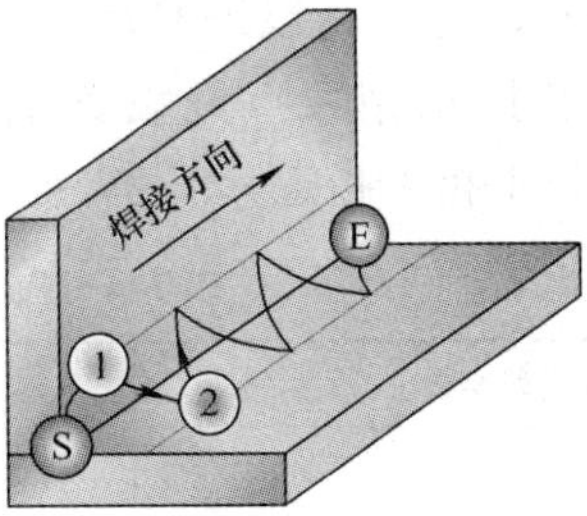 焊接方向 E 1 2 S
摆动频率		摆动频率是指机器人焊枪每秒摆动的次数，单位是Hz。摆动频率越高，机器人焊枪摆动速度越快，建议控制在0.1～2.0Hz范围内	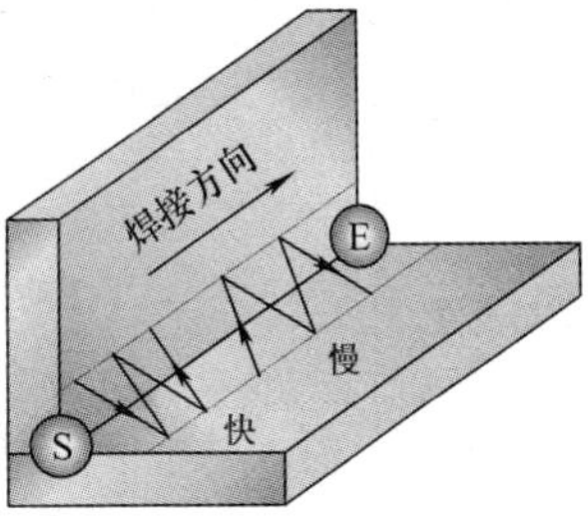 焊接方向 E 慢 快 S

（续）

摆动参数	参数配置说明	摆动示例
摆动宽度	摆动宽度是指机器人焊枪横向摆动振幅点与焊缝中心线的垂直距离，单位是mm。根据焊缝宽度及坡口大小调节摆动宽度，距离坡口侧壁1倍的焊丝直径，建议控制在1～10mm范围内	
左（右）停留时间	左（右）停留时间是指机器人焊枪横向摆动到左（右）振幅点后的停留时间，单位是s。根据焊缝表面成形及两侧是否圆滑过渡调节左（右）停留时间，建议控制在0～0.5s之间	

- 以上6种摆动方式是Panasonic焊接机器人运动控制的标准配置，分别对应编号1～6，U形摆动和梯形摆动需要示教4个振幅点，其余仅示教2个振幅点，不同品牌的机器人摆动功能有所差异。
- 编程员可以通过依次单击辅助菜单【扩展选项】→【示教设置】，设置Panasonic机器人的默认摆动方式。

综合而言，Panasonic机器人焊枪的摆动参数配置主要涉及以下方面：①在摆动起始点处设置摆动方式（以编号形式指定）；②在摆动振幅点处设置摆动宽度和左（右）停留时间；③在摆动结束点处设置摆动频率；④在焊接起始点处设置主路径运动速度（通过ARC－SET指令指定）。表7-4是Panasonic GⅢ机器人焊枪的摆动参数配置方法。

表7-4　Panasonic GⅢ机器人焊枪的摆动参数配置方法

序号	摆动参数	示教点	配置方法
1	摆动方式	摆动起始点	① 在程序编辑模式下，移动光标至摆动起始点对应的MOVELW或MOVECW指令语句上，点击【拨动按钮】，弹出摆动参数配置界面，如图7-7所示 ② 移动光标至“模式编号”选项，选择拟指定摆动方式对应的模式编号 ③ 点按【确认键】，保存摆动方式变更
2	摆动宽度、左（右）停留时间	摆动振幅点	① 在程序编辑模式下，移动光标至摆动振幅点对应的WEAVEP指令语句上，点击【拨动按钮】，弹出摆动参数配置界面，如图7-8所示 ② 移动光标至“振幅”或“端点停留时间”选项，输入具体的摆动宽度和左（右）停留时间数值 ③ 点按【确认键】，保存摆动宽度和左（右）停留时间变更

（续）

序号	摆动参数	示教点	配置方法
3	摆动频率	摆动结束点	① 在程序编辑模式下，移动光标至摆动结束点对应的 MOVELW 或 MOVECW 指令语句上，点击【**拨动按钮**】，弹出摆动参数配置界面，如图 7-7 所示 ② 移动光标至“频率”选项，输入具体的摆动频率数值 ③ 点按【**确认键**】，保存摆动频率变更
4	主路径运动速度	焊接起始点	① 在程序编辑模式下，移动光标至焊接起始点对应的 ARC - SET 指令语句上，点击【**拨动按钮**】，弹出焊接开始规范配置界面，如图 7-7 所示 ② 移动光标至“速度”选项，输入具体的焊接速度数值 ③ 点按【**确认键**】，保存主路径运动速度变更

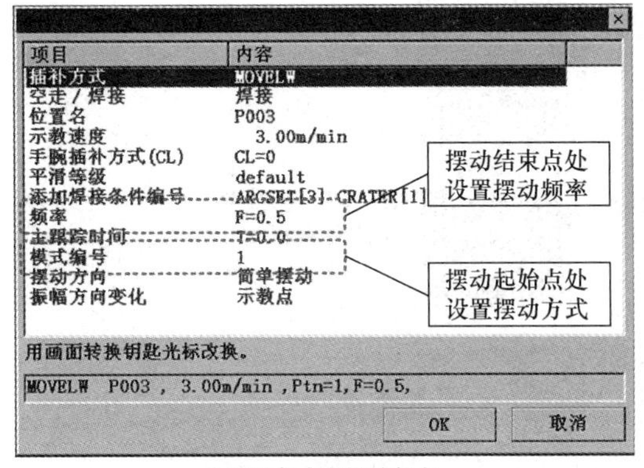

a) 摆动方式和摆动频率

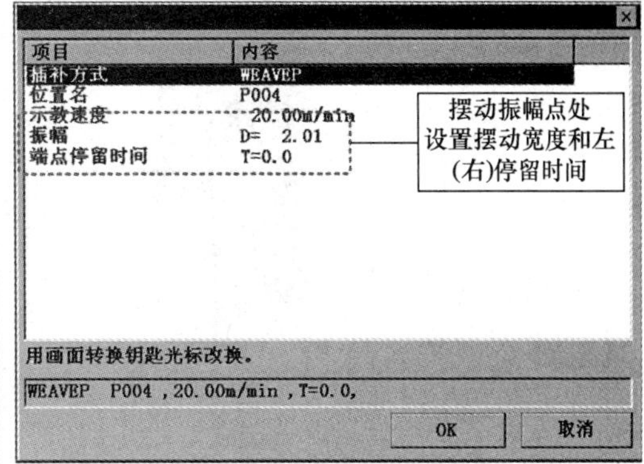

b) 摆动宽度和左(右)停留时间

图 7-7 Panasonic GⅢ机器人焊枪摆动参数配置界面

- 当规划 Panasonic 机器人焊枪摆动和附加轴的协调运动时，摆动方式的编号应为“+10”。例如，针对管 - 板圆周焊缝，若仅依靠机器人低速环形摆动焊接，模式编号选择为 1；而通过焊接变位机转动工件、机器人定点摆动焊接，模式编号选择为 11。
- 为避免摆动参数配置不合理而导致机器人本体运动时振动异响，Panasonic 机器人焊枪摆动频率的设置最快为 5Hz（摆动方式 1 ~ 5）或 9.9Hz（摆动方式 6）。同时，摆动宽度与摆动频率相乘，最大为 60mm · Hz（摆动方式 1 ~ 5）或 125° · Hz（摆动方式 6）。
- 摆动振幅点的左（右）停留时间应满足：$1/F-(T_0+T_1+T_2+T_3+T_4)>A$，其中 F 为摆动频率；T_0 为摆动起始点指定的时间值；T_1 ~ T_4 为摆动振幅点 1 ~ 4 指定的时间值；$A=0.1$（摆动方式 1、2、5）或 $A=0.075$（摆动方式 3）或 $A=0.15$（摆动方式 4）或 $A=0.05$（摆动方式 6）。

7.1.5 立角焊机器人焊枪姿态规划

与平角焊、船形焊等位置相似，机器人立角焊时除携带焊枪在工作空间内完成横向摆动外，还有一项重要任务是末端执行器姿态（焊枪指向）的调整，尤其熔池向下流淌趋势明显时。针对（I形坡口）T形角焊缝，机器人向上立角焊宜采用短弧焊接、较小的焊接电流，焊枪行进角 $\alpha=60°\sim80°$、工作角 $\beta=45°$；向下立角焊宜采用线性焊道，辅以合适的焊接电流，借助电弧力托起熔池，焊枪行进角 $\alpha=50°\sim60°$、工作角 $\beta=45°$，如图7-8和图7-9所示。当机器人焊枪姿态规划不合理时，立角焊过程中易产生未熔合、未焊透等缺陷。

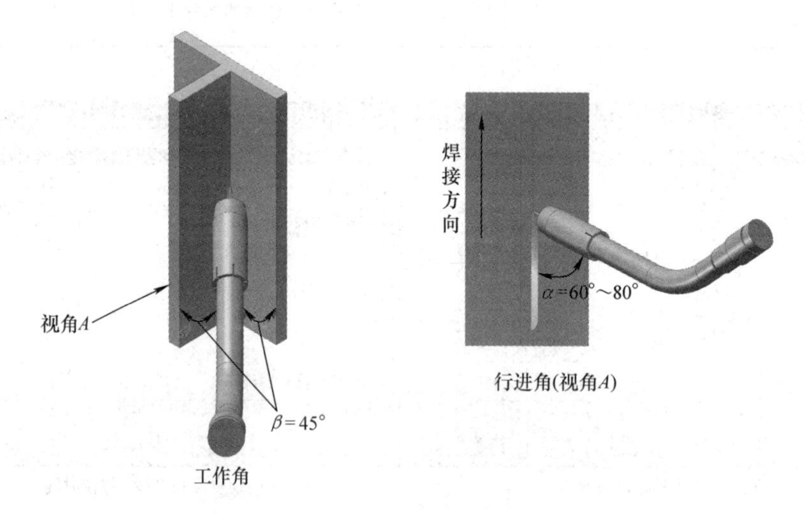

图7-8 机器人向上立角焊焊枪姿态示意

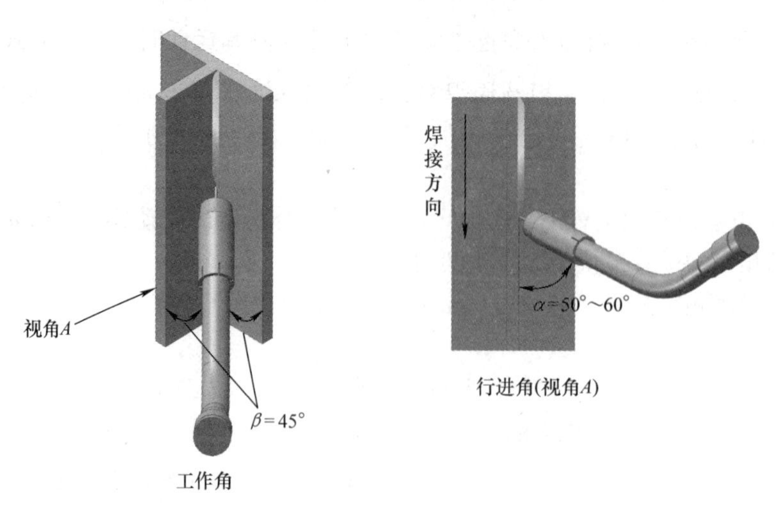

图7-9 机器人向下立角焊焊枪姿态示意

 • 对接焊缝机器人立角焊位置的工作角与平角焊时的相同，工作角 $\beta=90°$。

• 实际调整机器人焊枪姿态时，为精准调控机器人焊枪指向（TCP 姿态），编程员可以依次单击主菜单**【视图】**→**【状态显示】**→**【位置信息】**→XYZ**【直角】**，打开机器人位姿信息显示界面。

【任务分析】

为降低熔池液态金属的下淌趋势，机器人焊枪需要同时沿着焊缝长度方向和焊缝宽度方向运动，从而使得板－板 T 形接头机器人立角焊作业的示教较为复杂一些。使用机器人完成板厚 10mm 的碳钢试板 T 形角焊缝的向上立角焊至少需要示教 8 个目标位置点，其运动路径、摆动方式和焊枪姿态规划示于图 7-10。各示教点用途参见表 7-5。实际示教时，可以按照图 2-14 所示的流程进行示教编程。

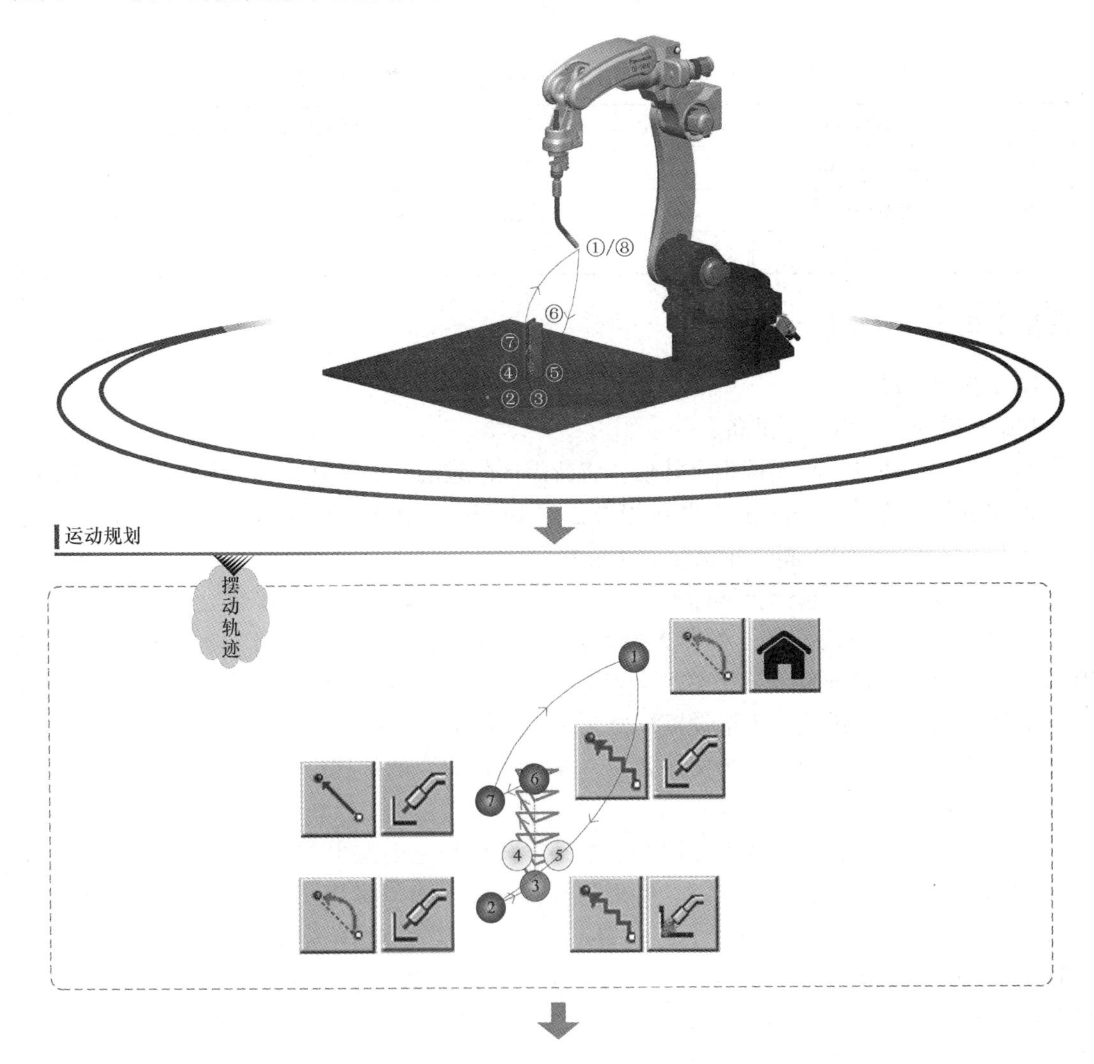

图 7-10　板－板 T 形接头机器人立角焊的运动路径和焊枪姿态规划

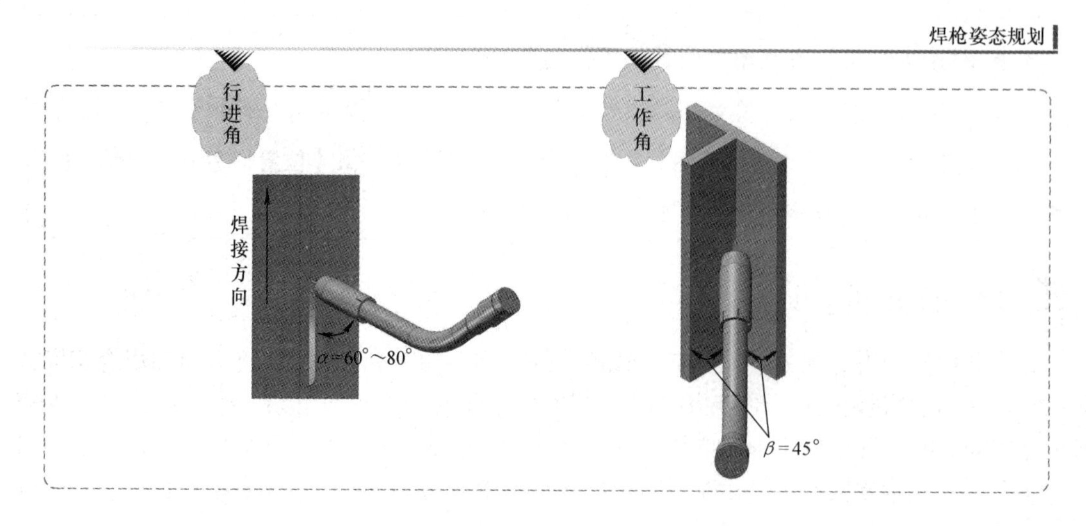

图 7-10 板-板 T 形接头机器人立角焊的运动路径和焊枪姿态规划（续）

表 7-5 板-板 T 形接头机器人立角焊任务的示教点

示教点	备 注	示教点	备 注	示教点	备 注
①	原点（HOME）	④	摆焊振幅点	⑦	摆焊回退点
②	摆焊临近点	⑤	摆焊振幅点	⑧	原点（HOME）
③	摆焊起始点	⑥	摆焊结束点	—	—

【任务实施】

1. 示教前的准备

开始示教前，请做如下准备：

① 工件表面清理。核实试板尺寸后，将待焊区附近的表面铁锈、油污等杂质清理干净。

② 接头组对点固。采用手工电弧焊方法（如 TIG）沿底板两端头的侧面将组对好的板-板 T 形接头定位焊点固，注意保证立板的垂直度。

③ 工件装夹固定。选择合适的夹具将组对好的试件固定在焊接工作台上。

④ 机器人原点确认。执行机器人控制器内存储的原点程序，让机器人返回原点（如 BW = -90°、RT = UA = FA = RW = TW = 0°）。

⑤ 机器人坐标系设置。正确设置机器人工具坐标系和工件（用户）坐标系编号。

⑥ 新建任务程序。创建一个文件名为“Weave_bead”的焊接程序文件。

2. 运动轨迹示教

针对图 7-10 所示的机器人运动路径、摆动方式和焊枪姿态规划，点动机器人依次通过机器人原点 P001、摆焊临近点 P002、摆焊起始点 P003、摆焊振幅点 P004 ~ P005、摆焊结束点 P006、摆焊回退点 P007 等 8 个目标位置点，并记忆示教点的位姿信息。其中，机器人原点 P001 应设置在远离作业对象（待焊工件）的可动区域的安全位置；摆焊临近点 P002 和摆焊回退点 P007 应设置在临近焊接作业区间，便于调整焊枪姿态的安全位置。具体示教步骤见表 7-6。编制完成的任务程序见表 7-7。

表7-6 板-板T形接头机器人立角焊示教点的记忆

示教点	示教方法
机器人原点 P001	① 接通伺服电源。在“TEACH”模式下，轻握【安全开关】至【伺服接通按钮】指示灯闪烁，此时按下，指示灯亮，机器人运动轴伺服电源接通 ② 打开机器人动作模式。点按【动作功能键Ⅷ】，(灯灭)→(灯亮)，激活机器人动作功能 ③ 变更示教点属性。按住【右切换键】，切换至示教点记忆画面，点按【动作功能键Ⅰ】、【动作功能键Ⅲ】，变更示教点P001的动作类型为（MOVEP），空走点 ④ 记忆示教点。点按【确认键】，记忆示教点P001为机器人原点
摆焊临近点 P002	① 显示机器人TCP位姿。依次单击主菜单【视图】→【状态显示】→【位置信息】→XYZ【直角】，将示教盒右侧界面切换至“XYZ（直角）”显示机器人TCP的当前位姿 ② 切换机器人点动坐标系。按住【右切换键】的同时，点按【动作功能键Ⅳ】或者依次单击辅助菜单【点动坐标系】→【工件坐标系】，切换机器人点动坐标系为系统默认的工件（用户）坐标系，即与【机座坐标系】重合 ③ 调整机器人焊枪姿态。在工件（用户）坐标系中，使用【动作功能键Ⅱ】与【拨动按钮】组合键，点动机器人绕+Y轴定点转动，实时查看示教盒右侧界面显示的机器人TCP姿态，焊枪行进角$\alpha=60°\sim80°$ ④ 移至参考点。在工件（用户）坐标系中，使用【动作功能键Ⅳ】~【动作功能键Ⅵ】与【拨动按钮】组合键，点动机器人沿、、线性贴近摆焊起始点附近的参考点，如立板外侧边沿点 ⑤ 调整机器人焊枪姿态。在工件（用户）坐标系中，使用【动作功能键Ⅲ】与【拨动按钮】组合键，点动机器人绕Z轴定点转动，实时查看示教盒右侧界面显示的机器人TCP姿态，精确调整焊枪工作角$\beta=45°$ ⑥ 移至摆焊起始点。在工件（用户）坐标系中，使用【动作功能键Ⅳ】、【动作功能键Ⅴ】与【拨动按钮】组合键，点动机器人沿X轴和Y轴线性缓慢移至摆焊起始点 ⑦ 切换机器人点动坐标系。按住【右切换键】的同时，点按【动作功能键Ⅳ】或者依次单击辅助菜单【点动坐标系】→【工具坐标系】，切换机器人点动坐标系为工具坐标系 ⑧ 移至摆焊临近点。在工具坐标系中，保持焊枪姿态不变，沿$-X$轴点动机器人线性移向远离焊接起始点的安全位置，如距离起始点30~50mm（图7-11） ⑨ 变更示教点属性。按住【右切换键】，切换至示教点记忆界面，点按【动作功能键Ⅰ】、【动作功能键Ⅲ】，变更示教点P002的动作类型为（MOVEP），空走点 ⑩ 记忆示教点。点按【确认键】，记忆示教点P002为焊接临近点

（续）

示教点	示教方法
摆焊起始点 P003	① 移至摆焊起始点。在工具坐标系中，保持焊枪姿态不变，沿 + *X* 轴点动机器人线性移至摆焊起始点（见图 7-12） ② 变更示教点属性。按住【右切换键】，切换至示教点记忆界面，点按【动作功能键Ⅰ】、【动作功能键Ⅲ】，变更示教点 P003 的动作类型为（MOVELW），焊接点 ③ 记忆示教点。点按【确认键】，记忆示教点 P003 为摆焊起始点，焊接开始指令被同步记忆
摆焊振幅点 P004	① 定义振幅点。当弹出“将下一示教点作为振幅点记忆吗?”对话框时，点按【确认键】，将随后的 2 个示教点定义为摆动振幅点（WEAVEP） ② 切换机器人点动坐标系。按住【右切换键】的同时，点按【动作功能键Ⅳ】或者依次单击辅助菜单【点动坐标系】→【工件坐标系】，切换机器人点动坐标系为系统默认的工件（用户）坐标系 ③ 移至摆焊振幅点。在工件（用户）坐标系中，使用【动作功能键Ⅳ】～【动作功能键Ⅵ】与【拨动按钮】组合键，点动机器人沿 User X、User Y、User Z 线性移至焊接主路径一侧（如立板侧）的摆动振幅点（见图 7-13） ④ 记忆示教点。点按【确认键】，记忆示教点 P004 为摆动振幅点
摆焊振幅点 P005	① 定义振幅点。当弹出“将下一示教点作为振幅点记忆吗?”对话框时，点按【确认键】，将随后的示教点定义为摆动振幅点（WEAVEP） ② 移至摆焊振幅点。在工件（用户）坐标系中，使用【动作功能键Ⅳ】～【动作功能键Ⅵ】与【拨动按钮】组合键，点动机器人沿 User X、User Y、User Z 线性移至焊接主路径一侧（如底板侧）的摆动振幅点（见图 7-14） ③ 记忆示教点。点按【确认键】，记忆示教点 P005 为摆动振幅点
摆焊结束点 P006	① 移至摆焊结束点。在工件（用户）坐标系中，使用【动作功能键Ⅵ】与【拨动按钮】组合键，点动机器人沿 + *Z* 轴 User Z 线性移至摆焊结束点（见图 7-15） ② 变更示教点属性。按住【右切换键】，切换至示教点记忆界面，点按【动作功能键Ⅰ】、【动作功能键Ⅲ】变更示教点 P006 的动作类型为（MOVELW），空走点 ③ 记忆示教点。点按【确认键】，记忆示教点 P006 为摆焊结束点
摆焊回退点 P007	① 切换机器人点动坐标系。按住【右切换键】的同时，点按【动作功能键Ⅳ】，或者依次单击辅助菜单【点动坐标系】→【工具坐标系】，切换机器人点动坐标系为工具坐标系 ② 移至摆焊回退点。在工具坐标系中，继续保持焊枪姿态，沿 - *X* 轴点动机器人移向远离摆焊结束点的安全位置（见图 7-16） ③ 变更示教点属性。按住【右切换键】，切换至示教点记忆界面，点按【动作功能键Ⅰ】、【动作功能键Ⅲ】变更示教点 P007 的动作类型为（MOVEL），空走点 ④ 记忆示教点。点按【确认键】，记忆示教点 P007 为摆焊回退点

（续）

示教点	示教方法
机器人原点 P008	① 打开机器人编辑模式。松开**【安全开关】**，点按**【动作功能键Ⅷ】**，（灯亮）→（灯灭），关闭机器人动作功能，进入编辑模式。按**【用户功能键 F6】**切换用户功能图标至复制、粘贴功能 ② 复制机器人运动指令。使用**【拨动按钮】**移动光标至示教点 P001 所在指令语句行，点按**【用户功能键 F3】**（复制），然后点击**【拨动按钮】**，弹出“复制”确认界面，点按**【确认键】**，完成指令语句的复制操作 ③ 粘贴机器人运动指令。移动光标至示教点 P007 所在指令语句行，点按**【用户功能键 F4】**（粘贴），完成指令语句的粘贴操作

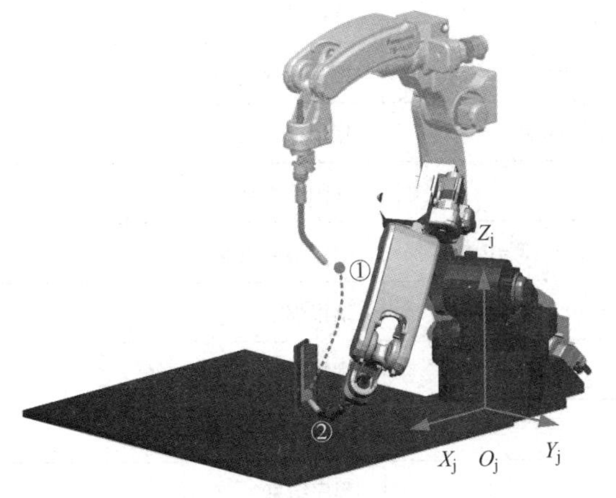

图 7-11　点动机器人至摆焊临近点 P002

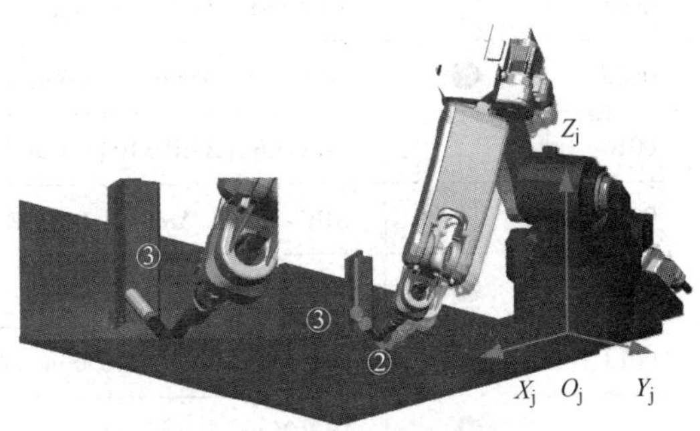

图 7-12　点动机器人至摆焊起始点 P003

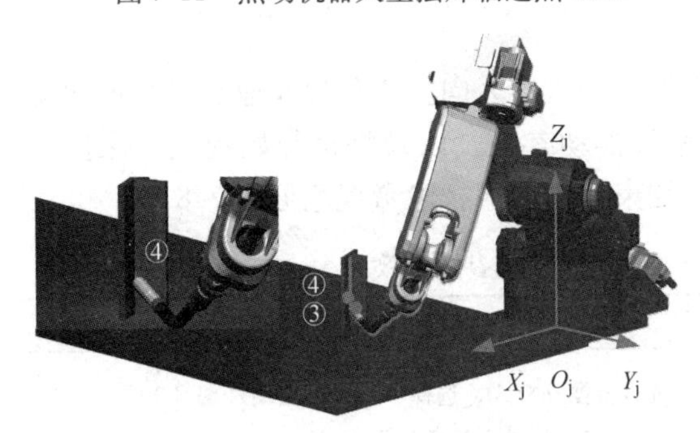

图 7-13　点动机器人至摆焊振幅点 P004

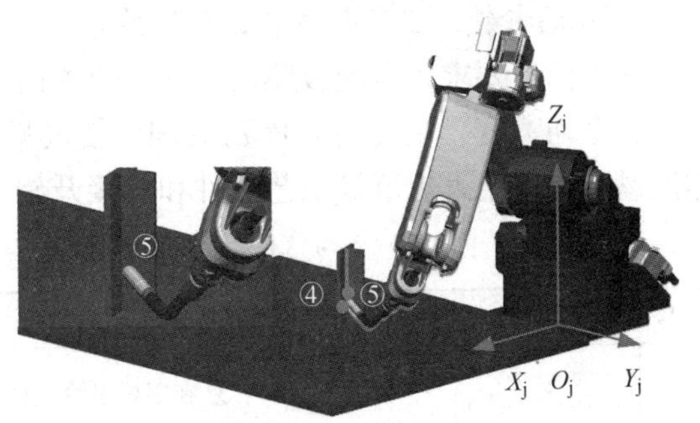

图 7-14　点动机器人至摆焊振幅点 P005

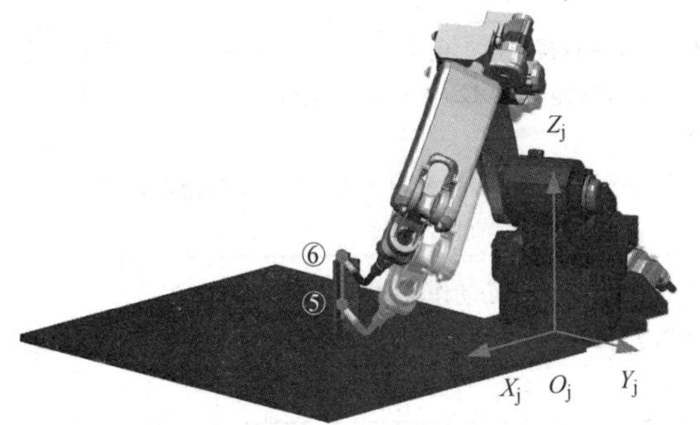

图 7-15　点动机器人至摆焊结束点 P006

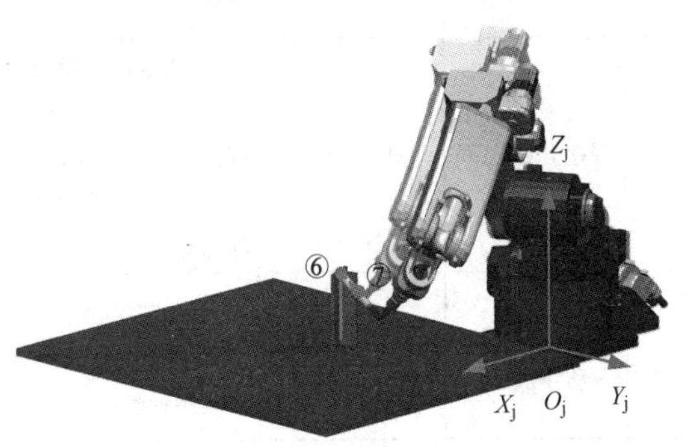

图 7-16　点动机器人至摆焊回退点 P007

表 7-7　板－板 T 形接头机器人立角焊的任务程序

行号码	行标识	指令语句	备 注
	○	Begin Of Program	程序开始
0001		TOOL　=　1　:　TOOL01	工具坐标系（焊枪）选择
0002	●	MOVEP　P001，　10.00m/min	机器人原点（HOME）
0003	●	MOVEP　P002，　10.00m/min	摆焊临近点
0004	●	MOVELW　P003，5.00m/min，Ptn＝1，F＝0.5	摆焊起始点
0005		ARC－SET　AMP＝120　VOLT＝16.4　S＝0.50	焊接开始规范
0006		ARC－ON　ArcStart1 PROCESS＝0	开始焊接
0007	○	WEAVEP　P004，5.00m/min，T＝0.0	摆焊振幅点
0008	○	WEAVEP　P005，5.00m/min，T＝0.0	摆焊振幅点
0009	●	MOVELW　P006，　5.00m/min	摆焊结束点
0010		CRATER　AMP＝100　VOLT＝16.2　T＝0.00	焊接结束规范
0011		ARC－OFF　ArcEnd1 PROCESS＝0	结束焊接
0012	●	MOVEL　P007，　5.00m/min	摆焊回退点
0013	●	MOVEP　P008，　10.00m/min	机器人原点（HOME）
	●	End Of Program	程序结束

3. 摆动参数、工艺条件和动作次序示教

根据任务要求，实现板厚为 10mm 的碳钢 T 形接头机器人向上立角焊作业需要配置摆动方式、摆动宽度、左（右）停留时间、摆动频率等摆动参数，以及焊接开始规范、保护气体流量、焊接结束规范等工艺条件和焊接开始、结束动作次序，参考规范见表 7-8。

表 7-8　Panasonic GⅢ机器人立角焊的摆焊参数示教

序号	摆焊参数	编程指令	配置方法
1	摆动方式	MOVELW	① 在摆焊起始点 P003 处设置摆动方式，选择“三角形摆动（编号 3）” ② 机器人焊枪摆动方式的变更方法可以参考第 7 章“7.1.4 机器人焊枪摆动参数配置”
2	焊接开始规范	ARC－SET	① 在摆焊起始点 P003 处设置焊接电流、电弧电压、焊接速度（主路径运动速度）等焊接开始规范，建议焊接电流为 120～130A、电弧电压为 22.0～23.0V、焊接速度为 0.10～0.15m/min ② 机器人摆焊开始规范的变更方法可以参考第 5 章“5.1.2 机器人焊接工艺条件示教”
3	焊接开始动作次序	ARC－ON	① 在摆焊起始点 P003 处设置焊接开始动作次序，选择“ArcStart3” ② 机器人摆焊开始动作次序的变更方法可以参考第 5 章“5.1.3 机器人焊接动作次序示教”

（续）

序号	摆焊参数	编程指令	配置方法
4	摆动宽度、左（右）停留时间	WEAVEP	① 在摆焊振幅点 P004、P005 两处设置摆动宽度和左（右）停留时间，建议摆动宽度为 2.5～3.0mm，左（右）停留时间 0.1～0.3s ② 机器人焊枪摆动宽度和左（右）停留时间的变更方法可以参考第 7 章“7.1.4 机器人焊枪摆动参数配置”
5	摆动频率	MOVELW	① 在摆焊结束点 P006 处设置摆动频率，建议摆动频率为 0.5～1.0Hz ② 机器人焊枪摆动频率的变更方法可以参考“7.1.4 机器人焊枪摆动参数配置”
6	焊接结束规范	CRATER	① 在摆焊结束点 P006 处设置收弧电流、收弧电压、弧坑处理时间等焊接结束规范，建议收弧电流为焊接电流的 60%～80%，弧坑处理时间 0.5～1.0s ② 机器人摆焊结束规范的变更方法可以参考第 5 章“5.1.2 机器人焊接工艺条件示教”
7	焊接结束动作次序	ARC－OFF	① 在摆焊结束点 P006 设置焊接结束动作次序，选择“ArcEnd3” ② 机器人摆焊结束动作次序的变更方法可以参考第 5 章“5.1.3 机器人焊接动作次序示教”
8	保护气体流量	—	① 此任务选用直径为 1.0mm 的 ER50－6 实心焊丝，较为合理的焊丝干伸长度为 12～15mm，建议富氩保护气体（80% Ar＋20% CO_2）流量为 15～20 L/min ② 保护气体流量的变更方法可以参考第 5 章“5.1.2 机器人焊接工艺条件示教”

开始任务示教前，编程员可以通过依次单击辅助菜单【**扩展选项**】→【**示教设置**】，设置 Panasonic 机器人默认的用户坐标系、摆动方式、焊接开始（结束）规范、焊接开始（结束）动作次序等摆焊参数。

4. 程序验证与再现施焊

参照第 5 章中表 5-11 的 Panasonic 机器人任务程序验证方法，依次通过单步程序验证和连续测试运转确认机器人 TCP 摆动轨迹的合理性和精确度。待任务程序验证无误后，方可再现施焊，如图 7-17 所示。自动模式下，机器人自动运转任务步骤如下：

① 移动光标至首行。在编辑模式下，将光标移至程序开始记号（Begin Of Program）。

② 选择自动模式。切换【**模式旋钮**】至“AUTO”位置（自动模式），禁用电弧锁定功能（灯灭）。

③ 接通伺服电源。点按【**伺服接通按钮**】，接通机器人伺服电源。

④ 自动运转程序。点按【**启动按钮**】，系统自动运转执行任务程序，机器人开始焊接。

焊接过程电弧燃烧断断续续，焊缝无法成形，咬边、焊瘤等焊接缺陷严重，未能达到焊接质量要求。

a) 焊前准备

b) 焊接过程

c) 焊缝表面成形

图 7-17　板 - 板 T 形接头机器人立角焊

任务 7.2　机器人摆动轨迹任务程序编辑

【任务提出】

立角焊时，若熔池温度过高，液态金属易下淌形成焊瘤，导致焊缝（焊道）表面不平整，多层焊会产生未熔合、夹渣等缺陷。当利用机器人实现向上立角焊时，机器人焊枪的摆动方式、摆动宽度、摆动频率、左（右）停留时间以及焊接电流等关键摆焊参数的调控主要是以角焊缝的成形质量（如焊脚尺寸、熔深等）为依据。

板 - 板 T 形接头机器人立角焊及其优化视频

此任务针对上一任务——板 - 板 T 形接头机器人立角焊，焊缝饱满微凸，焊脚对称、尺寸为 6mm，无咬边、气孔等焊接质量要求，调整优化机器人焊枪摆动参数和焊接电流等作业条件，旨在加深机器人摆焊关键参数对 T 形角焊缝成形质量的影响规律理解。

【知识准备】

7.2.1 机器人摆动动作指令

由表 7-8 不难看出，机器人摆焊参数调控包括摆动方式、摆动宽度、左（右）停留时间、摆动频率、焊接电流、电弧电压、焊接速度（主路径运动速度）、保护气体流量、收弧电流、弧坑处理时间等十几个因素，且各参数间相互关联影响，使得摆焊工艺质量控制较为复杂。通常编程员需要反复编辑和优化机器人摆焊任务程序（如摆动轨迹、工艺条件等），方能满足机器人立角焊接头的质量要求。

与直线、圆弧动作指令相似，机器人直线摆动、圆弧摆动指令同样包含动作类型、位置坐标、运动速度、定位方式和附加选项等五大要素。编程员可以通过编辑直线（圆弧）摆动指令的要素来调控机器人摆动轨迹。表 7-9 是 Panasonic 机器人直线（圆弧）动作指令与直线（圆弧）摆动指令要素的差异性比较。

表 7-9 Panasonic 机器人直线（圆弧）动作与直线（圆弧）摆动指令比较

指令要素	运动指令			
	直线动作（MOVEL）	直线摆动（MOVELW）	圆弧动作（MOVEC）	圆弧摆动（MOVECW）
动作类型	仅记忆线性运动目标结束点，即 1 条直线动作指令	连续记忆线性摆动运动起始点和结束点，即 2 条直线摆动指令	连续记忆圆弧运动起始点、中间点和结束点，即 3 条连续圆弧动作指令	连续记忆圆弧摆动起始点、中间点和结束点，即 3 条连续圆弧动作指令
位置坐标	通常仅机器人 TCP 空间位置发生改变，运动过程中空间指向保持不变		机器人 TCP 的空间位置和空间指向在运动过程中均动态变化	
运动速度	线性路径上机器人 TCP 以匀速运动为主		弧形路径上机器人 TCP 以匀速运动为主	
定位方式	精确定位，平滑等级默认为 SL = d（6）		平滑过渡，平滑等级默认为 SL = d（10）	
附加选项	手腕插补方式，默认为 CL = 0（自动计算）	手腕插补方式，默认为 CL = 0（自动计算）；摆动方式，默认 Ptn = 1；摆动频率，默认 F = 0.5	手腕插补方式，默认为 CL = 0（自动计算）；连弧轨迹需要设置圆弧分离点（SO）	手腕插补方式，默认为 CL = 0（自动计算）；摆动方式，默认 Ptn = 1；摆动频率，默认 F = 0.5；连弧轨迹需要设置圆弧分离点（SO）

对于 Panasonic 机器人而言，除直线摆动（MOVELW）、圆弧摆动（MOVECW）指令外，机器人焊枪摆动动作的实现还需与振幅指令（WEAVEP）组合使用，即 MOVELW + WEAVEP 或 MOVECW + WEAVEP。在摆动开始点后面紧随 2 ~4 条 WEAVEP 指令，其数量取决于摆动方式。

此外，T 形接头机器人立角焊的工艺条件优化重点是焊接电流、电弧电压和焊接速度之间的匹配度，以及三者与摆动参数之间的适配性。编程员可以通过编辑焊接开始规范指令语句变更上述焊接参数，如 Panasonic 焊接机器人的 ARC - SET 指令。关于机器人摆动轨迹和工艺条件的编辑见表 7-8，不再赘述。

7.2.2 机器人摆动轨迹测试

待机器人运动轨迹、工艺条件和动作次序示教完毕，编程员通常需要依次正向、反向逐条执行指令和连续测试运转指令序列验证任务程序，以此确认机器人 TCP 的摆动轨迹。值得注意的是，摆动轨迹区间的正向和反向单步程序验证动作有所不同。正向单步程序验证时，Panasonic 机器人在摆动轨迹区间内一边沿着焊缝宽度方向横向摆动、一边沿着焊缝长度方向线性前移，此方法比较适合摆动参数合理性的确认。反之，反向单步程序验证时，Panasonic 机器人在摆动轨迹区间内仅按照（示教）指令路径的反方向运动，即从摆动结束点经由摆动振幅点，移向摆动起始点，此方法比较适合摆动宽度的变更，如图 7-18所示。

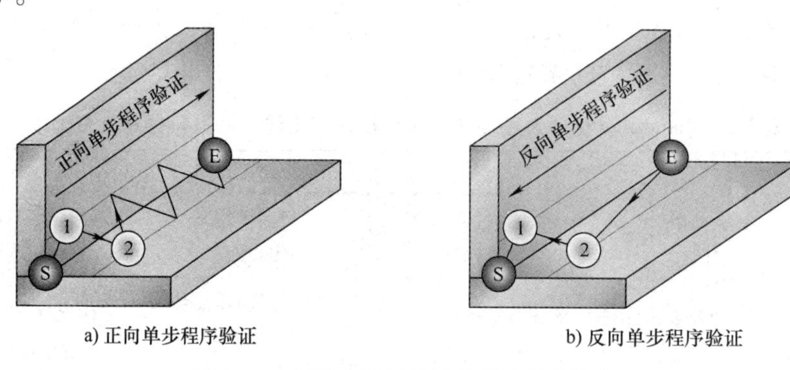

a) 正向单步程序验证　　b) 反向单步程序验证

图 7-18　机器人摆动轨迹的单步程序验证

【任务分析】

实现板 - 板 T 形接头机器人向上立角焊，要求焊缝饱满微凸，焊脚对称、尺寸为 6mm，无咬边、气孔等表面缺陷，焊缝成形质量要求较高。综合图 7-17 和表 7-8 分析来看，由于摆动宽度、摆动频率等摆动参数与焊接电流、电弧电压、焊接速度（主路径运动速度）之间的匹配度不好，导致焊接过程电弧燃烧断断续续，焊缝无法成形，咬边、焊瘤等焊接缺陷严重。此任务将重点从机器人焊枪摆动宽度、摆动频率、焊接速度和焊接电流四方面入手，逐一调整摆焊参数，直至焊缝成形质量达标。

【任务实施】

1. 示教前的准备

开始任务程序编辑前，请做如下准备：

① 工件换装清理。更换新的试板，将其表面铁锈、油污等杂质清理干净。

② 工件组对点固。使用手工电弧焊设备将新的 T 形接头待焊试件组对定位焊点固。

③ 工件装夹固定。选择合适的夹具将新的板 - 板 T 形接头固定在焊接工作台上。

④ 示教模式确认。切换**【模式旋钮】**对准“TEACH”，选择手动模式。

⑤ 加载任务程序。通过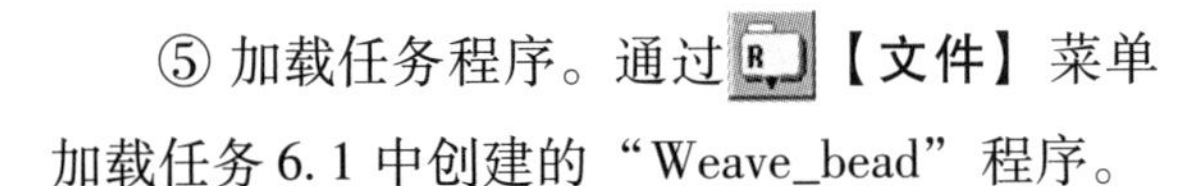【文件】菜单加载任务6.1中创建的“Weave_bead”程序。

2. 任务程序编辑

为获得成形美观、表面微凸的角焊缝，摆焊过程中可以适度降低焊接电流、增加焊接速度或左（右）停留时间；为获得尺寸稍小的焊脚尺寸，可以适度减小机器人焊枪的摆动宽度。当单因素改变机器人焊枪摆动宽度、左（右）停留时间、焊接速度和焊接电流时，均可参照图2-14所示的示教流程测试验证程序和再现施焊。具体的焊接接头质量优化实施过程见表7-10。综合优化后的角焊缝饱满微凸，焊脚对称、尺寸为6.7～6.9mm，无咬边、气孔等表面缺陷，整体成形效果如图7-19所示。

图7-19　板－板T形接头机器人立角焊焊缝成形优化

表7-10　板－板T形接头机器人立角焊任务程序编辑

编辑类别	编辑步骤
摆动宽度调整	① 选择指令语句。在编辑模式下，移动光标至待变更示教点P004所在行，侧击【拨动按钮】，弹出摆动振幅点参数配置界面 ② 变更指令参数。向下转动【拨动按钮】，移动光标至“振幅”选项，侧击【拨动按钮】，弹出摆动振幅配置界面，适度减小机器人焊枪的摆动宽度，如4.5～5.0mm ③ 记忆指令语句。点按【确认键】，新的焊道左侧振幅点被记忆覆盖示教点P004 ④ 重复上述步骤，将光标移至示教点P005，修改焊道右侧振幅点（摆动宽度），并记忆覆盖原有示教点P005
摆动频率修改	① 选择指令语句。在编辑模式下，移动光标至待变更示教点P004所在行，侧击【拨动按钮】，弹出摆动参数配置界面 ② 变更指令参数。向下转动【拨动按钮】，移动光标至“端点停留时间”选项，侧击【拨动按钮】，弹出摆动频率配置界面，适度增加摆动频率，如1.0～1.5Hz ③ 记忆指令语句。点按【确认键】，保存摆动频率的变更 ④ 重复上述步骤，将光标移至示教点P005，修改焊道右侧振幅点停留时间，并记忆覆盖原有示教点P005的设置
焊接速度变更	① 选择指令语句。在编辑模式下，移动光标至ARC－SET指令语句所在行，侧击【拨动按钮】，弹出焊接开始规范配置界面 ② 变更指令参数。向下转动【拨动按钮】，移动光标至“焊接速度”选项，侧击【拨动按钮】，弹出焊接速度配置界面，适度降低焊接速度，如0.10～0.12m/min ③ 记忆指令语句。待参数确认后，连续两次点按【确认键】，结束焊接速度变更
焊接电流微调	① 选择指令语句。在编辑模式下，移动光标至ARC－SET指令语句所在行，侧击【拨动按钮】，弹出焊接开始规范配置界面 ② 变更指令参数。侧击【拨动按钮】，弹出焊接电流配置界面，适度降低焊接电流（如110～120A）后，单击【标准】按钮，一元化适配电弧电压 ③ 记忆指令语句。确认参数无误，点按【确认键】，结束焊接电流变更

【拓展阅读】

Panasonic 机器人的摆动方向设置

上文对 Panasonic 机器人焊枪的摆动方式、摆动宽度、摆动频率和左（右）停留时间等关键摆焊参数作了较为详细的阐述。在实际摆焊过程中，机器人系统是如何根据焊接速度（主路径运动速度）、摆动宽度和摆动频率等确定焊枪的摆动方向？在机器人焊枪摆动参数配置界面（图 7-7）中，编程员可以根据需要变更“摆动方向”为简单摆动方式或振幅点基准方式。为说明两种摆动方向设置之间的差异性，不妨以锯齿形摆动（低速单摆）实例来描述简单摆动方向和基于振幅点基准的摆动方向的计算过程。

假设焊缝长度 $L=30\text{mm}$，焊接速度 $v=30\text{cm/min}$（主路径运动速度），摆动频率 $F=1.0\text{Hz}$，摆动宽度 $D=2.0\text{mm}$，左（右）停留时间 $T=0.0\text{s}$，则

$$\text{摆动次数}\ n=\frac{\text{焊缝长度}\ L\times\text{摆动频率}\ F}{\text{焊接速度}\ v}=\frac{30\times1}{5}\text{次}=6\text{次}$$

$$\text{摆动长度}\ l=\frac{\text{焊接速度}\ v}{\text{摆动频率}\ F}=\frac{5}{1}\text{mm}=5\text{mm}$$

图 7-20 所示为简单摆动和基于振幅点基准的摆动方向配置下的机器人运动轨迹。此外，编程员还可以改变“振幅方向变化”的设置，如示教点、工具跟踪等，不再赘述。

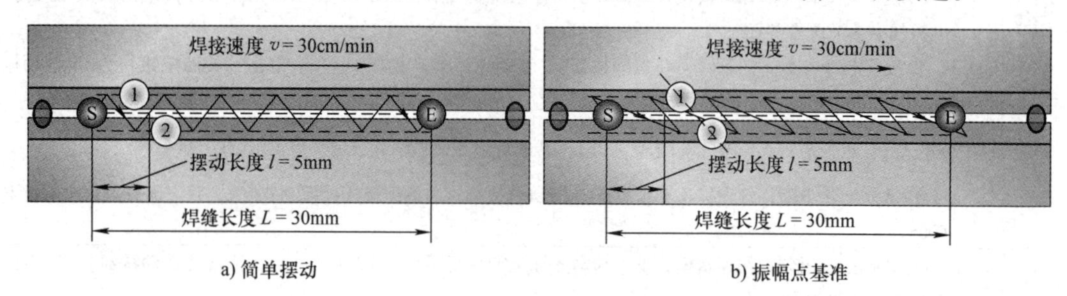

图 7-20　不同摆动方向配置下的机器人摆动轨迹

【知识测评】

一、填空

1. 根据热源（焊接电弧）移动方向不同，立角焊可以分为________和________两种。目前，生产中应用更为广泛的是________。

2. 根据焊接过程中电弧或电极摆动与否，可以将焊道分为________和________两类。

3. 工业机器人完成单一圆弧轨迹的摆动作业至少需要示教________个关键位置点，且摆焊起始点、中间点和结束点的动作类型（或插补方式）均为________。

4. 针对不同的焊接位置和接头形式，机器人焊枪的摆动参数配置既要符合________，又要满足一定条件下的________，方能获得质量优良的摆动焊道。

5. Panasonic 机器人焊枪的摆动参数配置主要涉及________、________、________和________方面。

二、选择

1. 弧焊机器人焊枪的关键摆动参数主要包括（　　）等。

①摆动方式；②摆动频率；③摆动宽度；④左（右）停留时间

A. ①②③④　　B. ①②④　　C. ①②③　　D. ②③④

2. Panasonic 机器人的摆动方式有（　　）。

①锯齿形摆动；②L 形摆动；③三角形摆动；④U 形摆动；⑤梯形摆动；⑥月牙形摆动；⑦低速单摆；⑧高速单摆

A. ①②③④⑤⑥　　B. ①②③④⑤⑥⑦⑧　　C. ①②③④⑤　　D. ①②③④⑦⑧

3. 与直线、圆弧动作指令相似，机器人直线摆动、圆弧摆动指令同样包含（　　）等要素。

①动作类型；②位置坐标；③运动速度；④定位方式；⑤附加选项

A. ①②③④　　B. ①②③⑤　　C. ②③④⑤　　D. ①②③④⑤

三、判断

1. 摆动焊道是指焊接时，电弧做横向摆动所完成的焊道，如向下立角焊。（　　）

2. 工业机器人的圆弧摆动是以圆弧内插摆动方式对从圆弧起始点，经由圆弧中间点，移向圆弧结束点的 TCP 运动轨迹和焊枪姿态进行连续路径控制的一种运动形式。（　　）

3. 无论圆弧摆动临近点采用关节动作还是直线动作，圆弧摆动临近点至圆弧摆动起始点区段机器人系统自动按圆弧路径规划运动轨迹。（　　）

4. 针对（I 形坡口）T 形角焊缝，机器人向下立角焊宜采用短弧焊接、较小的焊接电流，焊枪行进角 $\alpha = 60° \sim 80°$、工作角 $\beta = 45°$。（　　）

5. 摆动轨迹区间的正向和反向单步程序验证动作相同。（　　）

四、综合实践

尝试使用富氩气体（如 80% Ar + 20% CO_2）、直径为 1.2mm 的 ER50－6 实心焊丝和 Panasonic GⅢ焊接机器人，通过合理规划机器人摆动轨迹和焊枪姿态，完成组合式碳钢 T 形角焊缝的机器人立角焊作业（见图 7-21，I 形坡口，对称焊接），要求焊缝饱满，焊脚对称、尺寸为 6mm，无咬边、气孔等表面缺陷。

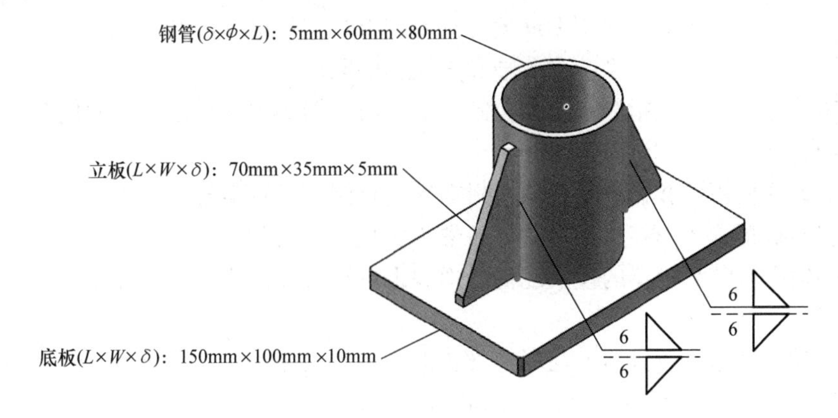

图 7-21　中厚板 T 形接头组合焊缝机器人立角焊

工业机器人的动作次序编程

在一套成熟的工业机器人系统中，为尽可能减少清理或更换系统配件所造成的停机时间，以及始终通过保持最佳的作业位置来保证产品质量的稳定性，合理的工业机器人与自动清枪器、焊接变位机等周边（工艺）辅助设备之间的动作次序显得尤为重要。动作次序是工业机器人任务编程的三大主要内容之一，同时也是工业机器人系统柔性作业的良好展示。

本章将以 Panasonic GⅢ系列机器人为例，通过尝试机器人焊枪清洁和骑坐式管 - 板船形焊的任务编程，掌握工业机器人与周边（工艺）辅助设备间的动作次序示教要领，完成清枪剪丝及附加轴联动任务程序的编辑与调试。根据工业机器人编程员的岗位工作内容，本章一共设置两项任务：一是机器人焊枪自动清洁任务编程；二是骑坐式管 - 板 T 形接头机器人船形焊任务编程。

【学习目标】

知识学习

1）能够概括工业机器人通用 I/O 信号和专用 I/O 信号的差异性。

2）能够区别工业机器人系统本体轴和附加轴的联动。

3）能够使用信号处理指令和流程控制指令完成机器人焊枪自动清洁的任务编程。

能力培养

1）能够灵活使用示教盒点动机器人附加轴及查阅其位置信息。

2）能够熟练配置 T 形接头船形焊的机器人焊接工艺条件。

3）能够根据自动清枪器的模块配置合理编辑机器人焊枪清洁任务程序。

素养提升

1）培养学员掌握工业机器人与周边（工艺）辅助设备间的动作次序编辑要领，完成岗位工作内容，以获得更好的作业效果和产品质量。

2）将所学知识综合运用在实际操作过程中，应用于学员自己的职业生涯，适应现代智能制造技术发展，培养学员具有较强实践能力和创新精神的高素质技术专门人才。

【学习导图】

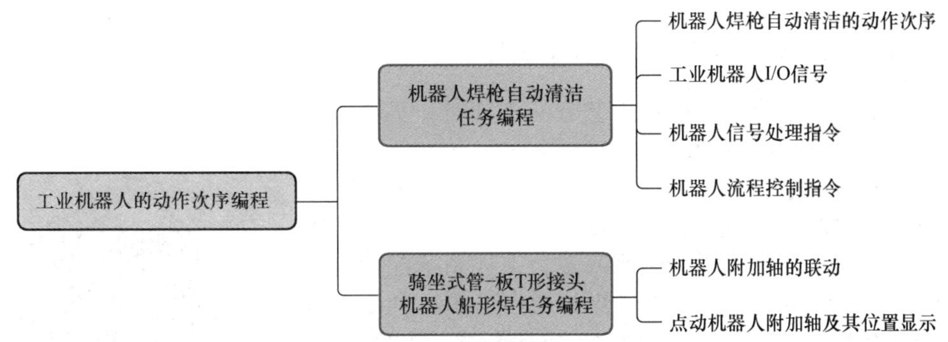

任务8.1 机器人焊枪自动清洁任务编程

【任务提出】

飞溅是熔焊机器人作业过程中向周围飞散的金属颗粒，与熔滴过渡、电弧斑点压力和焊接冶金反应等因素密切关联。随着机器人熔焊作业时间的延续，飞溅通常会在机器人焊枪喷嘴内壁、导电嘴表面附着。当飞溅附着量较多或遇到大颗粒飞溅时，容易堵塞机器人焊枪喷嘴或保护气体通道，导致气孔、焊缝成形不良等缺陷。此外，粗大的焊丝球状端头等于加粗了焊丝直径，并在球状端头表面形成一层氧化膜，不利于焊接引弧。因此，机器人焊枪的自动清洁成为了机器人自动化焊接系统的刚性需求。

机器人焊枪自动清枪视频

此任务要求使用自动清枪器（如宾采尔 BINZEL、泰佰亿 TBi）和 Panasonic GⅢ焊接机器人，完成骑坐式管－板 T 形接头平角焊连续熔焊作业过程中，机器人焊枪喷嘴内壁附着物（飞溅）的清除和焊丝球状端头的剪断任务，如图 8-1 所示。焊接机器人系统信号配置如下：O1#（1：wire cutting）启动剪丝；O1#（2：torch cleaning）启动清枪；I1#（1：nozzle clamp open）夹紧气缸松开。

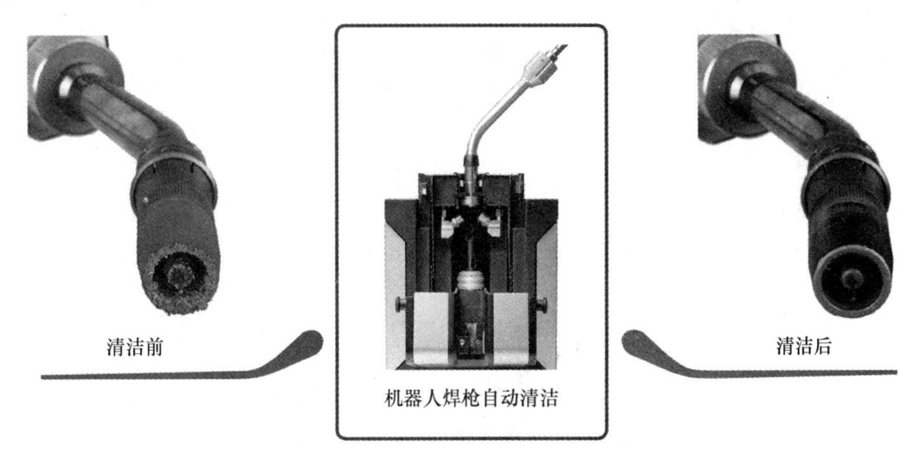

图 8-1 机器人焊枪自动清洁示意

【知识准备】

8.1.1 机器人焊枪自动清洁的动作次序

正如第2章中所述，当焊接工艺方法不同时，机器人末端执行器及周边辅助设备的配置也各不相同。例如，熔焊机器人配置机器人焊枪和自动清枪器，压焊机器人配置机器人焊钳和电极修磨器，钎焊机器人配置烙铁式焊接头和烙铁咀清洁器。不过，从工业机器人应用来看，上述系统配置均以"提质增效"为根本目的。对于熔焊机器人而言，机器人自动清枪器（见图8-2）主要包括清洁、喷油和剪丝3项功能。其中，清洁模块一般通过铰刀旋转清除粘堵在焊枪喷嘴里的飞溅，确保保护气体畅通进入焊接区域，保护金属熔滴、熔池及焊缝区；喷油模块向喷嘴内喷射防飞溅剂，清洗导电嘴上的焊接积尘和分流器上的出气口，减少飞溅附着率，增加耐用性；剪丝模块负责焊丝球状端头的剪断，保证焊丝干伸长度的一致性，提高焊缝寻位检出精度和焊接引弧性能。

图8-2 焊接机器人自动清枪器
1—喷油模块 2—清洁模块
3—剪丝模块

- 采用机器人焊枪自动清洁方式可以有效解决人工清洁存在的以下突出问题：①减轻操作员的工作量，避免频繁进入机器人工作空间带来的安全隐患；②防止人工清洁不及时而影响焊接质量；③防止人工清洁反复拆装喷嘴而导致连接螺纹磨损，延长焊枪及配件使用寿命，降低生产成本；④防止因连接螺纹磨损而引起喷嘴歪斜，保护气体导偏造成维护失效。
- 机器人自动清枪器的喷油模块既可以与机器人焊枪清洁功能在同一位置实现，构成开放式系统，又可以在不同位置安装独立喷油仓，形成闭合式系统。由于电气控制较为简单，工业机器人系统集成商更倾向于前者（见图8-1）。

机器人自动清枪器的清洁、喷油和剪丝功能通常由机器人控制器直接控制，并向机器人控制器反馈信号，它们之间的通信一般使用航空插头进行点对点连接。以TBi BRG－2系列自动清枪器为例，其与机器人控制器的电气接线原理如图8-3所示。不难发现，机器人焊枪

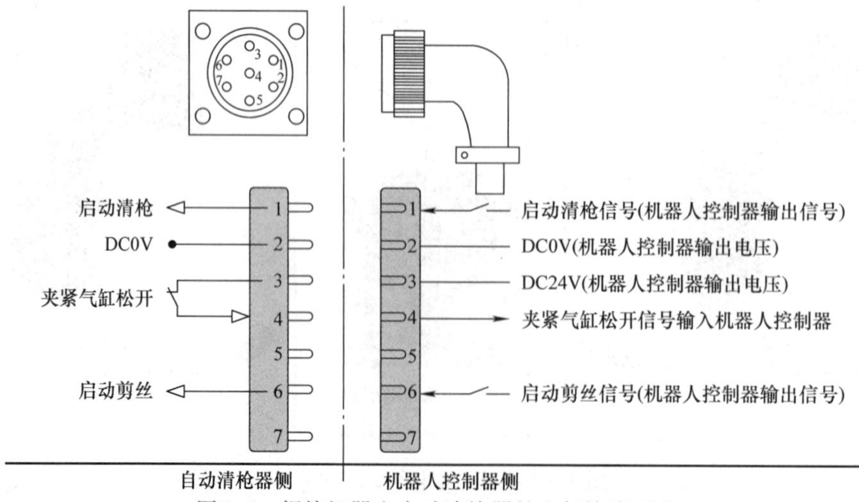

图8-3 焊接机器人自动清枪器的电气接线原理

的自动清洁过程主要依赖3个交互信号，即2个机器人控制器输出信号（启动剪丝、启动清枪）和1个机器人控制器输入信号（夹紧气缸松开）。那么，机器人运动规划与自动清枪之间存在哪种逻辑关系？图8-4所示为机器人焊枪自动清洁时序。鉴于自动清枪器的功能及型号配置差异性，建议采用模块化编程思维编制机器人清枪任务程序，如清洁（喷油）任务程序、剪丝任务程序等。

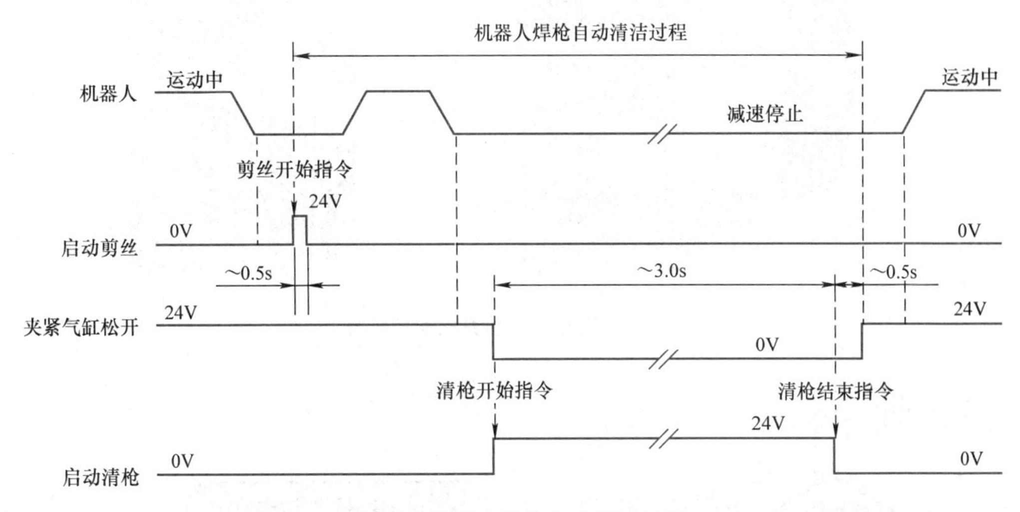

图8-4　机器人焊枪自动清洁时序

1. 剪丝动作次序

机器人自动剪丝仅需1个机器人控制器输出信号，即启动剪丝信号。完整的机器人自动剪丝动作逻辑如图8-5所示。具体过程如下：

① 机器人携带焊枪移至自动清枪器剪丝模块的前方，调整焊枪竖直高度，控制焊丝干伸长度（见图8-6）。

② 机器人控制器向焊接电源输出“送丝开始”指令，信号持续1.0s左右，再次输出“送丝停止”指令。

③ 沿剪丝刀片切割边缘平行移动机器人至目标点（刀片中间位置，靠近固定刀片侧）。

④ 机器人控制器向自动清枪器输出“剪丝开始”指令，信号持续时间约0.5s后，再次输出“剪丝停止”指令。

⑤ 机器人携带焊枪离开剪丝位置。

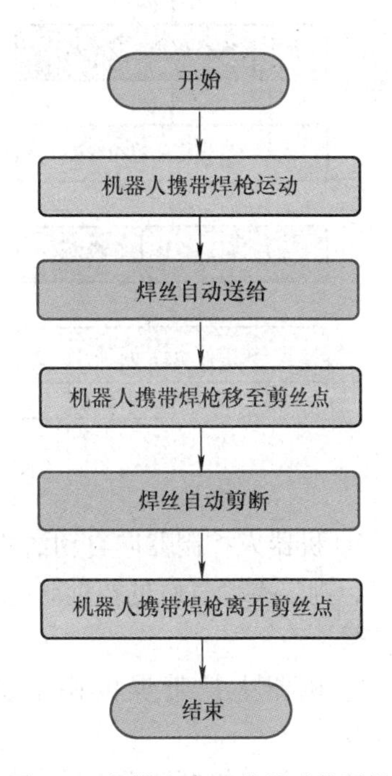

图8-5　机器人自动剪丝动作逻辑

2. 清枪（喷油）动作次序

机器人焊枪自动清洁需要1个机器人控制器输出信号和1个机器人控制器输入信号，即启动清枪信号和夹紧气缸松开信号。完整的机器人自动清枪（喷油）动作次序如图8-7所示。具体过程如下：

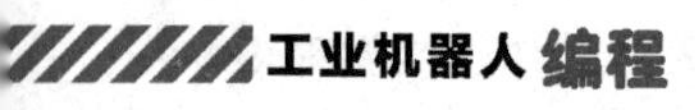

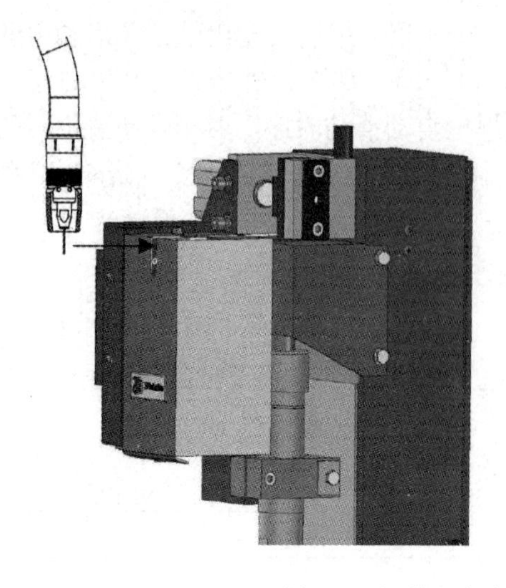

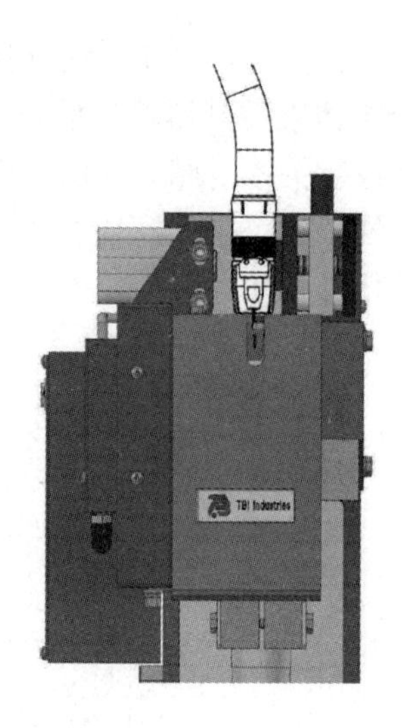

图 8-6　机器人自动剪丝动作示意

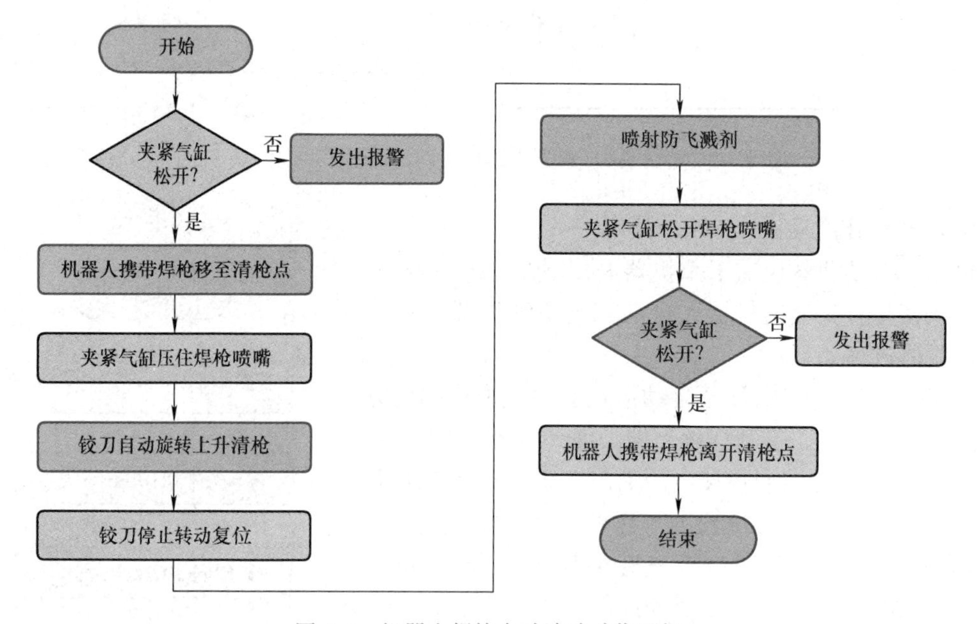

图 8-7　机器人焊枪自动清洁动作逻辑

① 机器人控制器向自动清枪器读取“夹紧气缸松开”信号，判定夹紧气缸的当前状态。若为高电平，则表明夹紧气缸为松开状态；否则，发出报警信号。

② 机器人携带焊枪移至自动清枪器的定位模块，机器人焊枪喷嘴竖直向下（见图 8-8）。

③ 机器人控制器向自动清枪器输出“清枪开始”指令，此时夹紧气缸从定位模块的另一侧将机器人焊枪喷嘴压住，“夹紧气缸松开”信号从高电平转为低电平。

④ 机器人“清枪开始”信号持续时间约 3s，期间电动机带动铰刀旋转上升，去除粘堵在喷嘴与导电嘴之间的飞溅。

⑤ 飞溅去除后，机器人控制器向自动清枪器输出“清枪结束”指令，铰刀停止转动，并从焊枪喷嘴中退出复位。

⑥ 待铰刀复位完毕，防飞溅剂从两侧朝向机器人焊枪喷嘴喷射，持续时间约0.5s，随后夹紧气缸自动松开。

⑦ 机器人控制器再次向自动清枪器读取“夹紧气缸松开”信号，判定夹紧气缸是否松开，若为高电平，则表明夹紧气缸已为松开状态；否则，发出报警信号。

⑧ 机器人携带焊枪离开清枪位置。

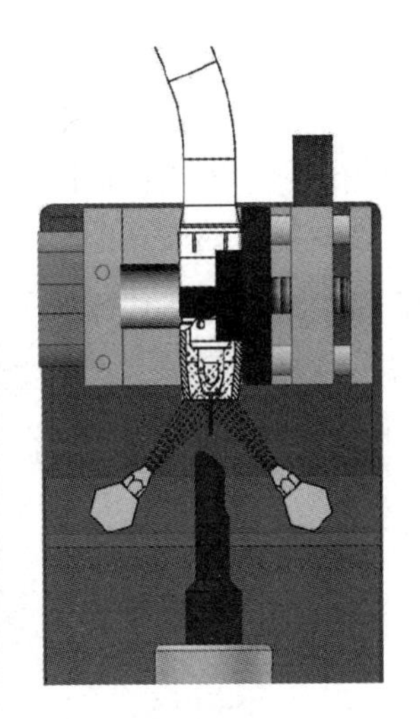

图8-8　机器人焊枪自动清洁动作示意

- 剪丝时，焊丝距离固定刀片越近，剪丝效果越好。如果焊丝末端弯曲，建议降低剪丝速度。
- 为保证最佳的清枪效果，须选择合理的铰刀型号。例如，铰刀的外径应小于焊枪喷嘴内径0.5～1.0mm，内径应大于导电嘴外径0.5～1.0mm。

8.1.2　工业机器人I/O信号

作为实现自动化、智能化和绿色化制造的重要生产工具，工业机器人被广泛用于金属制品业、汽车制造业、交通运输设备制造业等行业，从事机器人搬运、焊接和涂装等作业，有效拓展了“机器人+”产业新业态、新模式。从第2章了解到，工业机器人在焊接领域的应用实则为柔性通用设备与焊接工艺及周边辅助设备（或装置）高度集成的过程，这离不开设备（或装置）间的互联互通，如机器人I/O接口。I/O（Input/Output，输入/输出）信号是工业机器人与自动清枪器、外部操作盒等周边设备（或装置）进行通信的电信号，分为通用I/O信号和专用I/O信号两类，如图8-9所示。其中，通用I/O信号是由编程员自定义用途的I/O信号，如按位传输信号的数字I/O（DI/DO）、按（半）字节或字传输信号的组I/O（GI/GO）等；专用I/O信号则为机器人制造商事先定义I/O接口端子用途、用户无法再分配的I/O信号，如机器人系统就绪和外部启动等状态I/O（SI/SO）信号。

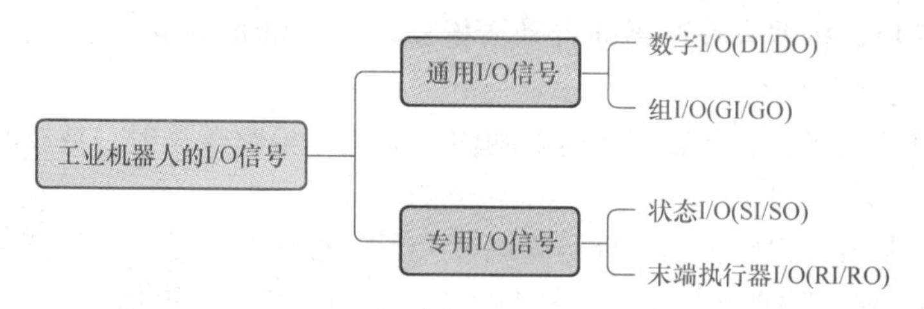

图 8-9　工业机器人的 I/O 信号分类

Panasonic GⅢ系列机器人控制器标准配置的专用 I/O 信号数量为输入 6 点、输出 8 点，通用 I/O 信号点数为输入 40 点、输出 40 点（最大可扩展至输入 2048 点和输出 2048 点）。若要正确合理使用上述通用数字 I/O 信号，编程员需懂得查阅和分配通用数字 I/O 信号。

1. 通用 I/O 信号查阅

在手动模式（TEACH）下，单击辅助菜单 **【通用数字 I/O】**，打开机器人通用数字 I/O 显示界面（见图 8-10），实时查阅机器人通用数字 I/O 的状态信息。同时，单击界面右下侧的 **【输出监控】** 按钮，在弹出界面中选择相应的端子编号，并通过 **【ON/OFF】** 按钮变更输出端子的状态。

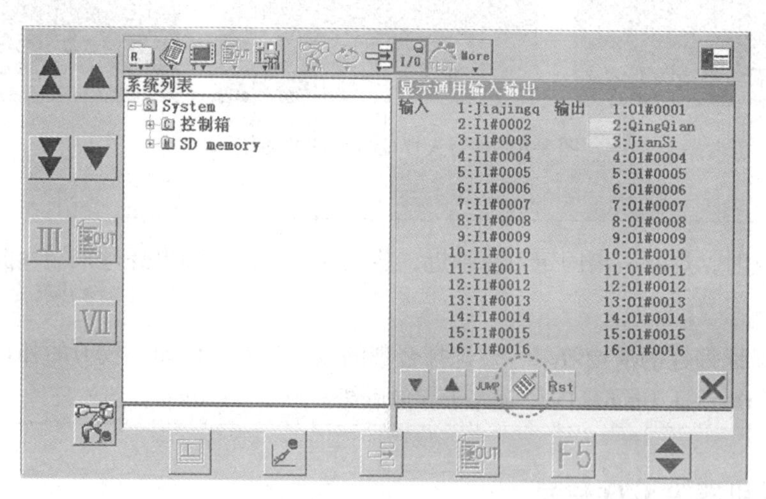

图 8-10　Panasonic 机器人的通用 I/O 显示界面（手动模式）

在自动模式（AUTO）下，依次单击主菜单 **【视图】**→ **【状态显示】**→ **【通用 I/O】**，可以端子名称或详细方式打开机器人通用数字 I/O 显示界面（见图 8-11），实时监视机器人通用数字 I/O 的状态。

2. 通用 I/O 信号分配

为区分物理信号接线，将通用 I/O 信号和专用 I/O 信号统称为逻辑信号，而将实际的 I/O 端子信号称为物理信号。在机器人任务程序中，编程员可以通过信号处理指令对逻辑信号进行输入/输出操作。如何建立逻辑信号与物理信号间的关联，即通过信号处理指令监控实际的 I/O 端子信号，这需要进行 I/O 信号分配。对于 Panasonic 机器人而言，编程员通过

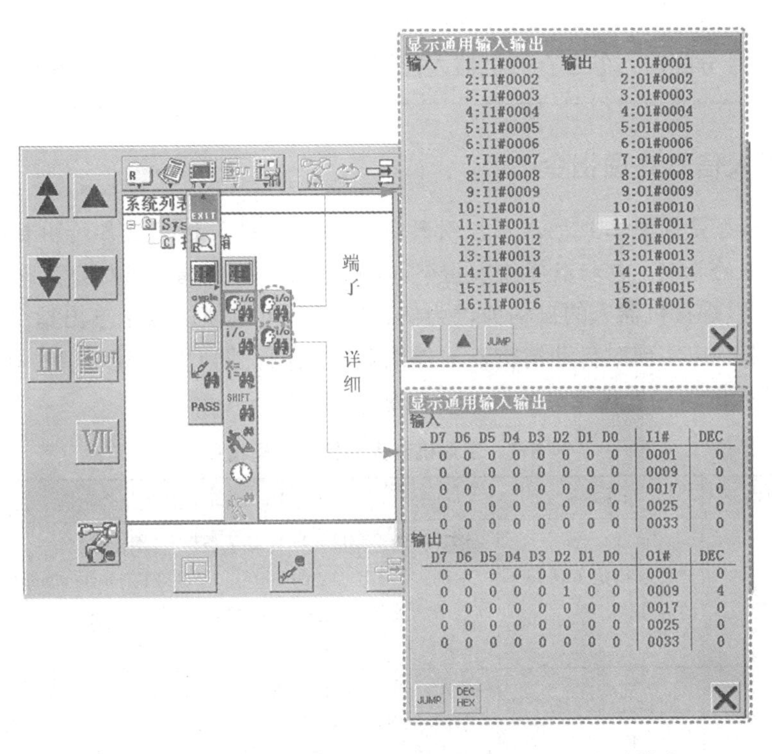

图 8-11 Panasonic 机器人的通用 I/O 显示界面（自动模式）

依次单击主菜单【设置】→【I/O】，在弹出界面中依次选择“通用输入”或“通用输出”及端子编号（名称），然后输入相应的功能描述即可，如图 8-12 所示。

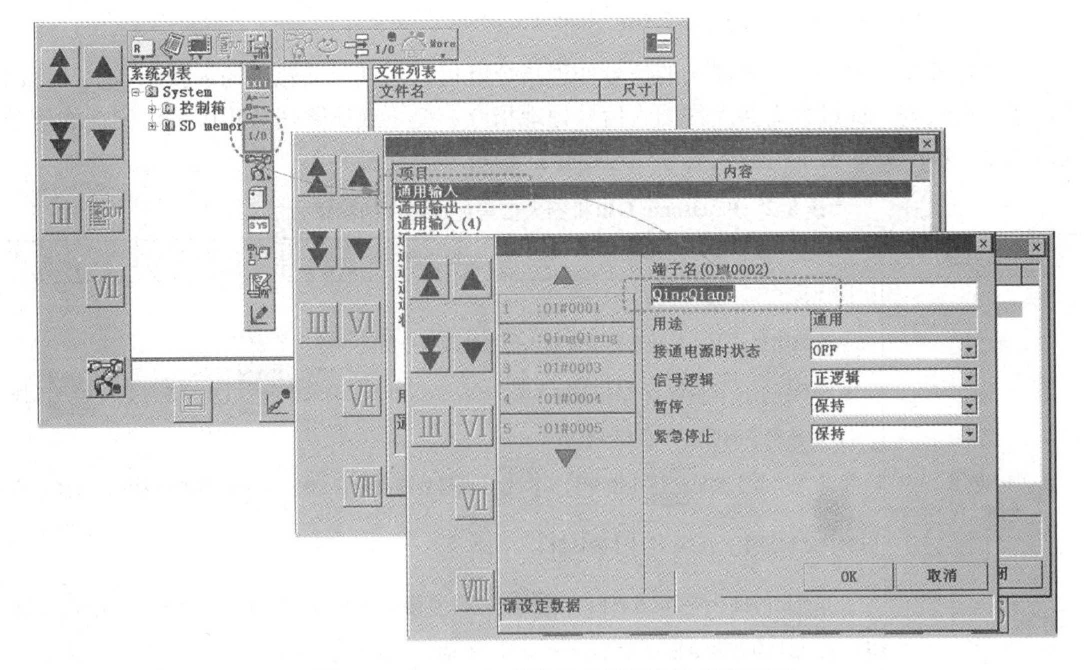

图 8-12 Panasonic 机器人的通用 I/O 分配界面

I/O 信号分配前，务必查阅机器人控制器说明书进行正确的 I/O 端子信号接线。

8.1.3 机器人信号处理指令

信号处理指令是改变工业机器人控制器向周边（工艺）辅助设备输出信号状态，或读取输入信号状态的指令，包括数字输入指令（IN）、数字输出指令（OUT）和脉冲输出指令（PULSE）等。以焊接机器人的自动剪丝为例，编程员可以使用数字输出指令改变指定 I/O 端子的输出状态，以实现对自动清枪器剪丝的启停控制，如 OUT O1#（1：wire cutting）= ON。焊接机器人的信号处理指令功能、格式及示例见表 8-1。

表 8-1 工业机器人的信号处理指令

序号	信号处理指令	指令功能	Panasonic 机器人指令示例
1	数字输入	获取指定 I/O 端子的信号状态	格式：IN［变量］=［端子类型］（端子名称） 示例：IN GB（1：GB0001）= I1#（1：nozzle clamp open）//按位读取 1#端子（夹紧气缸松开）的输入信号状态，存入全局变量 GB（1：GB0001）
2	数字输出	向指定 I/O 端子输出一个信号	格式：OUT［端子类型］（［端子名称］）=［数值］ 示例：OUT O1#（1：wire cutting）= ON//改变 1#端子（启动剪丝）的输出信号状态为 ON，即启动机器人自动剪丝动作
3	脉冲输出	在一段指定的时间内转换 I/O 端子的信号状态	格式：PULSE［端子类型］（［端子名称］）T=［时间］ 示例：PULSE O1#（3：O1#0003）T=0.50s//向 3#端子输出高电平信号，待 0.5s 后，改变端子输出信号为低电平

注：Panasonic 机器人信号处理指令的端子类型参数包括 1 位输入 I1#、4 位输入 I4#、8 位输入 I8#、16 位输入 I16#、1 位输出 O1#、4 位输出 O4#、8 位输出 O8#、16 位输出 O16#。

实际任务编程时，工业机器人的信号处理指令既可以与其运动轨迹的示教同步，又可以滞后于运动轨迹。此过程需要经常插入信号处理指令、变更或删除任务程序中已记忆的信号处理指令。Panasonic GⅢ机器人信号处理指令的编辑方法见表 8-2。

表 8-2 Panasonic GⅢ机器人信号处理指令的编辑方法

编辑类别	编辑步骤
插入信号处理指令	① 在编辑模式下，移动光标至待插入信号处理指令的上一行 ② 点按【窗口键】，移动光标至菜单栏，依次单击辅助菜单【编辑选项】→【插入】，切换程序编辑至“插入”状态 ③ 依次单击主菜单【指令】→【信号处理指令】，弹出信号处理指令界面，选择合适的信号处理指令，点按【确认键】 ④ 在弹出的指令参数配置界面中，合理设置 I/O 端子类型、端子名和输出值等，点按【确认键】，信号处理指令语句被插入到光标所在行的下一行（见图 8-13）

（续）

编辑类别	编辑步骤
变更信号处理指令	① 在编辑模式下，移动光标至待变更的信号处理指令所在的语句行 ② 点按【窗口键】，移动光标至菜单栏，依次单击辅助菜单【编辑选项】→【修改】，切换程序编辑至“修改”状态 ③ 点击【拨动按钮】，弹出信号处理指令参数配置界面，修改指令参数选项 ④ 点按【确认键】，结束信号处理指令参数修改并记忆存储
删除信号处理指令	① 在编辑模式下，移动光标至待删除的信号处理指令所在的语句行 ② 点按【窗口键】，移动光标至菜单栏，依次单击辅助菜单【编辑选项】→【删除】，切换程序编辑至“删除”状态 ③ 点按【确认键】，弹出指令语句删除确认界面，再次点按【确认键】，信号处理指令语句被删除

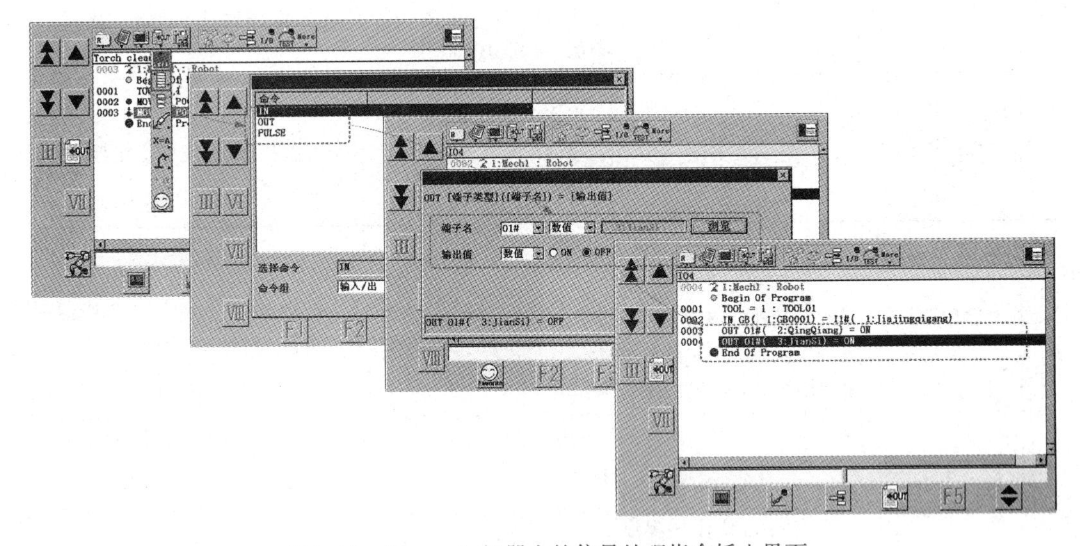

图 8-13　Panasonic 机器人的信号处理指令插入界面

- 除单击菜单选项外，Panasonic 机器人信号处理指令的插入还可以通过点按动作功能键区（<灯灭>）或用户功能键区的【指令插入】。
- 在编辑模式下，无论处于【插入】、【修改】，还是【删除】状态，均可插入信号处理指令。

8.1.4　机器人流程控制指令

正如第 3 章中所述，工业机器人作业动作次序的规划涉及工业机器人和工艺及周边辅助功能设备等，系统各生产要素何时动作、设备之间又传递何种信号等任务程序的结构逻辑设计至关重要。流程控制指令是使机器人任务程序的执行从程序某一行转移到其他（程序的）行，以改变工业机器人系统设备执行动作顺序的指令，包括跳转指令（IF、JUMP、CALL、LABEL）、等待指令（WAIT－IP）、延时指令（DELAY）等。以机器人焊枪的自动清洁为例，只有收到自动清枪器的夹紧气缸松开信号为低电平时，焊接机器人控制器方可输出"启动清枪"指令；同时，也只有判定自动清枪器的夹紧气缸松开信号为高电平时，机器人携带焊枪方可移至或离开清枪位置。常见的工业机器人流程控制指令功能、格式及示例见表8-3。

表8-3　常见的工业机器人流程控制指令

序号	流程控制指令	指令功能	Panasonic 机器人指令示例
1	标签定义	指定程序跳转的地址	格式：LABEL：[标志] 示例： ▢：Leijia10 ADD GB（1：GB0001）1 IF GB（1：GB0001）＝11 THEN NOP ELSE JUMP Leijia10//利用全局变量GB（1：GB0001）累加计数至10，如果计数未到，则跳转至Leijia10标签处
2	无条件跳转	使程序的执行转移到同一程序内所指定的标签	格式：JUMP［标签号］ 示例：JUMP Leijia10//一旦指令被执行，就必定会使程序的执行转移到同一程序内Leijia10标签处
3	调用指令	使程序的执行转移到其他任务程序（子程序）的第1行后执行该程序。待子程序执行结束，返回主程序继续执行后续指令	格式：CALL［文件名］ 示例：WAIT_VAL I1#（1：nozzle clamp open）＝OFF C CALL Torch cleaning//当自动清枪器的夹紧气缸松开信号为低电平时，调用并执行机器人焊枪自动清洁程序
4	条件跳转	根据指定条件是否已经满足而使程序的执行从某一行转移到其他（程序的）行	格式：IF［因素1］［条件］［因素2］THEN［执行1］ELSE［执行2］ 示例：IF GB（1：GB0001）＝11 THEN NOP ELSE JUMP Leijia10//如果全局变量GB（1：GB0001）数值等于11，则空操作；反之，跳转至Leijia10标签处
5	等待指令	在所指定的时间或条件得到满足之前，使程序的执行等待	格式：WAIT_IP［输入端子名称］［条件］［输入数值］T＝［时间值］ 示例：WAIT_IP I1#（1：nozzle clamp open）＝ON MOVEL P004，5.00m/min//当自动清枪器的夹紧气缸松开信号为高电平时，机器人携带焊枪离开清枪位置
6	延时指令	对当前的操作延迟一段指定的时间，增量最低为0.01s	格式：DELAY［时间值］s 示例： STICKCHK ON//打开粘丝检测功能 DELAY 0.30s//等待0.30s STICKCHK OFF//关闭粘丝检测功能

与信号处理指令类似，工业机器人的流程控制指令既可以与其运动轨迹的示教同步，又可以滞后于运动轨迹。实际任务编程过程中需要经常插入流程控制指令、变更或删除任务程序中已记忆的流程控制指令。Panasonic GⅢ机器人流程控制指令的编辑方法见表 8-4。

表 8-4　Panasonic GⅢ机器人流程控制指令的编辑方法

编辑类别	编辑步骤
插入流程控制指令	① 在编辑模式下，移动光标至待插入流程控制指令的上一行 ② 点按【窗口键】，移动光标至菜单栏，依次单击辅助菜单【编辑选项】→【插入】，切换程序编辑至“插入”状态 ③ 依次单击主菜单【指令】→【流程控制指令】，弹出流程控制指令一览界面，选择合适的流程控制指令，点按【确认键】 ④ 在弹出的指令参数配置界面中，合理设置流程控制指令参数，点按【确认键】，流程控制指令语句被插入到光标所在行的下一行（见图 8-14）
变更流程控制指令	① 在编辑模式下，移动光标至待变更的流程控制指令所在的语句行 ② 点按【窗口键】，移动光标至菜单栏，依次单击辅助菜单【编辑选项】→【修改】，切换程序编辑至“修改”状态 ③ 点击【拨动按钮】，弹出流程控制指令参数配置界面，修改指令参数选项 ④ 点按【确认键】，结束流程控制指令参数修改并记忆存储
删除流程控制指令	① 在编辑模式下，移动光标至待删除的流程控制指令所在的语句行 ② 点按【窗口键】，移动光标至菜单栏，依次单击辅助菜单【编辑选项】→【删除】，切换程序编辑至“删除”状态 ③ 连续点按【确认键】，流程控制指令语句被删除

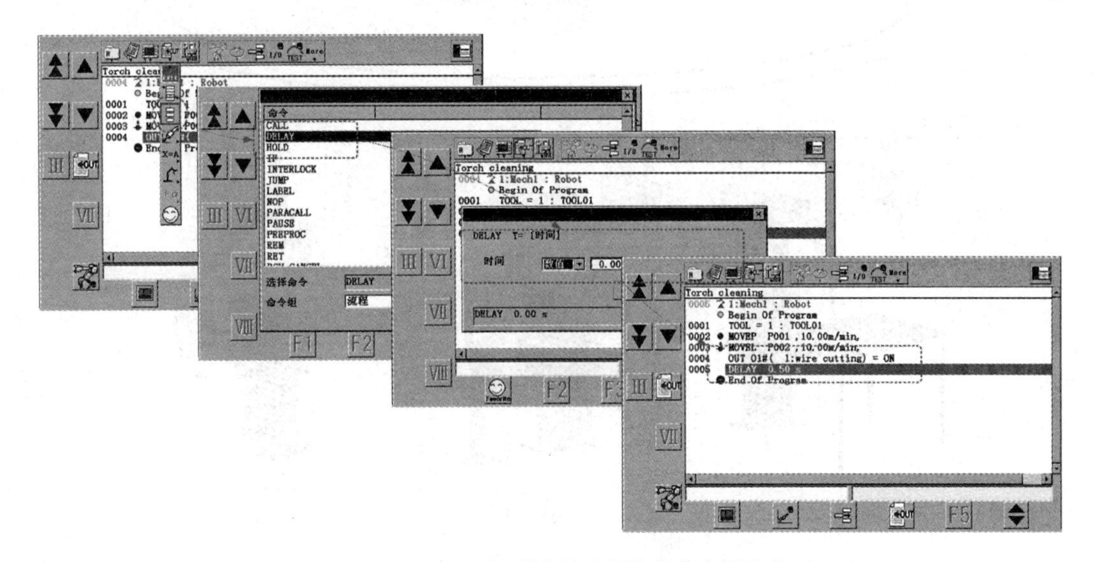

图 8-14　Panasonic 机器人的流程控制指令插入界面

> • 除单击菜单选项外，Panasonic 机器人流程控制指令的插入还可以通过点按动作功能键区（<灯灭>）或用户功能键区的【指令插入】。
>
> • 在编辑模式下，无论处于【插入】、【修改】，还是【删除】状态，均可插入流程控制指令。

【任务分析】

此任务要求完成骑坐式管 - 板 T 形接头机器人平角焊连续熔焊作业后，机器人焊枪喷嘴内壁附着物（飞溅）的清除和焊丝球状端头的剪断。基于模块化编程思维，分别创建机器人焊接、机器人焊枪清洁（喷油）和机器人自动剪丝 3 套任务程序，并通过机器人焊接任务程序（主程序）调用机器人焊枪清洁（喷油）和机器人自动剪丝任务程序（子程序）。整个任务、机器人运动和机器人焊枪姿态规划如图 8-15 所示。骑坐式管 - 板 T 形接头机器人平角焊任务的示教点及程序分别见表 6-4 和表 6-6。机器人自动剪丝和机器人焊枪清洁（喷油）的任务示教点见表 8-5 和表 8-6。实际示教时，可以按照图 3-18 所示的流程进行示教编程。

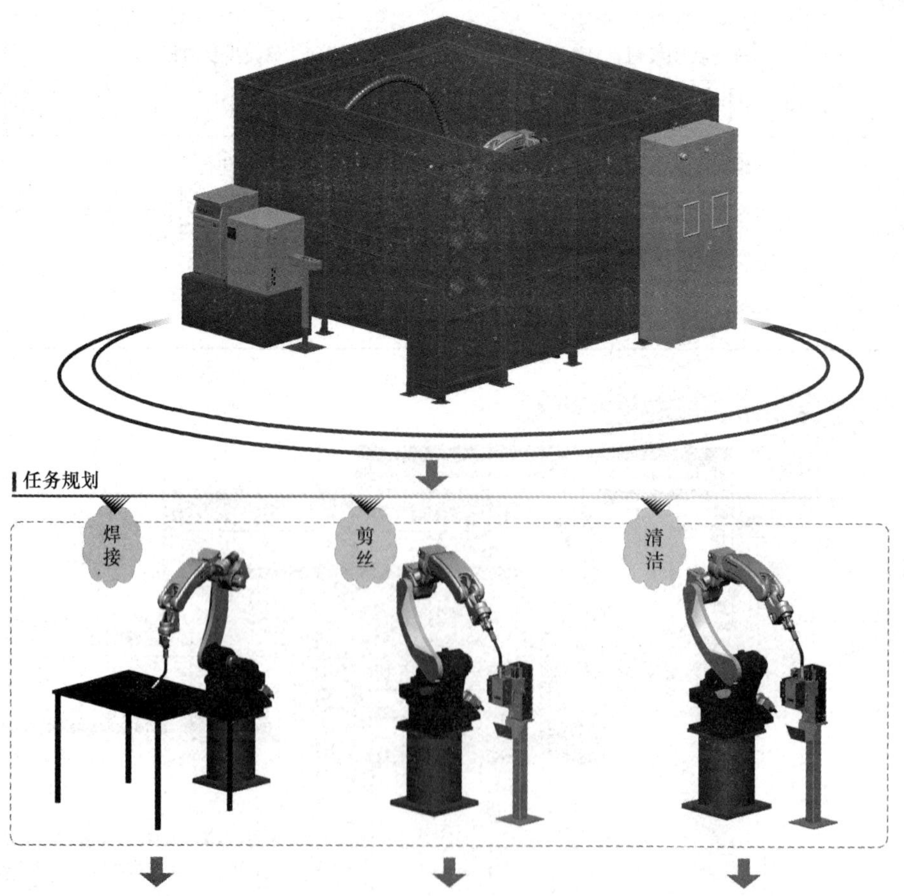

图 8-15　骑坐式管 - 板 T 形接头平角焊的机器人任务、运动路径和焊枪姿态规划

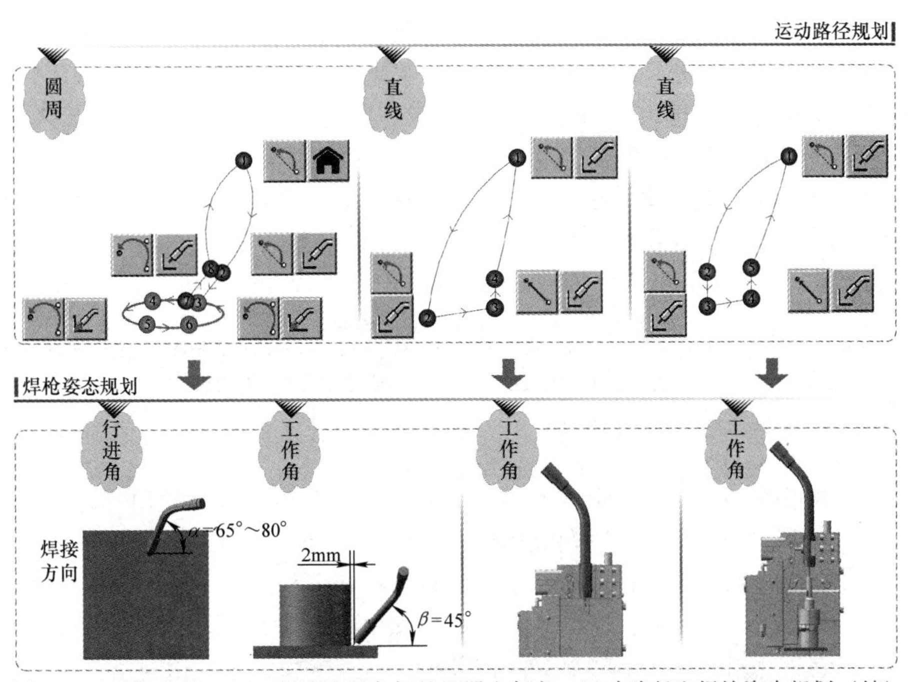

图8-15　骑坐式管-板T形接头平角焊的机器人任务、运动路径和焊枪姿态规划（续）

表8-5　机器人自动剪丝任务的示教点

示教点	备　注	示教点	备　注	示教点	备　注
①	中间路径点	③	剪丝点	⑤	中间路径点
②	剪丝临近点	④	剪丝回退点		

表8-6　机器人焊枪清洁（喷油）任务的示教点

示教点	备　注	示教点	备　注	示教点	备　注
①	中间路径点	③	清枪临近点	⑤	清枪回退点
②	清枪临近点	④	清枪点	⑥	中间路径点

【任务实施】

1. 示教前的准备

开始任务示教前，请做如下准备：

① 工件表面清理。将工件待焊区域的表面铁锈、油污等杂质清理干净。

② 接头组对点固。采用手工电弧焊方法（如TIG）沿钢管内壁（或外壁）将组对好的管-板接头定位焊点固。

③ 试件装夹固定。选择合适的夹具将待焊试件固定在焊接工作台上。

④ 机器人原点确认。执行机器人控制器内存储的原点程序，让机器人返回原点（如BW = -90°、RT = UA = FA = RW = TW = 0°）。

⑤ 机器人坐标系设置。设置正确的机器人工具坐标系和工件（用户）坐标系的编号。

⑥ 新建任务程序。针对机器人自动剪丝和机器人焊枪清洁（喷油）任务，分别创建文件名为“Wire_cutting”和“Torch_cleaning”的机器人程序文件。

2. 运动轨迹示教

按照图8-15所示的机器人任务、运动路径和焊枪姿态规划，先后完成机器人焊接、机器人自动剪丝和机器人焊枪清洁（喷油）任务的运动轨迹示教。骑坐式管－板 T 形接头机器人平角焊任务的运动轨迹示教参见第 6 章，不再赘述。针对机器人自动剪丝任务，点动机器人依次通过中间路径点 P001、剪丝临近点 P002、剪丝点 P003、剪丝回退点 P004 等 5 个目标位置点，并记忆示教点的位姿信息；针对机器人焊枪清洁（喷油）任务，点动机器人依次通过中间路径点 P001、清枪临近点 P002、清枪临近点 P003、清枪点 P004、清枪回退点 P005 等 6 个目标位置点，并记忆示教点的位姿信息。具体示教步骤见表 8-7 和表 8-8。编制完成的机器人自动剪丝和机器人焊枪清洁（喷油）任务程序见表 8-9 和表 8-10。

表 8-7　机器人自动剪丝示教点的记忆

示教点	示教方法
中间路径点 P001	① 加载任务程序。移动光标至菜单栏，依次单击主菜单【文件】→【打开】→【程序文件】，选择并打开任务 6.1 中创建的“Fillet_weld”程序 ② 选择指令语句。在编辑模式下，移动光标至（圆周）焊接回退点 P008 所在行 ③ 接通伺服电源。在“TEACH”模式下，轻握【安全开关】至【伺服接通按钮】指示灯闪烁，此时按下，指示灯亮，机器人系统运动轴的伺服电源接通 ④ 激活程序验证功能。依次点按【动作功能键Ⅷ】和【用户功能键 F1】，激活机器人动作功能（→）和程序验证功能（→） ⑤ 移至焊接回退点。按住【动作功能键Ⅳ】的同时，持续按住【拨动按钮】或【＋键】，程序执行至光标所在行，机器人移至（圆周）焊接回退点 P008，随后点按【用户功能键 F1】，禁用程序验证功能（→） ⑥ 加载任务程序。移动光标至菜单栏，依次单击主菜单【文件】→【打开】→【程序文件】，选择并打开新创建的“Wire_cutting”程序 ⑦ 切换机器人点动坐标系。按住【右切换键】的同时，点按【动作功能键Ⅳ】或者依次单击辅助菜单【点动坐标系】→【工件坐标系】，切换机器人点动坐标系为系统默认的工件（用户）坐标系，即与【机座坐标系】重合 ⑧ 移至中间路径点。在工件（用户）坐标系中，使用【动作功能键Ⅳ】～【动作功能键Ⅵ】与【拨动按钮】组合键，点动机器人沿、、线性贴近自动清枪器附近的安全位置 ⑨ 变更示教点属性。按住【右切换键】，切换至示教点记忆画面，点按【动作功能键Ⅰ】、【动作功能键Ⅲ】，变更示教点 P001 的动作类型为（MOVEP），空走点 ⑩ 记忆示教点。点按【确认键】，记忆示教点 P001 为中间路径点
剪丝临近点 P002	① 显示机器人 TCP 位姿。移动光标至菜单栏，依次单击主菜单【视图】→【状态显示】→【位置信息】→【直角】，示教盒界面右侧区域显示机器人 TCP 的当前位姿 ② 调整机器人焊枪姿态。在关节坐标系中，使用【动作功能键Ⅰ】、【动作功能键Ⅲ】与【拨动按钮】组合键，调整机器人焊枪（喷嘴）竖直向下 ③ 移至剪丝临近点。在工件（用户）坐标系中，使用【动作功能键Ⅳ】、【动作功能键Ⅵ】与【拨动按钮】组合键，点动机器人沿、、线性贴近剪丝口的正前方（见图 8-16） ④ 变更示教点属性。按住【右切换键】，切换至示教点记忆界面，点按【动作功能键Ⅰ】、【动作功能键Ⅲ】，变更示教点 P001 的动作类型为（MOVEP），空走点 ⑤ 记忆示教点。点按【确认键】，记忆示教点 P002 为剪丝临近点

（续）

示教点	示教方法
剪丝点 P003	① 移至剪丝点。在工件（用户）坐标系中，使用**【动作功能键Ⅳ】**、**【动作功能键Ⅵ】**与**【拨动按钮】**组合键，点动机器人沿 User X、User Y 某一方向（视自动清枪器布局而定）线性移至剪丝点（见图 8-17） ② 变更示教点属性。按住**【右切换键】**，切换至示教点记忆界面，点按**【动作功能键Ⅰ】**、**【动作功能键Ⅲ】**变更示教点 P003 的动作类型为（MOVEL），空走点 ③ 记忆示教点。点按**【确认键】**，记忆示教点 P003 为剪丝点
剪丝回退点 P004	① 移至剪丝回退点。在工件（用户）坐标系中，使用**【动作功能键Ⅵ】**与**【拨动按钮】**组合键，沿 +*Z* 轴方向 User Z，点动机器人移向远离剪丝点的安全位置 ② 变更示教点属性。按住**【右切换键】**，切换至示教点记忆界面，点按**【动作功能键Ⅰ】**、**【动作功能键Ⅲ】**变更示教点 P003 的动作类型为（MOVEL），空走点 ③ 记忆示教点。点按**【确认键】**，记忆示教点 P004 为剪丝回退点
中间路径点 P005	① 打开机器人编辑模式。松开**【安全开关】**，点按**【动作功能键Ⅷ】**，（灯亮）→（灯灭），关闭机器人动作功能，进入编辑模式。按**【用户功能键 F6】**切换用户功能图标至复制、粘贴功能 ② 复制机器人运动指令。使用**【拨动按钮】**移动光标至示教点 P001 所在指令语句行，点按**【用户功能键 F3】**（复制），然后点击**【拨动按钮】**，弹出“复制”确认界面，点按**【确认键】**，完成指令语句的复制操作 ③ 粘贴机器人运动指令。移动光标至示教点 P004 所在指令语句行，点按**【用户功能键 F4】**（粘贴），完成指令语句的粘贴操作

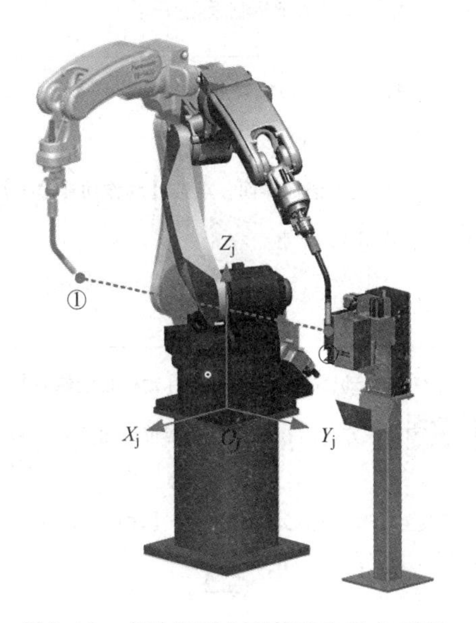

图 8-16　点动机器人至剪丝临近点 P002

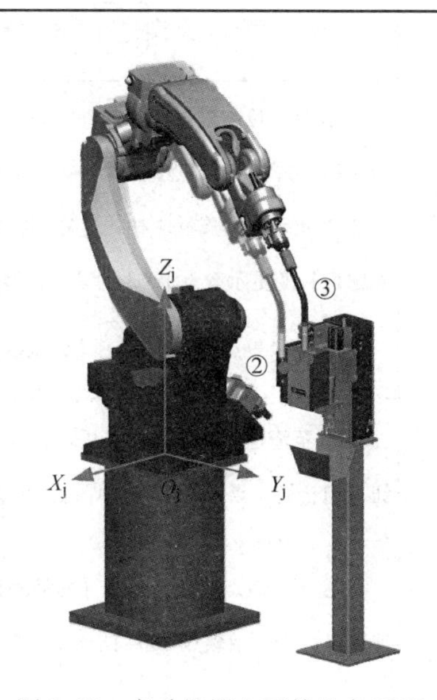

图 8-17　点动机器人至剪丝点 P003

表 8-8　机器人焊枪清洁（喷油）示教点的记忆

示教点	示教方法
中间路径点 P001	① 加载任务程序。移动光标至菜单栏，依次单击主菜单【文件】→【打开】→【程序文件】，选择并打开新创建的“Torch_cleaning”程序 ② 接通伺服电源。在“TEACH”模式下，轻握【安全开关】至【伺服接通按钮】指示灯闪烁，此时按下，指示灯亮，机器人系统运动轴的伺服电源接通 ③ 打开机器人动作模式。点按【动作功能键Ⅷ】，激活机器人动作功能（→） ④ 变更示教点属性。按住【右切换键】，切换至示教点记忆界面，点按【动作功能键Ⅰ】、【动作功能键Ⅲ】，变更示教点 P001 的动作类型为（MOVEP），空走点 ⑤ 记忆示教点。点按【确认键】，记忆示教点 P001 为中间路径点
清枪临近点 P002	① 切换机器人点动坐标系。按住【右切换键】的同时，点按【动作功能键Ⅳ】或者依次单击辅助菜单【点动坐标系】→【工件坐标系】，切换机器人点动坐标系为系统默认的工件（用户）坐标系 ② 移至清枪临近点。在工件（用户）坐标系中，使用【动作功能键Ⅳ】、【动作功能键Ⅵ】与【拨动按钮】组合键，点动机器人沿 User X、User Y、User Z 线性贴近夹紧气缸（定位模块）的正上方（见图 8-18） ③ 变更示教点属性。按住【右切换键】，切换至示教点记忆界面，点按【动作功能键Ⅰ】、【动作功能键Ⅲ】，变更示教点 P001 的动作类型为（MOVEP），空走点 ④ 记忆示教点。点按【确认键】，记忆示教点 P002 为清枪临近点
清枪临近点 P003	① 移至清枪临近点。在工件（用户）坐标系中，使用【动作功能键Ⅵ】与【拨动按钮】组合键，沿 -Z轴方向 User Z，点动机器人（焊枪）向下线性移至定位模块中央 ② 变更示教点属性。按住【右切换键】，切换至示教点记忆界面，点按【动作功能键Ⅰ】、【动作功能键Ⅲ】变更示教点 P003 的动作类型为（MOVEL），空走点 ③ 记忆示教点。点按【确认键】，记忆示教点 P003 为剪丝点
清枪点 P004	① 移至清枪点。在工件（用户）坐标系中，使用【动作功能键Ⅳ】～【动作功能键Ⅵ】与【拨动按钮】组合键，点动机器人（焊枪）沿 User X、User Y 某一方向（视自动清枪器布局而定）线性停靠在定位模块上（见图 8-19） ② 变更示教点属性。按住【右切换键】，切换至示教点记忆界面，点按【动作功能键Ⅰ】、【动作功能键Ⅲ】变更示教点 P004 的动作类型为（MOVEL），空走点 ③ 记忆示教点。点按【确认键】，记忆示教点 P004 为清枪点

（续）

示教点	示教方法
清枪回退点 P005	① 移至剪丝回退点。在工件（用户）坐标系中，使用【**动作功能键Ⅵ**】与【**拨动按钮**】组合键，沿 + Z轴方向，点动机器人移向远离剪丝点的安全位置 ② 变更示教点属性。按住【**右切换键**】，切换至示教点记忆界面，点按【**动作功能键Ⅰ**】、【**动作功能键Ⅲ**】变更示教点 P005 的动作类型为（MOVEL），空走点 ③ 记忆示教点。点按【**确认键**】，记忆示教点 P005 为清枪回退点
中间路径点 P006	① 打开机器人编辑模式。松开【**安全开关**】，点按【**动作功能键Ⅷ**】，（灯亮）→（灯灭），关闭机器人动作功能，进入编辑模式。按【**用户功能键 F6**】切换用户功能图标至复制、粘贴功能 ② 复制机器人运动指令。使用【**拨动按钮**】移动光标至示教点 P001 所在指令语句行，点按【**用户功能键 F3**】（复制），然后点击【**拨动按钮**】，弹出“复制”确认界面，点按【**确认键**】，完成指令语句的复制操作 ③ 粘贴机器人运动指令。移动光标至示教点 P005 所在指令语句行，点按【**用户功能键 F4**】（粘贴），完成指令语句的粘贴操作

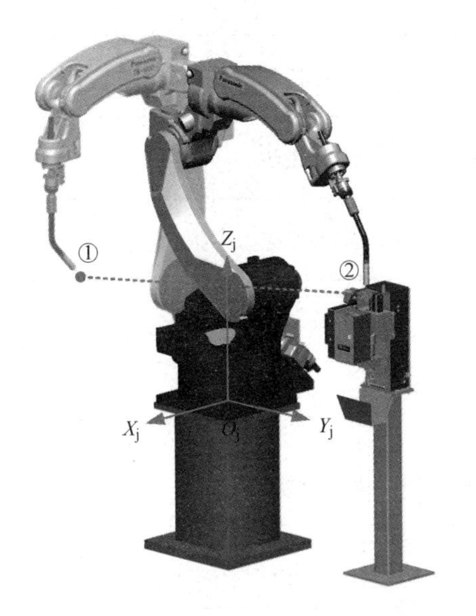

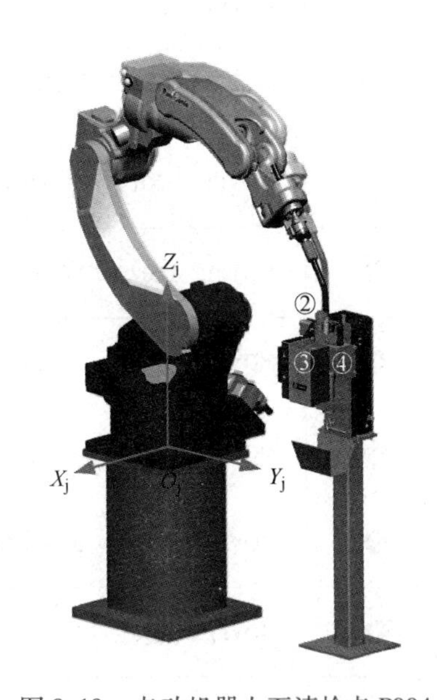

图 8-18　点动机器人至清枪临近点 P002　　图 8-19　点动机器人至清枪点 P004

表 8-9　机器人自动剪丝任务程序

行号码	行标识	指令语句	备　注
	○	Begin Of Program	程序开始
0001		TOOL　=　1　:　TOOL01	工具坐标系（焊枪）选择
0002	●	MOVEP　P001,　10.00m/min	中间路径点

（续）

行号码	行标识	指令语句	备　注
0003	●	MOVEP　P002，　10.00m/min	剪丝临近点
0004	●	MOVEL　P003，　5.00m/min	剪丝点
0005	●	MOVEL　P004，　5.00m/min	剪丝回退点
0006	●	MOVEP　P005，　10.00m/min	中间路径点
	●	End Of Program	程序结束

表 8-10　机器人焊枪清洁（喷油）任务程序

行号码	行标识	指令语句	备　注
	○	Begin Of Program	程序开始
0001		TOOL　=　1　:　TOOL01	工具坐标系（焊枪）选择
0002	●	MOVEP　P001，　10.00m/min	中间路径点
0003	●	MOVEP　P002，　10.00m/min	清枪临近点
0004	●	MOVEL　P003，　5.00m/min	清枪临近点
0005	●	MOVEL　P004，　5.00m/min	清枪点
0006	●	MOVEL　P005，　5.00m/min	清枪回退点
0007	●	MOVEP　P006，　10.00m/min	中间路径点
	●	End Of Program	程序结束

3. 动作次序示教

根据任务要求，机器人自动清枪器的清洁、喷油和剪丝功能均需由机器人控制器直接控制，即利用机器人信号处理指令和流程控制指令实现焊接机器人与自动清枪器的动作次序控制。机器人自动剪丝的动作逻辑可以参考图 8-5，其动作次序示教要领见表 8-11。机器人焊枪清洁（喷油）的动作逻辑可以参考图 8-7，其动作次序示教要领见表 8-12。同时，在主程序“Fillet_weld”中调用“Wire_cutting”和“Torch_cleaning”子程序，如图 8-20 所示。

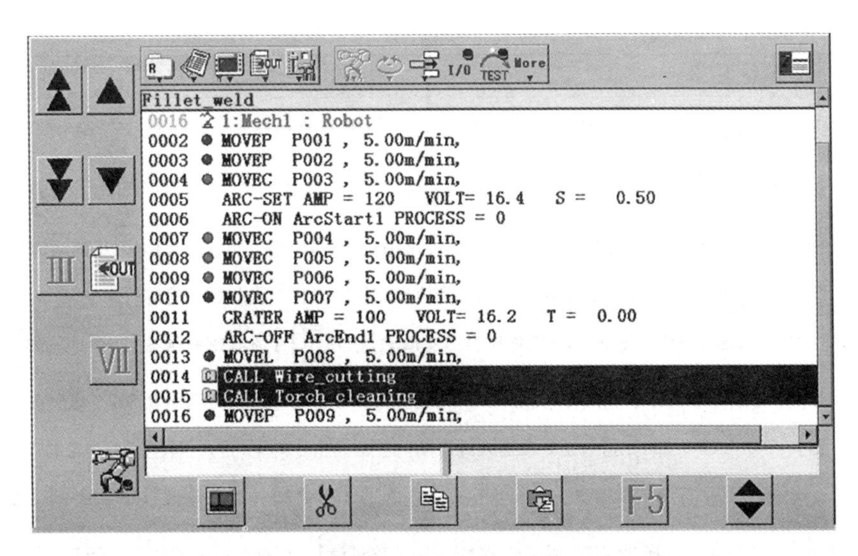

图 8-20　Panasonic 机器人焊枪自动清洁任务程序调用示例

表 8-11　机器人自动剪丝动作次序的示教

示教内容	示教方法
在剪丝临近点焊丝自动送进	① 加载任务程序。移动光标至菜单栏，依次单击主菜单【**文件**】→【**打开**】→【**程序文件**】，选择并打开新创建的“Wire_cutting”程序 ② 打开机器人编辑模式。松开【**安全开关**】，点按【**动作功能键Ⅷ**】，（灯亮）→（灯灭），关闭机器人动作功能，进入编辑模式，移动光标至剪丝临近点 P002 所在行 ③ 切换编辑至插入状态。点按【**窗口键**】，移动光标至菜单栏，依次单击辅助菜单【**编辑选项**】→【**插入**】，切换程序编辑至“插入”状态 ④ 插入焊丝送进开始指令。依次单击主菜单【**指令**】→【**焊接指令**】，弹出焊接指令一览界面，选择“WIREFWD”指令，点按【**确认键**】，设置焊丝送进为启动状态（ON），再次点按【**确认键**】，“WIREFWD ON”指令语句被插入到剪丝临近点 P002 的下一行，程序行号码自动加一 ⑤ 插入延时指令。依次单击主菜单【**指令**】→【**流程控制指令**】，弹出流程控制指令一览界面，选择“DELAY”指令，点按【**确认键**】，设置焊丝送进时间为 1.00s，再次点按【**确认键**】，“DELAY 1.00s”指令语句被插入到焊丝送进开始指令的下一行，程序行号码自动加一 ⑥ 插入焊丝送进结束指令。依次单击主菜单【**指令**】→【**焊接指令**】，弹出焊接指令一览界面，选择“WIREFWD”指令，点按【**确认键**】，设置焊丝送进为停止状态（OFF），再次点按【**确认键**】，“WIREFWD OFF”指令语句被插入到延时指令的下一行，程序行号码自动加一（见图 8-21）

（续）

示教内容	示教方法
在剪丝点焊丝自动剪断	① 插入自动剪丝开始指令。在编辑模式下，移动光标至剪丝点 P003 所在行，依次单击主菜单【指令】→【信号处理指令】，弹出信号处理指令一览界面，选择“OUT”指令，点按【确认键】，根据 I/O 配置要求选择 I/O 端子类型、端子名和输出值，再次点按【确认键】，“OUT O1#（1：wire cutting）＝ON”指令语句被插入到剪丝点的下一行，程序行号码自动加一 ② 插入延时指令。依次单击主菜单【指令】→【流程控制指令】，弹出流程控制指令一览界面，选择“DELAY”指令，点按【确认键】，设置焊丝送进时间为 0.50s，再次点按【确认键】，“DELAY 0.50s”指令语句被插入到自动剪丝开始指令的下一行，程序行号码自动加一 ③ 插入自动剪丝结束指令。依次单击主菜单【指令】→【信号处理指令】，弹出信号处理指令一览界面，选择“OUT”指令，点按【确认键】，根据 I/O 配置要求选择 I/O 端子类型、端子名和输出值，再次点按【确认键】，“OUT O1#（1：wire cutting）＝OFF”指令语句被插入到延时指令的下一行，程序行号码自动加一（见图 8-21）

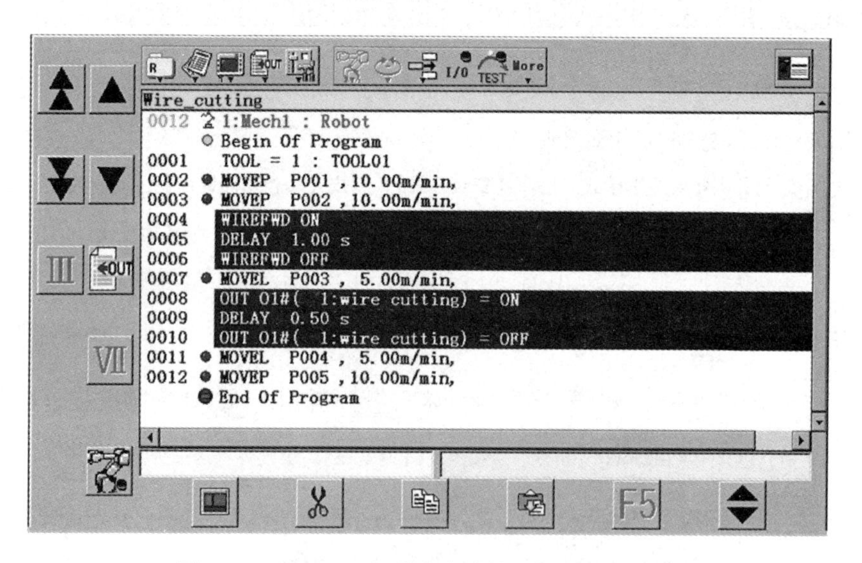

图 8-21　Panasonic 机器人自动剪丝任务程序示例

表 8-12　机器人焊枪清洁（喷油）动作次序的示教

示教内容	示教方法
在清枪临近点判定夹紧气缸状态	① 加载任务程序。移动光标至菜单栏，依次单击主菜单【文件】→【打开】→【程序文件】，选择并打开新创建的“Torch_cleaning”程序 ② 打开机器人编辑模式。松开【安全开关】，点按【动作功能键Ⅷ】，（灯亮）→（灯灭），关闭机器人动作功能，进入编辑模式，移动光标至清枪临近点 P002 所在行

（续）

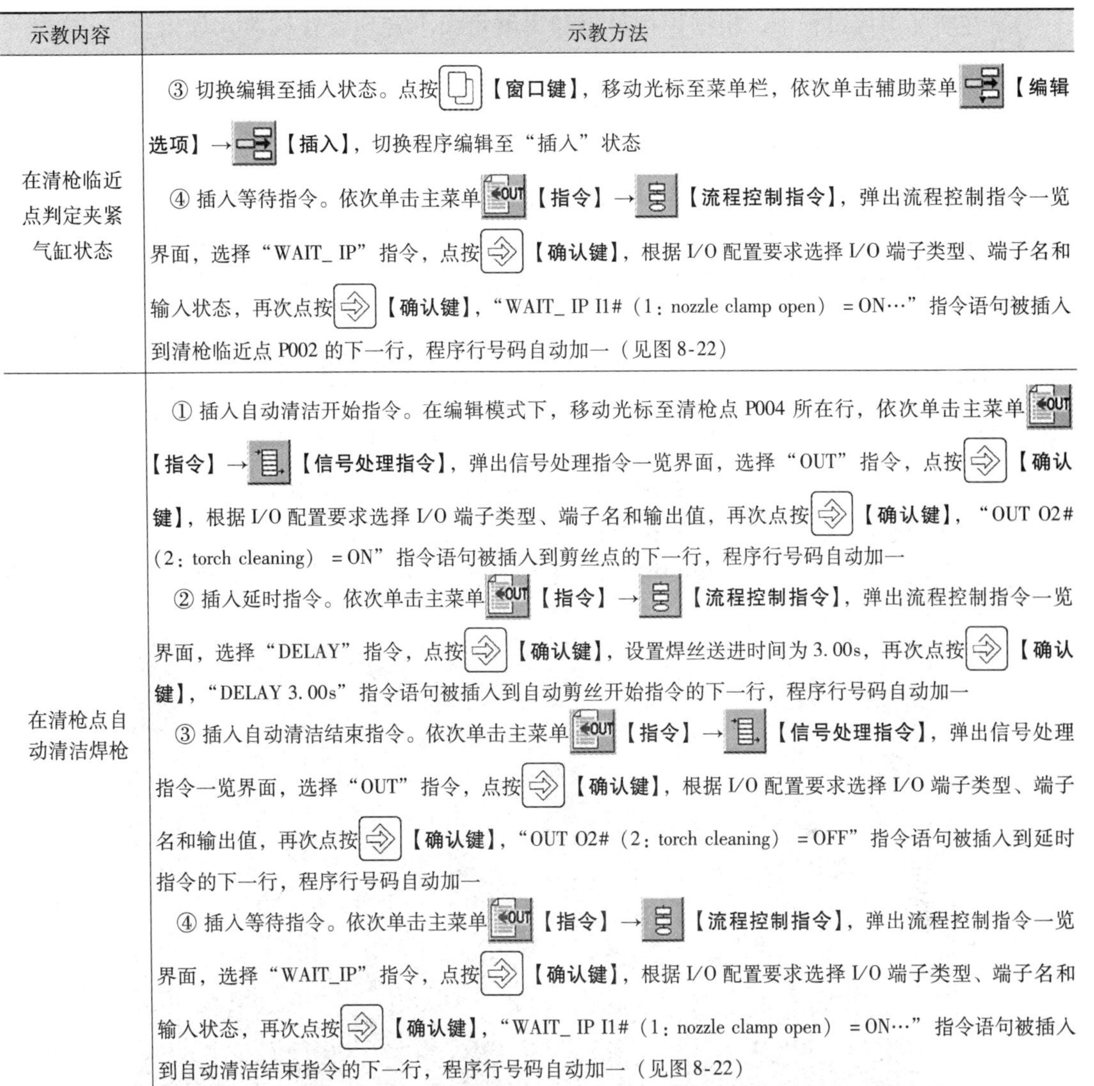

示教内容	示教方法
在清枪临近点判定夹紧气缸状态	③ 切换编辑至插入状态。点按【窗口键】，移动光标至菜单栏，依次单击辅助菜单【编辑选项】→【插入】，切换程序编辑至"插入"状态 ④ 插入等待指令。依次单击主菜单【指令】→【流程控制指令】，弹出流程控制指令一览界面，选择"WAIT_ IP"指令，点按【确认键】，根据I/O配置要求选择I/O端子类型、端子名和输入状态，再次点按【确认键】，"WAIT_ IP I1#（1：nozzle clamp open） =ON…"指令语句被插入到清枪临近点P002的下一行，程序行号码自动加一（见图8-22）
在清枪点自动清洁焊枪	① 插入自动清洁开始指令。在编辑模式下，移动光标至清枪点P004所在行，依次单击主菜单【指令】→【信号处理指令】，弹出信号处理指令一览界面，选择"OUT"指令，点按【确认键】，根据I/O配置要求选择I/O端子类型、端子名和输出值，再次点按【确认键】，"OUT O2#（2：torch cleaning） =ON"指令语句被插入到剪丝点的下一行，程序行号码自动加一 ② 插入延时指令。依次单击主菜单【指令】→【流程控制指令】，弹出流程控制指令一览界面，选择"DELAY"指令，点按【确认键】，设置焊丝送进时间为3.00s，再次点按【确认键】，"DELAY 3.00s"指令语句被插入到自动剪丝开始指令的下一行，程序行号码自动加一 ③ 插入自动清洁结束指令。依次单击主菜单【指令】→【信号处理指令】，弹出信号处理指令一览界面，选择"OUT"指令，点按【确认键】，根据I/O配置要求选择I/O端子类型、端子名和输出值，再次点按【确认键】，"OUT O2#（2：torch cleaning） =OFF"指令语句被插入到延时指令的下一行，程序行号码自动加一 ④ 插入等待指令。依次单击主菜单【指令】→【流程控制指令】，弹出流程控制指令一览界面，选择"WAIT_IP"指令，点按【确认键】，根据I/O配置要求选择I/O端子类型、端子名和输入状态，再次点按【确认键】，"WAIT_ IP I1#（1：nozzle clamp open） =ON…"指令语句被插入到自动清洁结束指令的下一行，程序行号码自动加一（见图8-22）

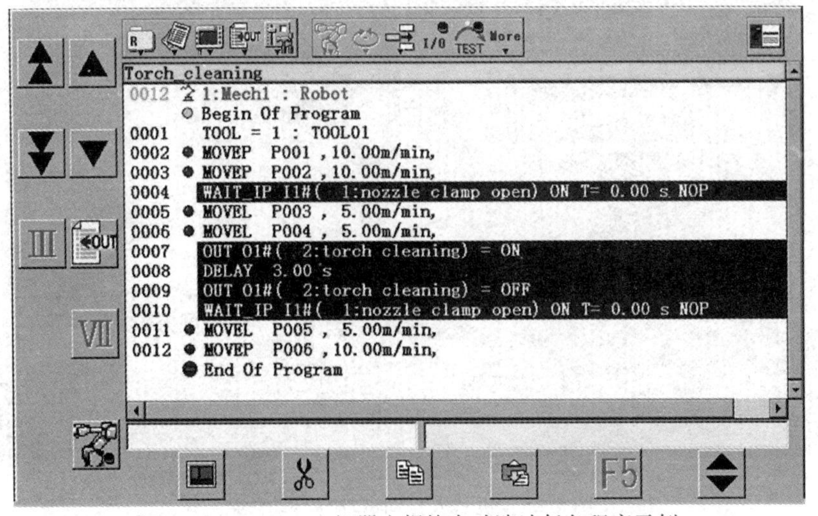

图8-22　Panasonic机器人焊枪自动清洁任务程序示例

在实际焊接过程中，根据焊接材料和飞溅量大小合理设置机器人焊枪清洁次数，以保证获得良好的清洁效果。

4. 程序验证与焊枪清洁

为确认机器人 TCP 运动轨迹的合理性和精确度，需要依次进行机器人自动剪丝和机器人焊枪清洁（喷油）任务的单步程序验证和连续测试运转，具体实施步骤见表 5-11。各任务程序验证无误后，方可再现施焊和机器人焊枪自动清洁。自动模式下，机器人自动运转任务步骤如下：

① 加载任务程序。移动光标至菜单栏，依次单击主菜单 **【文件】**→ **【打开】**→ **【程序文件】**，选择并打开任务 6.1 中创建的“Fillet_weld”程序。

② 选择自动模式。切换**【模式旋钮】**至“AUTO”位置（自动模式）。

③ 接通伺服电源。点按**【伺服接通按钮】**，接通机器人伺服电源。

④ 自动运转程序。点按**【启动按钮】**，系统自动运转执行任务程序，机器人开始自动剪丝和清枪作业，如图 8-23 所示。

a) 自动剪丝　　b) 自动清洁(喷油)

图 8-23　机器人自动剪丝与自动清洁

【拓展阅读】

Panasonic 机器人的状态 I/O 信号

如上文所述，机器人专用 I/O 信号是出厂前制造商已定义 I/O 接口端子用途而用户无法再分配的 I/O 信号。此类 I/O 信号主要方便机器人用户从外部实时监控系统状态，如外部启动、外部暂停、外部伺服接通等状态输入和系统就绪、系统报警、系统运行中等状态输出。表 8-13 所列为 Panasonic GⅢ系列机器人控制柜的专用 I/O 信号，包括 6 个状态输入信号和 8 个状态输出信号。

表 8-13　Panasonic GⅢ系列机器人的状态 I/O 信号

类别	信号名称	信号说明
系统状态输入信号	外部伺服接通	从外部接通机器人系统运动轴的伺服电源，但需要下述所有条件： ①“系统准备就绪”信号处于就绪状态 ② 机器人运行模式为自动模式（切换【模式旋钮】至“AUTO”位置） ③ 未发生紧急停止或所有系统错误信息被消除 “系统准备就绪”信号输出 0.2s 后，信号开始输入，且持续时间大于 0.2s 当伺服电源断开后，在 1.5s 内再次接通伺服电源时，弹出“请重新接通伺服”界面
	错误解除	通过外部操作解除机器人错误状态。此时，“系统错误”输出信号被关闭 信号持续时间大于 0.2s
	外部启动	从外部启动任务程序，或重启暂停中的任务程序。但在下述状态下，信号将被忽略： ① 伺服电源未接通 ② 非自动模式时 ③ 错误发生时 ④“暂停”信号被打开时 ⑤ 发生过载时
	外部暂停	通过外部信号暂停正在运行的机器人 外部信号即使被关闭，也仍然保持暂停状态，重启需要输入“启动”信号
	手动模式	当机器人处于自动模式时，将弹出错误提示画面，要求将示教盒上的【模式旋钮】切换至“TEACH”位置 关闭“手动模式”信号输入或切换【模式旋钮】至“TEACH”位置时，错误提示画面自动消失
	自动模式	当机器人处于手动模式时，将弹出错误提示界面，要求将示教盒上的【模式旋钮】切换至“AUTO”位置 关闭“自动模式”信号输入或切换【模式旋钮】至“AUTO”位置时，错误提示界面自动消失
系统状态输出信号	系统报警	系统发生报警时输出信号 若要关闭此信号，必须切断电源
	系统错误	系统发生错误时输出信号 当错误状态被解除时，信号自动关闭
	手动模式	手动模式下输出信号
	自动模式	处于自动模式时输出信号
	系统就绪	处于可接通伺服电源状态时输出信号

（续）

类别	信号名称	信号说明
系统状态输出信号	伺服接通	接通伺服电源时，在机器人动作或启动时输出
	系统运行中	任务程序自动运转（自动模式）时输出信号 系统发生错误停止或由于暂停信号输入引起的暂停时，信号依然保持打开状态，重新启动后，信号关闭 发生过载时，信号依然保持打开
	系统暂停中	任务程序暂停执行（自动模式）时输出信号 系统发生错误停止或由于暂停信号输入引起的暂停时，信号依然保持打开状态，重新启动后，信号关闭 紧急停止或发生报警时信号关闭，当解除紧急停止后，接通伺服电源，可以启动任务程序时，信号重新打开

注：紧急停止信号由机器人控制器安全回路输出。

编程员可以通过依次单击主菜单【视图】→【状态显示】→【专用 I/O】，打开机器人状态 I/O 显示界面（见图 8-24），实时查阅机器人系统自动模式下的状态信息。

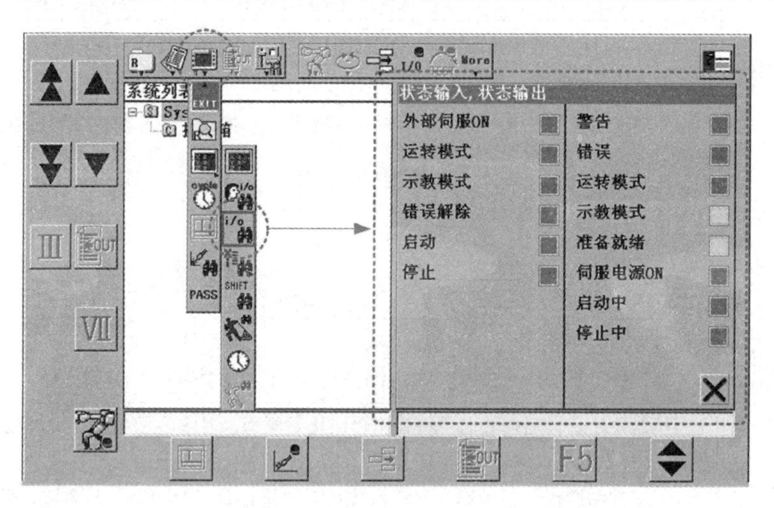

图 8-24　Panasonic 机器人的状态 I/O 显示界面

任务 8.2　骑坐式管－板 T 形接头机器人船形焊任务编程

【任务提出】

骑坐式管－板 T 形接头机器人船形焊任务编程视频

为克服 T 形、十字形和角接接头平角焊时，容易产生咬边和焊脚（尺寸）不均匀等缺陷，在生产中常利用焊接变位机等辅助工艺设备将待焊工件转动至 45°斜角，即处于平焊位置进行的角焊，称为船形焊或平位置角焊。船形焊相当于坡口角度为 90°的 V 形坡口带钝边的水平对接焊，其焊缝成形光滑美观，单道焊的焊脚尺寸范围较宽、焊缝凹度较大。

此任务要求使用富氩气体（如 80% Ar + 20% CO_2）、直径为 1.2mm 的 ER50 - 6 实心焊丝、Panasonic GⅢ焊接机器人和 2 轴焊接变位机，完成骑坐式管 - 板（无缝钢管 6mm × 60mm × 60mm，底板 100mm × 100mm × 10mm，材质均为 Q235，见图 8-25）T 形接头机器人船形焊作业，焊脚对称、尺寸为 6mm，焊缝呈凹形圆滑过渡，无咬边、气孔等焊接缺陷。

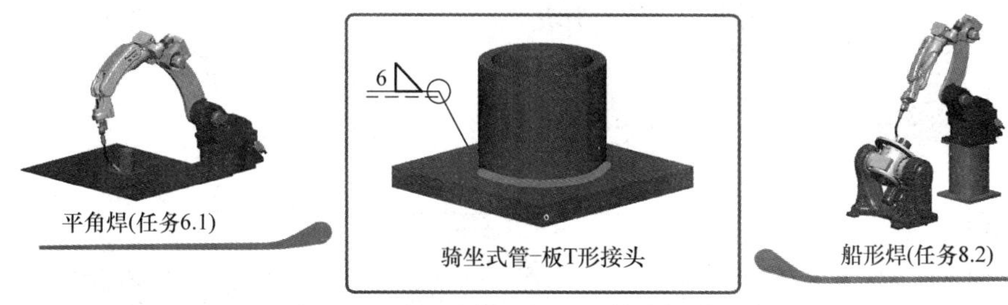

图 8-25　骑坐式管 - 板 T 形接头焊接示意

【知识准备】

8.2.1　机器人附加轴的联动

出于制造工艺成熟度考虑，当工件作业位置不佳（如焊件接缝处于非平焊位置）时，工业机器人系统通常配置柔性工装轴（第 4 章所述机器人附加轴的一种，如焊接变位机），用于支承及实现工件的空间变位。从编程和控制角度分析，工业机器人附加轴的运动可以通过机器人控制器附属的示教盒直接控制，此时称其为内部轴；也可以由外部控制器（如 PLC）直接控制而机器人控制器间接控制，此时称其为外部轴。上述两种机器人附加轴的集成方式，前者能够实现机器人本体轴与附加轴的高效联动，完成空间曲线轨迹的优质生产，不足在于成本明显高于后者，见表 8-14。Panasonic GⅢ系列机器人控制器最大可扩展 3 根内藏式（紧凑型）附加轴（单轴最大功率为 2kW）和 6 根外置式（模块化）附加轴（全轴最大总功率为 20kW）。

表 8-14　不同工业机器人系统附加轴的集成方式比较

比较因素	集成方式	
	内部轴	外部轴
协调运动	可以实现与机器人本体轴的协调或同步运动（见图 8-26），在相同的硬件配置及运动速度条件下，可以提高生产效率 50% ~60%	各运动轴单独转动或移动，无法实现与机器人本体轴的联动
空间曲线轨迹	通过机器人系统本体轴和附加轴的联动，始终保持工件处于最佳的作业位置（如焊件接缝处于平焊或船形焊），以及舒展的手臂、手腕作业姿态（见图 8-27），利于保证产品质量	能够实现水平、垂直等位置的直线轨迹作业，难以满足空间复杂轨迹作业
运动指令	关节动作（MOVEP +）、直线动作（MOVEL +）、圆弧动作（MOVEC +）、直线摆动（MOVELW +）、圆弧摆动（MOVECW +）	关节动作（MOVEP）

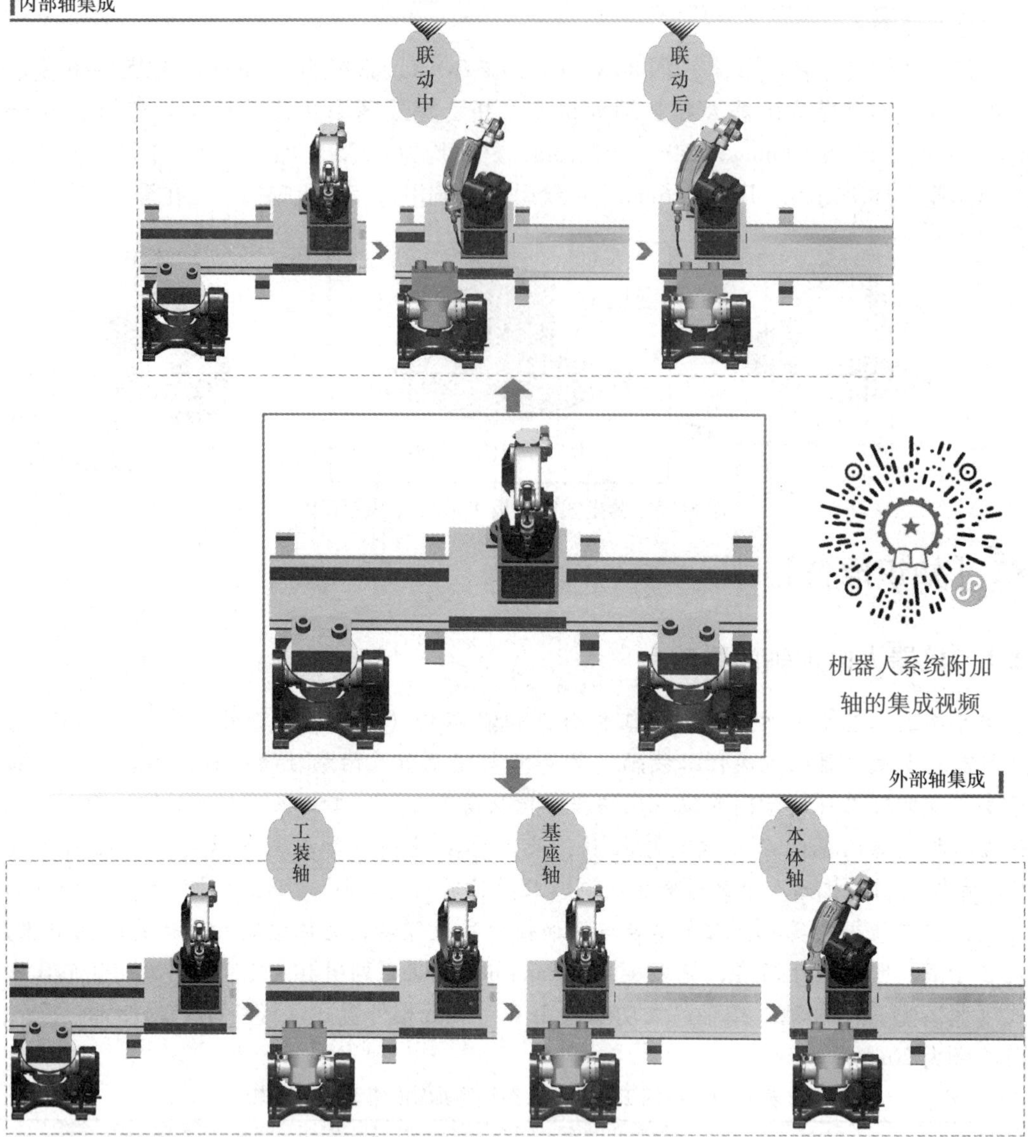

图 8-26　不同附加轴集成方式下的工业机器人系统动作次序

- 工业机器人系统附加轴的联动需要安装控制软件包（选配）及配置伺服等参数。
- 工装轴的空间布局应满足工业机器人工作空间（或动作可达性）的要求，其与机器人本体轴的联动主导为工装轴，而机器人本体轴或 TCP 保持随动状态。
- 当采取内部轴集成（联动）方式时，工业机器人系统的协调或同步运动须共同合成工艺轨迹，且工件位置、运动速度以及机器人末端执行器姿态（角度）等参数调整应保证生产过程的稳定性和产品质量的一致性。

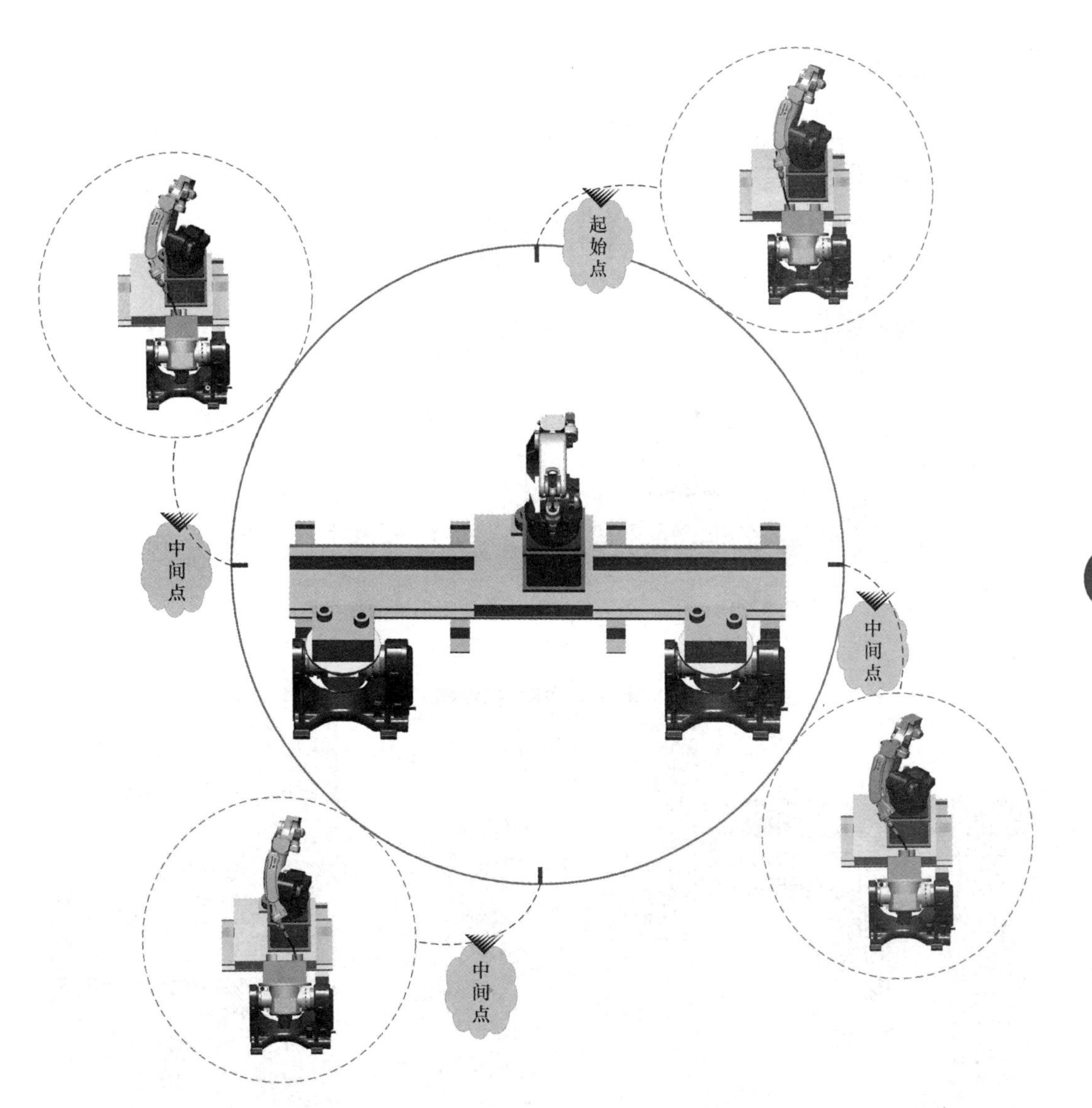

图 8-27 空间曲线焊缝的工业机器人系统运动轴联动

8.2.2 点动机器人附加轴及其位置显示

与点动工业机器人本体轴相似，采取内部轴集成的机器人系统附加轴的操控方式和基本流程可以参考图 4-7 ~ 图 4-9。以 Panasonic GⅢ系列机器人为例，点动机器人附加轴的不同之处在于：一是附加轴的选择。在激活机器人动作功能（ <灯亮>）前提下，点按【左切换键】一次或单击辅助菜单 【运动机构】→ 【附加轴】，切换动作功能图标区至“外部轴”显示界面（见图 8-28）；二是附加轴的点动坐标系。工业机器人系统附加轴的增量点动或连续点动操作仅能在关节坐标系中完成。

图 8-29 所示为以关节和直角形式显示 Panasonic 机器人系统运动轴及 TCP 位姿的界面。编程员依次单击选择主菜单 【视图】→ 【状态显示】→ 【位置信息】→AGL

【关节】或 XYZ【直角】→【翻页】，即可实时监视机器人系统附加轴的运动状态。

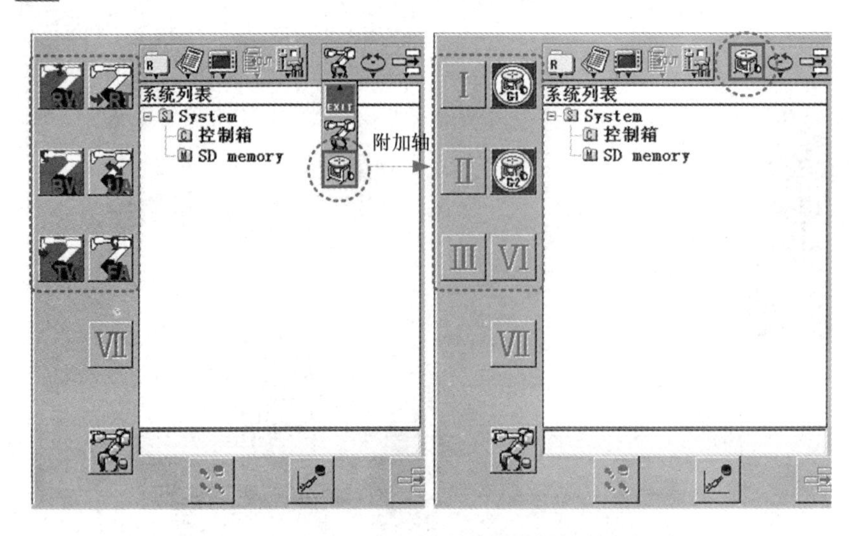

图 8-28 Panasonic GⅢ机器人系统附加轴的选择界面

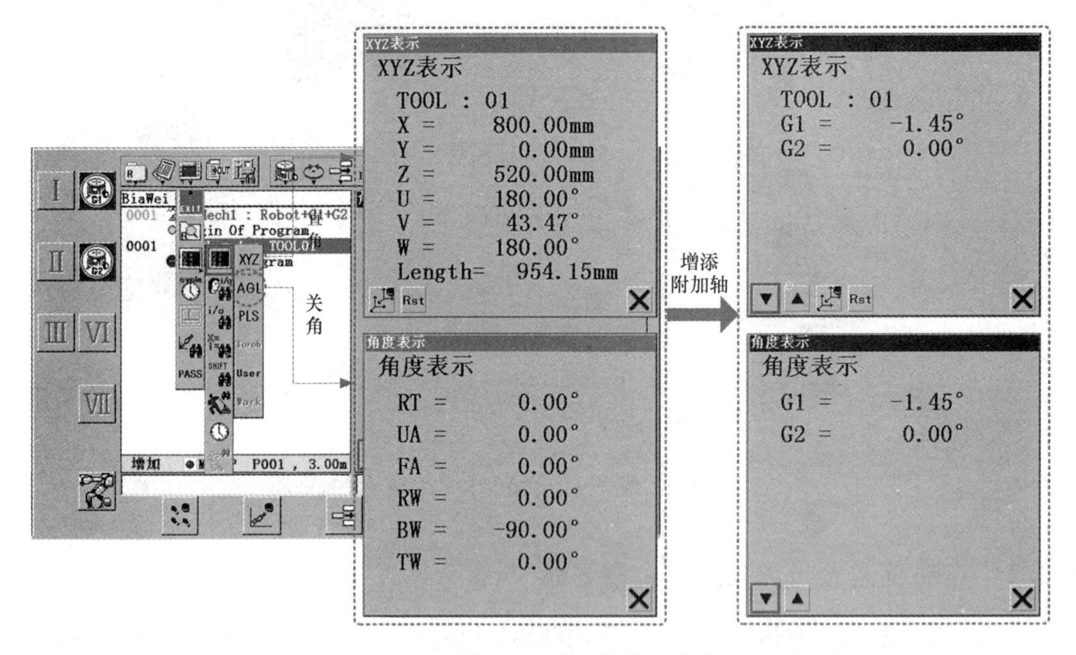

图 8-29 Panasonic 机器人系统附加轴的运动状态显示界面

【任务分析】

同任务 6.1 骑坐式管 - 板 T 形接头平角焊的机器人任务示教比较，骑坐式管 - 板 T 形接头船形焊的机器人运动轨迹较为简单。当焊接变位机承载焊件并将其接缝转至水平焊接位置时，机器人船形焊作业与平焊作业极为相似。以工业机器人系统附加轴联动为例，完成骑坐式管 - 板（无缝钢管 6mm × 60mm × 60mm，底板 100mm × 100mm × 10mm）T 形接头机器人船形焊作业通常需要示教 6 个目标位置点，其运动路径、焊枪姿态和焊丝端头（电弧对中）

位置规划如图8-30所示。各示教点用途见表8-15。实际示教时，可以按照图3-18所示的流程进行示教编程。

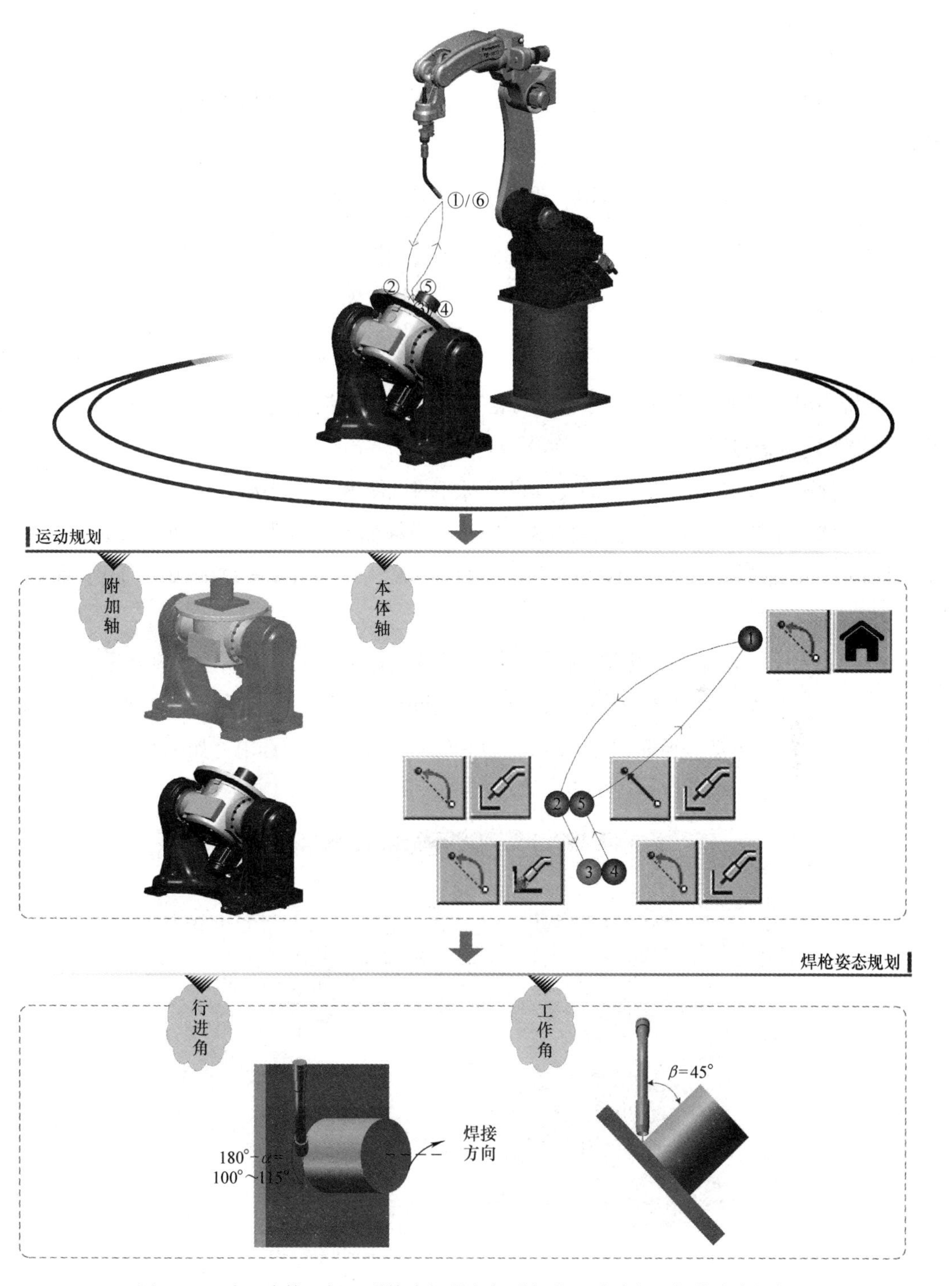

图8-30 骑坐式管－板T形接头机器人船形焊的运动路径和焊枪姿态规划

【任务实施】

1. 示教前的准备

开始任务示教前，请做如下准备：

① 工件表面清理。核实钢管和试板的几何尺寸后，将待焊区域表面铁锈、油污等杂质清理干净。

表 8-15　骑坐式管－板 T 形接头机器人船形焊任务的示教点

示教点	备　注	示教点	备　注	示教点	备　注
①	原点（HOME）	③	圆周焊接起始点	⑤	焊接回退点
②	焊接临近点	④	圆周焊接结束点	⑥	原点（HOME）

② 接头组对点固。采用手工电弧焊方法（如 TIG）沿钢管内壁（或外壁）将组对好的管－板接头定位焊点固。

③ 工件装夹固定。选择合适的夹具将组对好的试件固定在焊接工作台上。

④ 机器人系统原点确认。执行机器人控制器内存储的原点程序，让机器人系统各运动轴返回原点位置（如本体轴 BW = －90°、RT = UA = FA = RW = TW = 0°，附加轴 G1 = G2 = 0°）。

⑤ 机器人坐标系设置。设置正确的机器人工具坐标系和工件（用户）坐标系编号。

⑥ 新建任务程序。创建一个文件名为“Flat_fillet_welding”的焊接程序文件，且在程序创建界面中，将完成任务所需的“Robot + G1 + G2”系统运动轴选中，如图 8-31 所示。

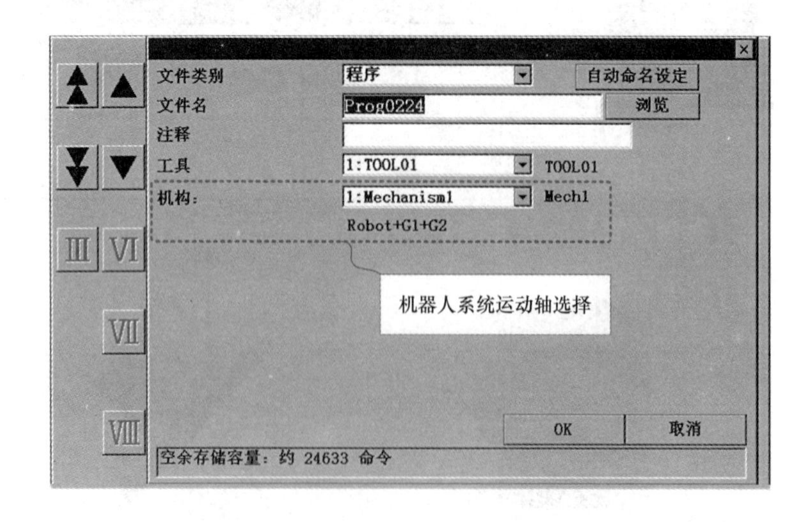

图 8-31　任务程序创建及系统运动轴选择界面

创建机器人任务程序时所选系统运动轴的组合应提前定义：依次单击主菜单【设置】→【管理工具】→【系统】→【机构】→【编辑】，弹出系统运动机构组合界面，编程员可以根据完成任务的情况而合理搭配机器人本体轴和附加轴的组合。其中，附加轴的添加及其参数配置需事先完成。

2. 运动轨迹示教

针对图8-30所示的机器人运动路径和焊枪姿态规划，点动机器人依次通过系统原点P001、焊接临近点P002、圆周焊接起始点P003、圆周焊接结束点P004、焊接回退点P005等6个目标位置点，并记忆示教点的位姿信息。其中，机器人系统原点P001应设置在远离作业对象（待焊工件）的可动区域的安全位置；焊接临近点P002和焊接回退点P005应设置在临近焊接作业区间且便于调整机器人焊枪姿态的安全位置。具体示教步骤见表8-16，编制完成的任务程序见表8-17。

表8-16 骑坐式管－板T形接头机器人船形焊示教点的记忆

示教点	示教方法
机器人原点 P001	① 接通伺服电源。在“TEACH”模式下，轻握【安全开关】至【伺服接通按钮】指示灯闪烁，此时按下，指示灯亮，机器人系统运动轴的伺服电源接通 ② 打开机器人动作模式。点按【动作功能键Ⅷ】，（灯灭）→（灯亮），激活机器人动作功能 ③ 变更示教点属性。按住【右切换键】，切换至示教点记忆界面，点按【动作功能键Ⅰ】、【动作功能键Ⅲ】，变更示教点P001的动作类型为（MOVEP＋），空走点 ④ 记忆示教点。点按【确认键】，记忆示教点P001为机器人原点
焊接临近点 P002	① 显示机器人附加轴运动状态。依次单击主菜单【视图】→【状态显示】→【位置信息】→XYZ【直角】，将示教盒右侧界面切换至“XYZ（直角）”显示机器人TCP的当前位姿，然后点按【翻页】键，显示机器人系统附加轴的当前位置 ② 切换机器人点动坐标系。按住【右切换键】的同时，点按【动作功能键Ⅳ】或者依次单击辅助菜单【点动坐标系】→【关节坐标系】，切换机器人点动坐标系为关节坐标系 ③ 选择机器人附加轴。点按【左切换键】或者依次单击辅助菜单【运动机构】→【附加轴】，切换机器人示教盒的动作功能图标区至“附加轴”显示界面 ④ 点动机器人附加轴。在关节坐标系中，使用【动作功能键Ⅳ】与【拨动按钮】组合键，点动机器人系统附加轴G1转动45° ⑤ 显示机器人本体轴运动状态。移动光标至机器人系统状态显示界面，点按【翻页】键，切换显示为机器人系统本体轴位姿信息 ⑥ 选择机器人本体轴。点按【左切换键】或者依次单击辅助菜单【运动机构】→【本体轴】，切换机器人示教盒的动作功能图标区至“本体轴”显示界面 ⑦ 点动机器人本体轴。在关节坐标系中，使用【动作功能键Ⅰ】～【动作功能键Ⅲ】与【拨动按钮】组合键，调整机器人焊枪行进角$\alpha=65°\sim80°$

（续）

示教点	示教方法
焊接临近点 P002	⑧ 切换机器人点动坐标系。按住【右切换键】的同时，点按【动作功能键Ⅳ】或者依次单击辅助菜单【点动坐标系】→【工具坐标系】，切换机器人点动坐标系为工具坐标系 ⑨ 点动机器人本体轴。在工具坐标系中，使用【动作功能键Ⅳ】~【动作功能键Ⅵ】与【拨动按钮】组合键，点动机器人沿、、线性贴近焊接起始点附近；同时，使用【动作功能键Ⅲ】与【拨动按钮】组合键，点动机器人绕 $-X$ 轴定点转动，实时查看示教盒右侧界面显示的机器人焊枪或 TCP 姿态，精确调整焊枪工作角 $\beta=45°$，随后将机器人焊枪移至焊接起始点 ⑩ 变更示教点属性和记忆示教点。在工具坐标系中，保持焊枪姿态不变，沿 $-X$ 轴点动机器人线性移向远离焊接起始点的安全位置，如距离起始点 30~50mm（见图 8-32）；按住【右切换键】，切换至示教点记忆界面，点按【动作功能键Ⅰ】、【动作功能键Ⅲ】，变更示教点 P002 的动作类型为（MOVEP+），空走点，随后点按【确认键】，记忆示教点 P002 为焊接临近点
（圆周）焊接起始点 P003	① 点动机器人本体轴。在工具坐标系中，保持焊枪姿态不变，沿 $+X$ 轴点动机器人线性移至圆周焊接起始点（见图 8-33） ② 变更示教点属性。按住【右切换键】，切换至示教点记忆界面，点按【动作功能键Ⅰ】、【动作功能键Ⅲ】变更示教点 P003 的动作类型为（MOVEP+），焊接点 ③ 记忆示教点。点按【确认键】，记忆示教点 P003 为圆周焊接起始点，焊接开始指令被同步记忆
（圆周）焊接结束点 P004	① 切换机器人点动坐标系。按住【右切换键】的同时，点按【动作功能键Ⅳ】或者依次单击辅助菜单【点动坐标系】→【关节坐标系】，切换机器人点动坐标系为关节坐标系 ② 选择机器人附加轴。依次单击辅助菜单【运动机构】→【附加轴】，切换机器人示教盒的动作功能图标区至“外部轴”显示界面 ③ 点动机器人附加轴。在关节坐标系中，使用【动作功能键Ⅴ】与【拨动按钮】组合键，点动机器人系统附加轴 G2 转动 360°（见图 8-34） ④ 变更示教点属性。按住【右切换键】，切换至示教点记忆界面，点按【动作功能键Ⅰ】、【动作功能键Ⅲ】变更示教点 P004 的动作类型为（MOVEP+），空走点 ⑤ 记忆示教点。点按【确认键】，记忆示教点 P004 为圆周焊接结束点
焊接回退点 P005	① 切换机器人点动坐标系。按住【右切换键】的同时，点按【动作功能键Ⅳ】，或者依次单击辅助菜单【点动坐标系】→【工具坐标系】，切换机器人点动坐标系为工具坐标系 ② 点动机器人本体轴。在工具坐标系中，继续保持焊枪姿态，沿 $-X$ 轴点动机器人移向远离焊接结束点的安全位置（见图 8-35） ③ 变更示教点属性。按住【右切换键】，切换至示教点记忆界面，点按【动作功能键Ⅰ】、【动作功能键Ⅲ】变更示教点 P005 的动作类型为（MOVEL+），空走点 ④ 记忆示教点。点按【确认键】，记忆示教点 P005 为焊接回退点

（续）

示教点	示教方法
机器人原点 P006	① 打开机器人编辑模式。松开【**安全开关**】，点按【**动作功能键Ⅷ**】，（灯亮）→（灯灭），关闭机器人动作功能，进入编辑模式。按【**用户功能键 F6**】切换用户功能图标至复制、粘贴功能 ② 复制机器人运动指令。使用【**拨动按钮**】移动光标至示教点 P001 所在指令语句行，点按【**用户功能键 F3**】（复制），然后点击【**拨动按钮**】，弹出“复制”确认界面，点按【**确认键**】，完成指令语句的复制操作 ③ 粘贴机器人运动指令。移动光标至示教点 P005 所在指令语句行，点按【**用户功能键 F4**】（粘贴），完成指令语句的粘贴操作

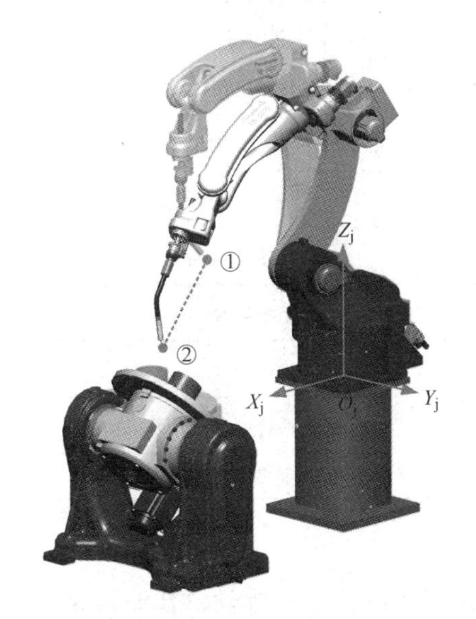

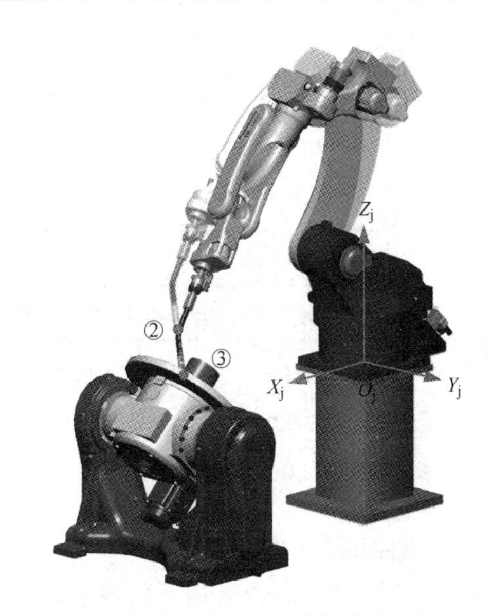

图 8-32　点动机器人至焊接临近点 P002　　图 8-33　点动机器人至圆周焊接起始点 P003

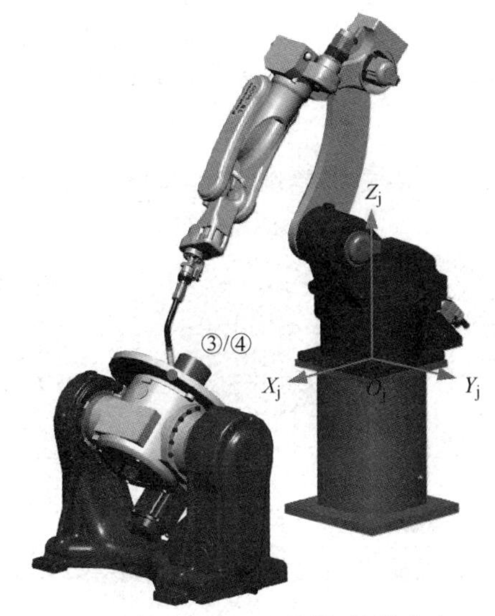

图 8-34　点动机器人至圆周焊接结束点 P004

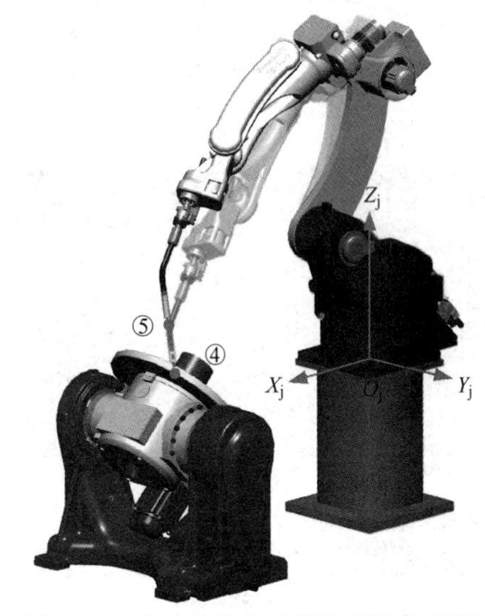

图 8-35　点动机器人至焊接回退点 P005

表 8-17 骑坐式管－板 T 形接头机器人船形焊的任务程序

行号码	行标识	指令语句	备 注
0011		1: Mech1 : Robot + G1 + G2	系统运动轴选择
		Begin Of Program	程序开始
0001		TOOL = 1 : TOOL01	工具坐标系（焊枪）选择
0002		MOVEP + P001, 10.00m/min	系统原点（HOME）
0003		MOVEP + P002, 10.00m/min	焊接临近点
0004		MOVEP + P003, 5.00m/min	（圆周）焊接起始点
0005		ARC－SET AMP = 120 VOLT = 16.4 S = 0.50	焊接开始规范
0006		ARC－ON ArcStart1 PROCESS = 0	开始焊接
0007		MOVEP + P004, 5.00m/min	（圆周）焊接结束点
0008		CRATER AMP = 100 VOLT = 16.2 T = 0.00	焊接结束规范
0009		ARC－OFF ArcEnd1 PROCESS = 0	结束焊接
0010		MOVEL + P005, 5.00m/min	焊接回退点
0011		MOVEP + P006, 10.00m/min	系统原点（HOME）
		End Of Program	程序结束

3. 工艺条件和动作次序示教

根据任务要求，此任务选用直径为 1.2mm 的 ER50－6 实心焊丝，合理的焊丝干伸长度为 12～18mm，富氩保护气体（80% Ar + 20% CO_2）流量为 20～25L/min，并参考任务 6.1 的参数配置，或通过“焊接导航功能”生成骑坐式管－板 T 形接头机器人船形焊的参考规范，如图 8-36 所示。焊接结束规范（收弧电流）为参考规范的 80% 左右，焊接开始和焊接结束动作次序保持默认。关于工艺条件和动作次序的示教可以参考 4.1.2 节、4.1.3 节，不再赘述。

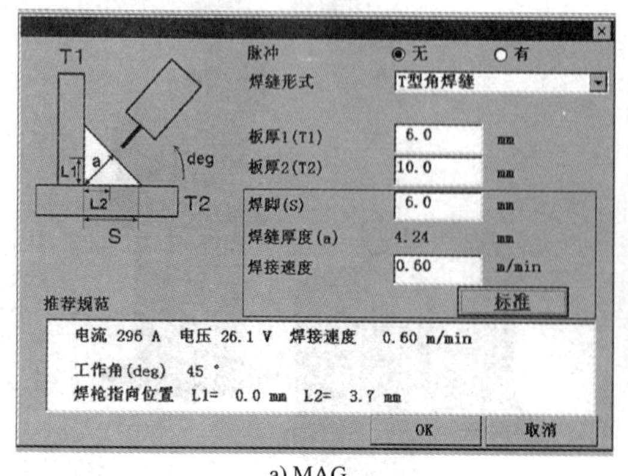

a) MAG

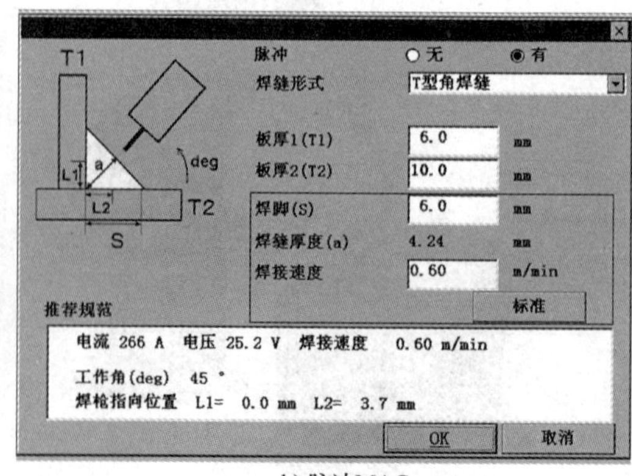

b) 脉冲MAG

图 8-36 骑坐式管－板 T 形接头机器人船形焊规范（焊接导航）

针对 Panasonic CO_2/MAG 焊接机器人，焊接导航功能所生成的参考规范与焊接电源配置、焊接软件包版本以及系统弧焊设置等密切关联。依次单击主菜单【设置】→【弧焊】，在弹出界面依次选择“特性 1：TAWERS1（通常使用特性）”→“焊丝/材质/焊接方法”，可以查阅或变更材质、焊丝直径、保护气体种类、脉冲模式等默认设置。

4. 程序验证与参数优化

参照第 5 章中表 5-11 的 Panasonic 机器人任务程序验证方法，依次通过单步程序验证和连续测试运转确认机器人 TCP 运动轨迹的合理性和精确度。待任务程序验证无误后，方可再现施焊，如图 8-37 所示。自动模式下，机器人自动运转任务步骤如下：

① 移动光标至首行。在编辑模式下，将光标移至程序开始记号（Begin Of Program）。

② 选择自动模式。切换【模式旋钮】至“AUTO”位置（自动模式）。

③ 接通伺服电源。点按【伺服接通按钮】，接通机器人伺服电源。

④ 自动运转程序。点按【启动按钮】，系统自动运转执行任务程序，机器人开始焊接。

待焊接结束、焊件冷却至室温后，目测焊缝微凹且成形美观，无咬边、气孔等焊接缺陷，钢管侧焊脚尺寸为 6.6 ~ 7.1mm，底板侧焊脚尺寸为 6.5 ~ 6.9mm，满足焊脚尺寸要求。

骑坐式管 - 板 T 形接头机器人船形焊及其优化视频

a) 焊前准备

b) 焊接过程

c) MAG焊缝表面成形

d) 脉冲MAG焊缝表面成形

图 8-37　骑坐式管 - 板 T 形接头机器人船形焊

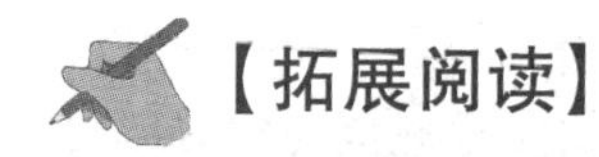

【拓展阅读】

多机器人协调（同）焊接的动作次序控制

在科技强国、制造强国和数字中国的持续建设中，大飞机、高速列车、超级跨海大桥、全自动化码头等国家重大工程和大国重器不断涌现，强力催生以机器人技术为代表的数字化、智能化、绿色化制造蓬勃兴起。多机器人协调（同）焊接是制造业先进基础工艺的重要组成部分，对传统产业高端化、智能化、绿色化转型发展起到重要支撑作用，如图 8-38 所示。

a) 双机器人协同焊接

b) 多机器人协调焊接

图 8-38　大型钢结构多机器人协调（同）焊接

目前，多机器人协调（同）焊接的运动控制主要分为两种类型，集中控制和分散控制。集中控制的硬件成本较低，便于信息的采集和分析，易于实现系统的最优控制，整体性与协调性较好，但其缺点也显而易见，如控制缺乏灵活性，系统对多任务的响应能力会与系统的实时性相冲突等；相比而言，分散控制的实时性好，易于实现高速、高精度控制，方便扩展，是目前流行的方式。以双面双机器人焊接工艺为例，其协同焊接的动作次序控制要求如图 8-39 所示。打底焊通常采取异步方式，1#机器人到位后发送信号给 2#机器人，并等待 2#机器人的到位信号，一旦得知 2#机器人到位，1#机器人开始引弧焊接；2#机器人在收到 1#机器人到位信号，且自身也到位的情况下，根据电弧间距 d 和焊接速度 v 进行一定的延时 t 后自动引弧。填充焊时，双机器人同步运行，但需要保持一定的层间温度，即双机器人都需要延时，且延时时间相等，延时长短根据工艺决定。当所有焊道焊接完毕，机器人回到 HOME 点，焊接任务完成。

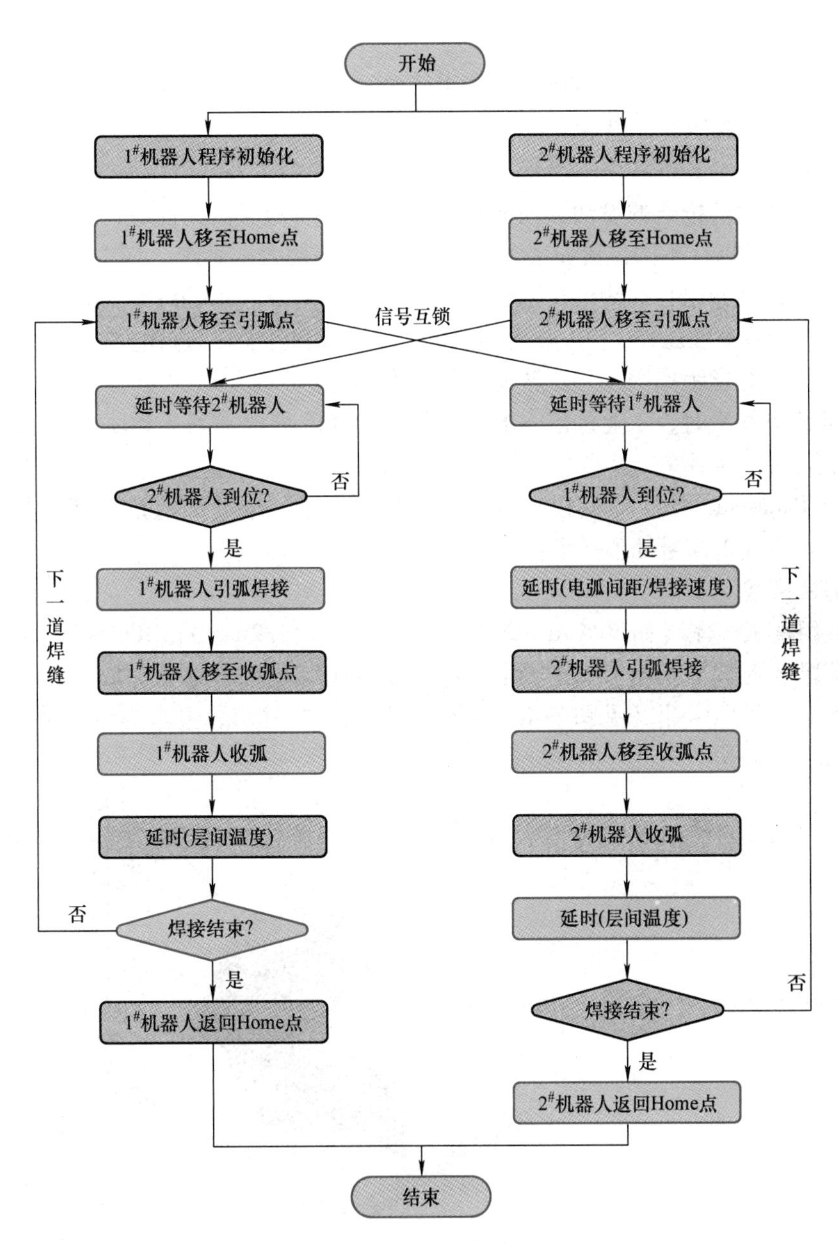

图 8-39 双机器人协同焊接的动作次序

【知识测评】

一、填空

1. 对于熔焊机器人而言，机器人自动清枪器主要包括________、________和________3项功能。

2. 机器人焊枪自动清洁需要1个机器人控制器________和1个机器人控制器________，即启动清枪信号和夹紧气缸松开信号。

3. I/O（Input/Output，输入/输出）信号，是工业机器人与自动清枪器、外部操作盒等周边设备（或装置）进行通信的电信号，分为________和________两类。

4. 信号处理指令是改变工业机器人控制器向周边（工艺）辅助设备输出信号状态，或读取输入信号状态的指令，包括________、________和________等。

二、判断

1. 机器人自动清枪器的喷油模块既可以与机器人焊枪清洁功能在同一位置实现，构成开放式系统，又可以在不同位置安装独立喷油仓，形成闭合式系统。（　）

2. 机器人控制器向自动清枪器输出“清枪开始”指令，此时夹紧气缸从定位模块的另一侧将机器人焊枪喷嘴压住，“夹紧气缸松开”信号从低电平转为高电平。（　）

3. 剪丝时，焊丝距离固定刀片越远，剪丝效果越好。（　）

4. 实际任务编程时，工业机器人的信号处理指令既可以与其运动轨迹的示教同步，又可以滞后于运动轨迹。（　）

5. 对于 Panasonic 机器人而言，在编辑模式下，无论处于**【插入】**、**【修改】**，还是**【删除】**状态，均可插入信号处理指令。（　）

三、综合实践

尝试使用富氩气体（如 80% Ar + 20% CO_2）、直径为 1.2mm 的 ER50－6 实心焊丝和 Panasonic GⅢ焊接机器人，通过合理规划机器人摆动轨迹和焊枪姿态，完成组合式碳钢 T 形角焊缝的机器人立角焊作业（见图 8-40，I 形坡口，对称焊接），要求焊缝饱满，焊脚对称、尺寸为 6mm，无咬边、气孔等表面缺陷。

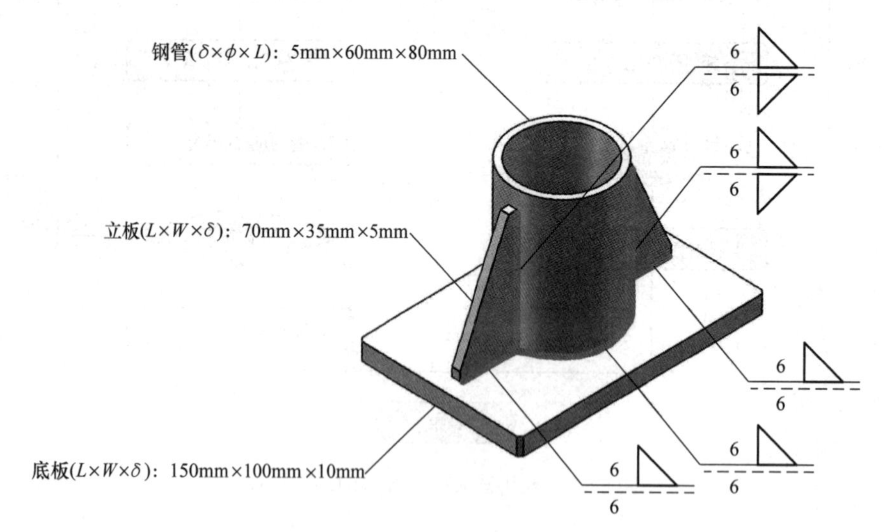

图 8-40　中厚板 T 形接头组合焊缝机器人船形焊

附录　Panasonic 机器人编程指令视频

参 考 文 献

[1] 全国自动化系统与集成标准化技术委员会．机器人与机器人装备 词汇：GB/T 12643—2013 [S]．北京：中国标准出版社，2013.

[2] 兰虎，王冬云．工业机器人基础 [M]．北京：机械工业出版社，2020.

[3] 国家机器人标准化总体组．机器人安全总则：GB/T 38244—2019 [S]．北京：中国标准出版社，2019.

[4] 中华人民共和国国家质量监督检验检疫总局 全国工业自动化系统与集成标准化技术委员会．工业机器人 安全实施规范：GB/T 20867—2007 [S]．北京：中国标准出版社，2007.

[5] 全国自动化系统与集成标准化技术委员会．工业环境用机器人 安全要求 第1部分：机器人：GB/T 11291.1—2011 [S]．北京：中国标准出版社，2011.

[6] 全国自动化系统与集成标准化技术委员会．机器人与机器人装备 工业机器人的安全要求 第2部分：机器人系统与集成：GB/T 11291.2—2013 [S]．北京：中国标准出版社，2013.

[7] 兰虎，鄂世举．工业机器人技术及应用 [M]．2版．北京：机械工业出版社，2020.

[8] 国家市场监督管理总局 全国自动化系统与集成标准化技术委员会．机器人与机器人装备 坐标系和运动命名原则：GB/T 16977—2019 [S]．北京：中国标准出版社，2019.

[9] 全国自动化系统与集成标准化技术委员会．工业机器人用户编程指令：GB/T 29824—2013 [S]．北京：中国标准出版社，2013.

[10] 哈尔滨焊接研究所．焊接术语：GB/T 3375—1994 [S]．北京：中国标准出版社，1994.

[11] 兰虎．焊接机器人编程及应用 [M]．北京：机械工业出版社，2013.